Die Tücken der Wahrnehmung

Bobby Duffy

Die Tücken der Wahrnehmung

oder warum wir fast immer falsch liegen

Aus dem Englischen übersetzt von Matthias Reiss

Bobby Duffy
King's College London
London, UK

ISBN 978-3-662-61675-8 ISBN 978-3-662-61676-5 (eBook)
https://doi.org/10.1007/978-3-662-61676-5

Die Deutsche Nationalbibliothek verzeichnet diese PublikationCollege London in der Deutschen National-bibliografie; detaillierte bibliografische Daten sind im Internet über http://dnb.d-nb.de abrufbar.

Übersetzung der englischen Ausgabe: The Perils of Perception - Why We're Wrong About Nearly Everythmg von Bobby Duffy, erschienen bei Atlantic Books, einem Imprint von Atlantic Books Ltd. 2018. Copyright © Bobby Duffy 2018. Alle Rechte vorbehalten.
© Springer-Verlag GmbH Deutschland, ein Teil von Springer Nature 2020
Das Werk einschließlich aller seiner Teile ist urheberrechtlich geschützt. Jede Verwertung, die nicht ausdrücklich vom Urheberrechtsgesetz zugelassen ist, bedarf der vorherigen Zustimmung des Verlags. Das gilt insbesondere für Vervielfältigungen, Bearbeitungen, Übersetzungen, Mikroverfilmungen und die Einspeicherung und Verarbeitung in elektronischen Systemen.
Die Wiedergabe von allgemein beschreibenden Bezeichnungen, Marken, Unternehmensnamen etc. in diesem Werk bedeutet nicht, dass diese frei durch jedermann benutzt werden dürfen. Die Berechtigung zur Benutzung unterliegt, auch ohne gesonderten Hinweis hierzu, den Regeln des Markenrechts. Die Rechte des jeweiligen Zeicheninhabers sind zu beachten.
Der Verlag, die Autoren und die Herausgeber gehen davon aus, dass die Angaben und Informationen in diesem Werk zum Zeitpunkt der Veröffentlichung vollständig und korrekt sind. Weder der Verlag, noch die Autoren oder die Herausgeber übernehmen, ausdrücklich oder implizit, Gewähr für den Inhalt des Werkes, etwaige Fehler oder Äußerungen. Der Verlag bleibt im Hinblick auf geografische Zuordnungen und Gebietsbezeichnungen in veröffentlichten Karten und Institutionsadressen neutral.

Alle Zahlen- und Datenquellen sind verfügbar auf www.perils.ipsos.com außer den folgenden:
„Trends bei den Geburtsraten von 1000 weiblichen Personen im Alter zwischen 15 und 19 Jahren, aufgeschlüsselt nach der ethnischen Zugehörigkeit in den USA" (Abb. 2.4) siehe www.hhs.gov/ash/oah/adolescent-development/reproductive-health-and-teen-pregnancy/teen-pregnancy-and-childbearing/trends/index.html
„Fühlen Sie sich einer bestimmten Partei näher als allen anderen Parteien?" (Abb. 6.4) siehe European Social Survey 2002–2016
„Zentrale Veränderungen im Hinblick auf das Vertrauen der Öffentlichkeit über die Zeit hinweg" (Abb. 11.1) siehe Ipsos MORI Veracity Index

Planung/Lektorat: Sarah Koch
Springer ist ein Imprint der eingetragenen Gesellschaft Springer-Verlag GmbH, DE und ist ein Teil von Springer Nature.
Die Anschrift der Gesellschaft ist: Heidelberger Platz 3, 14197 Berlin, Germany

Für Bridget und Martha, von denen ich weiß, dass sie mich viel mehr als 458.000 £ kosten werden.

Danksagungen

Dies ist mein erstes Buch, und es war ein Kampf. Nicht nur für mich, sondern auch für jene in meinem Umfeld, vor allem meine Partnerin Louise, die angesichts meines zwanghaften Bedürfnisses, es zu Ende zu schreiben, unglaublich verständnisvoll war. Dieses Buch wäre ohne ihre Unterstützung nicht möglich gewesen; und dazu gehörte auch, dass ich mich (vor den Kindern) jeweils für Wochen in einer Einzimmerwohnung auf der anderen Seite von London versteckte.

Es ist schwer, die Gewohnheiten abzulegen, die man beim Schreiben eher wissenschaftlich motivierter Berichte und Zeitschriftenartikel entwickelt hat, und ich bin sicher, dass ich damit nicht vollständig erfolgreich war. Aber ich wäre wirklich sehr viel schlechter gewesen, wenn es nicht nicht die hervorragende Anleitung und die manchmal kräftigen Eingriffe durch meine Gruppe von Lektorinnen und Lektoren gegeben hätte: Mike Harpley, Julia Kellaway und Robin Dennis. Alle noch verbliebenen schwülstigen Textpassagen und unverbundenen Gedanken gehen alleine auf mich zurück.

Es gibt so viele andere Menschen, die dieses Buch ermöglicht haben, vor allem der Rebekah Kulidzan, meine immer optimistische und aufmunternde Forschungsassistentin, die so schnell so viel Material recherchierte.

Dann ist da noch dieses unglaubliche Team von Leuten bei Ipsos, die all die Studien entwickelt und durchgeführt haben, auf denen dieses Buch basiert. Das sind insbesondere: James Stannard, Leila Tavakoli, Charlotte Saunders, Rosie Hazell, Galini Pantelidou, Hannah Shrimpton, Kully Kaur-Ballagan, Suzanne Hall, Gideon Skinner und Michael Clemence; die Kollegen, die die Daten erhoben haben: Paul Abbate, Kevin Zimmerman und Nik Samoylov; und diejenigen, die die raffinierte statistische Auswertung durchgeführt haben: Pawel Paluchowski, Fintan O'Connor, Peter Hasler und Kevin Pickering.

Ich möchte mich auch beim wundervollen Team von Ipsos bedanken, das für die Grafiken und die Kommunikation zuständig ist. Es war der Schlüssel zum Erfolg unserer Studienreihe zum Thema Tücken der Wahrnehmung, die bei Millionen von Menschen eine Leserschaft erreicht hat. Vor allem danke ich Sara Gundry, Julia Nurse, Hannah Williams, Duncan Struthers, Hannah Millard, Claire Wortherspoon, Aalia Khan und Jim Kelleher. Danke auch an all die anderen Büros von Ipsos überall auf der Welt dafür, dass sie die Ergebnisse in den Kontext ihres eigenen Landes gestellt haben.

Nichts von alldem wäre ohne die Unterstützung durch meine Chefs und ihre Chefs möglich gewesen, die nur leicht mit den Augen rollten, wenn ich mich in jeder Situation verausgabte. Bei diesen Personen handelte es sich vor allem um Ben Page, Darrell Bricker, Nando Pagnocelli, Henri Wallard und Didier Truchot.

Besonders möchte ich auch den Wissenschaftlern außerhalb von Ipsos danken, die mit ihrer Zeit und ihre Expertise so großzügig gewesen sind: David Landy von der Indiana University dafür, dass er mich in die Psychophysik eingeführt hat; Brendan Nyhan vom Dartmouth College dafür, dass er seine ausgezeichnete Forschung mit mir besprach; Max Roser dafür, dass er mich auf die großartigen Datenquellen zu der Frage hinwies, wie sich die Welt positiv verändert; Ola Rosling für einige hervorragende Gespräche über die Bedeutung von Fakten; Will Moy und Amy Sippit bei Full Fact für die außerordentlich wertvollen Einsichten in die sich verändernde Eigenart der Faktenüberprüfung; David Spiegelhalter von der University of Cambridge für Diskussionen über die Erfassung von Risikowahrnehmungen; Matt Williams bei Save the Children für Gespräche zu den Herausforderungen, mit denen sich wohltätige Organisationen konfrontiert sehen, wenn sie uns dazu bringen wollen, zu spenden und zu handeln; Lisa O'Keefe bei Sport England dafür, dass sie darüber nachdachte, was hinter ihren Kampagnen zur Teilnahme am Sport steckt; sowie Owain Service und David Halpern vom Behavioural Insights Team für Hinweise auf einige großartige Beispiele dafür, warum wir Fehlwahrnehmungen der Realität unterliegen.

Einführung: Überall lauern Gefahren

Ich habe meine Psychologieseminare an der Uni gehasst. Wenn ich mich heute noch korrekt an meine Lehrveranstaltungen an der Universität erinnere, so wurden sie von einer Reihe überaus intelligenter, sanfter Professoren abgehalten, die aussahen wie ihre Phantombilder und die eher schlangenförmigen Rockstars glichen als ältlichen Akademikern. Sie waren groß und schlank und hatten Frisuren, mit denen sie sich nicht an die für Professoren geltenden Regeln hielten. Sie waren ganz in Schwarz oder in eng anliegenden Hemden mit einem Paisleymuster gekleidet oder trugen Schuhe, die einfach etwas zu spitz waren. (Ich muss gestehen, dass meine Wahrnehmung ein wenig durch Eifersucht getrübt ist; eigentlich habe ich gerade Russell Brand beschrieben.) Die Studentinnen und Studenten schwärmten für diese Professoren – nicht so sehr wegen ihres rebellischen Aussehens, sondern weil sie so viel darüber zu wissen schienen, wie wir dachten. Und für die meisten verwirrten jungen Erwachsenen gibt es nichts Attraktiveres als jemand, der sie *wirklich* versteht.

Aber ich hatte ein Problem damit. Ich hasste die kognitiven Tricks, mit denen sie nachwiesen, dass wir nahezu alle derselben fehlerhaften Art des Denkens verfallen waren. Sie richteten es so ein, dass sie uns Fragen stellten oder Experimente machen ließen, die darauf zugeschnitten waren, eine bestimmte Antwort hervorzurufen und zu zeigen, wie typisch unsere Gehirne dachten. In diesem unsicheren, aber arroganten Alter wollte ich etwas Besonderes und Unvorhersagbares sein – aber meine Antworten waren dieselben wie die aller anderen.

Befassen wir uns einmal mit dem folgenden Beispiel eines Professors von der University of Maryland:

Sie haben die Gelegenheit, einige Extrapunkte für Ihre Abschlussnote zu bekommen. Wählen Sie aus, ob Sie möchten, dass Sie zwei Punkte oder sechs Punkte zusätzlich zu Ihrer Gesamtpunktzahl in der Abschlussklausur bekommen. Aber die Sache hat einen kleinen Haken: Wenn sich mehr als 10 % der Teilnehmer an der Lehrveranstaltung für sechs Punkte entscheiden, bekommt niemand irgendwelche Punkte, auch nicht diejenigen, die sich für zwei Punkte entschieden haben [1].

Wir haben es hier mit einem sehr unmittelbaren und lehrreichen Augenblick zu tun, einer Lektion zur von Psychologen so genannten Allmendeklemme – bei der einzelne Personen versuchen, den größten Nutzen aus einer speziellen Ressource zu ziehen, mehr als den für alle gleichen oder nachhaltigen Anteil herausnehmen und sie deshalb alle, auch sich selbst, in den Ruin führen. Natürlich verhielten sich die Studierenden genauso, wie es dem Modell entsprach, und waren erfolglos. Etwa 20 % entschieden sich für sechs Punkte, sodass niemand etwas bekam. Tatsächlich hatten es die Studierenden während eines Zeitraums von acht Jahren, in denen der Professor sein etwas grausames Experiment durchgeführt hatte, nur einmal geschafft, Extrapunkte zu bekommen.

Angesichts meiner weiterhin bestehenden Überempfindlichkeit gegenüber psychologischen Tricks entbehrt es nicht einer gewissen Komik, dass ich einen Großteil meines Arbeitslebens schwerpunktmäßig damit verbracht habe, ähnliche Tests durchzuführen. Ich habe die letzten 20 Jahre beim Meinungsforschungsinstitut Ipsos MORI darauf verwendet, auf der ganzen Welt Forschungsarbeiten zu entwickeln und zu analysieren, um dahinterzukommen, was die Menschen denken und tun und warum. In den letzten 20 Jahren habe ich Hunderte von Umfragen zu Fehlwahrnehmungen der Öffentlichkeit durchgeführt – und das ist es, was wir mit „Tücken der Wahrnehmung" meinen. Wir haben in diesem Zusammenhang in einer großen Anzahl von Ländern eine Vielfalt sozialer und politischer Probleme untersucht, vom Sexualverhalten bis zu den persönlichen Finanzen. Wir haben nun 100.000 Interviews aus 40 Ländern zu einigen Fragen vorliegen, die es uns erlauben, unsere Wahrnehmungen mit der Realität zu vergleichen. Hier handelt es sich um eine einzigartige und faszinierende Datenquelle darüber, wie wir die Welt sehen und warum wir häufig unrecht haben: Frühere Forschungsarbeiten tendierten dazu, sich auf ein Problem oder einen Lebensbereich zu konzentrieren; und nur wenige kommen über eine Handvoll von Ländern hinaus. Sie können sich auf der folgenden Internetseite in den vollständigen Satz der Ipsos-Studien vertiefen: www.perils.ipsos.com.

Über alle Studien hinweg und in jedem einzelnen Land treffen die Einschätzungen der Befragten häufig überhaupt nicht zu und zwar auf nahezu jedem Gebiet, das wir als Thema vorgegeben haben; und dazu gehören der Anteil der Immigranten, die Schwangerschaft von Teenagern, die Kriminalitätsraten, Fettleibigkeit, Entwicklungen im Bereich der globalen Armut und die Frage, wie viele von uns auf Facebook sind. Aber die Schlüsselfrage ist die Frage nach dem Warum.

Lassen Sie uns mit einer Frage beginnen, die sehr wenig mit der Art von sozialen und politischen Realitäten zu tun hat, mit denen wir uns später beschäftigen wollen; sie trägt aber dazu bei, ein neues Licht darauf zu werfen, warum es möglicherweise diese Kluft zwischen den Wahrnehmungen und der Realität gibt: „Ist Chinas Große Mauer vom Weltraum aus zu sehen?" Was meinen Sie? Wenn es sich bei Ihnen nur in etwa so verhält wie in der Allgemeinbevölkerung, dann gibt es eine Chance von etwa 50 zu 50, dass Sie mit „Ja" geantwortet haben. Wie Umfragen zeigen, sagt die Hälfte der Befragten, dass sie glaubten, die Große Mauer sei vom Weltraum aus zu sehen [2]. Sie haben unrecht – das ist sie nicht.

An der breitesten Stelle ist die Große Mauer nur 9 m dick; das ist in etwa die Breite eines kleinen Hauses. Sie wurde zudem aus Feldsteinen erbaut, die hinsichtlich der Farbe den Bergen der Umgebung ähneln; auf diese Weise fügt sie sich gut in die Landschaft ein. Wenn Sie sich etwas Zeit nehmen, um genauer darüber nachzudenken, dann ist der Gedanke, dass die Große Mauer vom Weltraum aus zu sehen ist, tatsächlich etwas lächerlich; aber es gibt auch einige gute Gründe dafür, dass Sie vielleicht gemeint haben, es sei so.

Zunächst einmal handelt es sich nicht um etwas, worüber Sie lange nachgedacht haben. Im Unterschied zu mir haben Sie wahrscheinlich nicht nachgeschlagen, wie breit die Mauer ist oder in welcher Entfernung vom Weltraum sie sich befindet (und damit haben Sie sich auch nicht in endlose Forumsdiskussionen über die Behauptung vertiefen müssen). Ihnen stehen auch die einschlägigen Fakten nicht ohne Weiteres zur Verfügung.

Zweitens haben Sie vielleicht auch nicht aus einer gewissen Entfernung gehört, als es jemand gesagt hat, dem sie nicht viel Aufmerksamkeit widmeten. Sie haben es möglicherweise gedruckt gesehen oder im Fernsehen gehört. Jahrelang kam es bei Trivial Persuit als (falsche) Antwort vor. Die Wahrscheinlichkeit ist auch gering, dass Sie es in chinesischen Schulbüchern gelesen haben; dort wird es immer noch als Tatsache angeführt. Aber Sie haben es wahrscheinlich irgendwo mitbekommen und haben nichts gesehen, was der Behauptung widerspricht; damit hat sich die Antwort in Ihrem Kopf festgesetzt.

Drittens haben Sie die Antwort mit großer Wahrscheinlichkeit schnell gegeben, weil Sie mit dem Rest des Buches weitermachen wollten – das ist die Art von „schnellem Denken", wie sie der Nobelpreisträger und Verhaltenswissenschaftler Daniel Kahneman in populären Büchern beschrieben hat; es beruht auf kognitiven Abkürzungen. Vielleicht haben Sie deswegen unterschiedliche Maßstäbe durcheinandergebracht. Wir wissen, dass Chinas Große Mauer extrem „groß" ist – und tatsächlich handelt es sich um eines der größten Bauwerke auf der Welt, die von Menschen geschaffen wurden. Doch das geht hauptsächlich auf seine Länge zurück, und hier handelt es sich nicht um die Eigenschaft, die das Bauwerk aus dem Weltraum sichtbar werden lässt.

Am wichtigsten ist, dass Ihre Antwort vielleicht emotionaler war, als Sie es sich bei einer so banalen Quizfrage denken könnten. Verwenden Sie etwas Zeit darauf, die Antwort zu recherchieren, und Sie werden herausfinden, dass hier sogar *Astronauten* unterschiedlicher Meinung sind. (Um das hier einmal festzuhalten, sagt Neil Armstrong, dass die Mauer nicht zu sehen ist, was mir als Beleg reicht.) Sie werden sogar Fotos von scheinbar zuverlässigen Quellen finden, die vorgeben, die Große Mauer zu zeigen, wie man sie vom Weltall aus sieht. (In mindestens einem Fall handelte es sich um ein Foto von einem Kanal.) Bei etwas so Großem wie der Großen Mauer wollen wir gerne glauben, dass Astronauten, Außerirdische oder sogar Götter unser Werk sehen können. Wir wollen, dass das wahr ist, weil es eindrucksvoll ist – und diese emotionale Reaktion verändert unsere Wahrnehmung der Realität.

Auf fehlerhaftes Vorwissen zurückzugreifen, eine andere Frage zu beantworten als die, die uns gestellt wird, mit Vergleichen auf verschiedenen Maßstäben zu arbeiten, sich auf schnelles Denken zu verlassen und zu übersehen, wie unsere Emotionen das, was wir sehen und denken, gestalten, dies sind nur einige der Gefahren der Wahrnehmung, mit denen wir tagtäglich konfrontiert sind. Die Große Mauer in China ist etwas Reales, etwas Physisches, ein Objekt, das man vermessen kann. Stellen Sie sich nun einmal vor, wie die gleichen Probleme der Wahrnehmung Chaos anrichten, wenn wir an komplexe und heiß diskutierte soziale und politische Realitäten denken.

Aber da ist schließlich noch ein Punkt. Jetzt, wo ich die wesentlichen Belege dafür angeführt habe, dass wir die Große Mauer vom Weltraum aus nicht sehen können, glauben Sie mir wahrscheinlich. Und wenn Sie nur eine vage Ahnung gehabt hätten, dass es doch so ist, hätten Sie wahrscheinlich Ihre Meinung geändert. Natürlich handelt es sich nicht um eine erregte Debatte, die eng mit Ihrer ethnischen Zugehörigkeit und einer Identität zusammenhängt, die Sie über die Zughörigkeit zu einer Volksgruppe definieren. Deswegen fällt es einem leichter, mit den Achseln zu zucken und seine Meinung zu revidieren. Doch es ist weiterhin der springende Punkt, dass wir die Fähigkeit haben, unsere Meinung in Anbetracht neuer Fakten nach und nach zu ändern.

Angesichts dessen, dass wir (eigentlich) mit einer Quizfrage begonnen haben, ist es lohnenswert, zu betonen, dass es ganz sicher *nicht* der Schwerpunkt des Buches ist, es als faszinierend und zufriedenstellend zu empfinden, wie schlimm das Unwissen (anderer Menschen) über Tatsachen und ihr Glaube an das Absurde sein kann. Viele grinsen gerne süffisant über die 10 % der Franzosen, die immer noch der Meinung sind, dass die Erde eine Scheibe sein könnte; über die 25 % der Australier, die glauben, dass Höhlenmenschen und Dinosaurier zur gleichen Zeit gelebt haben; über die 11 % der Briten, die meinen, bei den Terroranschlägen von New York am 11. September 2001 handle es sich um eine Verschwörung der US-Regierung; oder über die 15 % der US-Amerikaner, die der Überzeugung sind, dass die Medien oder die Regierung bei Fernsehübertragungen geheime Signale zur Gedankenkontrolle aussenden [3]. Unser Hauptinteresse gilt nicht der Nischendummheit oder der Überzeugung von Minderheiten in Bezug auf Verschwörungen, sondern es soll viel allgemeiner um die stärker verbreiteten Fehlwahrnehmungen im Hinblick auf individuelle, soziale und politische Realitäten gehen.

Lassen Sie uns unser Augenmerk auf eine sehr grundlegende Frage zum Zustand der Gesellschaft richten, die viel enger mit unserem Schwerpunkt zusammenhängt: „Welcher Anteil an der Gesamtbevölkerung Ihres Landes ist 65 oder älter?" Denken Sie einmal selbst darüber nach. Sie haben vielleicht davon gehört, dass Ihr Land eine alternde Bevölkerung hat oder dass es sogar mit einer demografischen „Zeitbombe" konfrontiert ist; diese Zeitbombe besteht darin, dass der Bevölkerungsanteil der älteren Leute in Ihrem Land für die jüngeren Leute zu groß ist, um sie im Ruhestand zu unterstützen. Die Medien heben häufig die Belastung der Wirtschaft bei der finanziellen Absicherung der älteren Bevölkerungsgruppen hervor, vor allem in Ländern wie Italien und Deutschland. Es gab sogar Meldungen darüber, dass in Japan mehr Windeln für Erwachsene verkauft werden als Babywindeln. Diese Meldungen mögen zweifelhaften Ursprungs sein, aber sie vermitteln ein lebendiges Bild, das uns im Gedächtnis haften bleibt.

Was würden Sie also vermuten?

Bei einer Befragung der allgemeinen Öffentlichkeit in 14 Ländern war der Anteil, der durchschnittlich in jedem einzelnen Land geschätzt wurde, viel höher als der tatsächliche Anteil (Abb. 1). In Italien beträgt die Zahl

Abb. 1 In allen Ländern wurde der Anteil an der Gesamtbevölkerung, der 65 Jahre oder älter ist, sehr stark überschätzt

real 21 %, während sie in Japan bei 25 % liegt. Das sind große Zahlen – einer von fünf in Italien und einer von vier in Japan und ungefähr das Doppelte des Anteils im Vergleich zu einer oder zwei Generationen zuvor. Doch die durchschnittlichen Schätzwerte waren etwa das Doppelte des realen Bevölkerungsanteils. Die Menschen in Italien dachten, 48 % der Bevölkerung – also etwa die Hälfte – seien 65 oder älter.

Wie Sie aus diesem einzelnen, sehr einfachen Beispiel ersehen können, werden unsere Fehlwahrnehmungen nicht einfach nur stark durch die besonders hitzigen politischen Debatten beeinflusst, die wir gerade erleben. Es gibt keine massiven Kampagnen zur Falschinformation durch automatisierte Bots auf Facebook oder Twitter, die versuchen, uns davon zu überzeugen, dass unsere Bevölkerung älter ist, als sie es wirklich ist, aber wir täuschen uns trotzdem völlig. Unsere Fehlwahrnehmungen sind umfassend, tief gehend und anhaltend. Politisches Unwissen war schon seit den Anfängen der Demokratie ein Problem; denken wir etwa an Platon, der herumnörgelte, dass die allgemeine Öffentlichkeit zu unwissend sei, um eine Regierung zuwählen oder sie zur Verantwortung zu ziehen.

Es ist schwer, nachzuweisen, dass Fehlwahrnehmungen seit Langem weit verbreitet sind, weil ihre Erfassung repräsentative Umfragen erfordert; und Sozialwissenschaftler haben erst vor relativ kurzer Zeit damit begonnen, präzise Meinungsumfragen durchzuführen. In der Mitte des 20. Jahrhunderts waren Umfragen zur Wahrnehmung von Menschen über die soziale Realität selten; sie beschränken sich vorwiegend auf einfache politische Fakten – beispielsweise darauf, welche politische Partei an der Macht war, worin ihre Politik bestand und wer die führenden Politiker waren. Doch einige dieser frühen Fragen, die erstmals schon in den Vierzigerjahren gestellt wurden, sind den Befragten in neueren Studien wieder vorgelegt worden; und wie wir sehen werden, deuten die Antworten darauf hin, dass sich nicht viel geändert hat [4]. Die Menschen neigten ebenso wie jetzt dazu, falsche Einschätzungen abzugeben. Und das war lange vor dem Jahr 2016, als „post-truth" im Oxford Dictionary zum „Wort des Jahres" gekürt wurde (auf Deutsch postfaktisch; das ist die die Vorstellung, dass objektive Fakten in ihrem Einfluss auf die öffentliche Meinung weniger Wirkung entfalten als der Appell an Emotionen und persönliche Überzeugungen).

Damit soll nicht gesagt werden, dass unser gegenwärtiger, stark von Ideologien beeinflusster Diskurs und die explosionsartige Entwicklung der Sozialtechnologie keine Auswirkung auf die Wahrnehmung der Realität durch uns hat oder dass wir nicht in besonders gefährlichen Zeiten lebten. Tatsächlich sind diese technologischen Veränderungen recht erschreckend, wenn man ihren Effekt auf unser korrektes Bild von der Welt und auf zentrale Fragen bedenkt – wegen des Quantensprungs in Bezug auf unsere Fähigkeit, zwischen verschiedenen Möglichkeiten auszuwählen, und der Fähigkeit anderer, uns „individuelle Realitäten" aufzudrängen, kommt dies einigen unserer am tiefsten gehenden kognitiven Verzerrungen entgegen. Hier handelt es sich um Verzerrungen im Hinblick darauf, dass wir eine Vorliebe für unsere bereits bestehende Weltsicht haben und die ihr widersprechenden Informationen meiden.

Doch genau darum geht es gerade – wenn wir uns nur darauf konzentrieren, was da draußen vor sich geht und was man uns erzählt, bekommen wir ein Schlüsselelement des Problems nicht mit: *Die Art und Weise, wie wir denken,* führt uns teilweise dazu, die Welt fehlerhaft wahrzunehmen.

Dies bringt uns zu einem wichtigen Argument im Zusammenhang mit den Befunden der Umfragen zu den Tücken der Wahrnehmung – der Schwerpunkt dieser Studien liegt primär nicht so sehr darauf, das *Unwissen* auszumerzen, sondern vielmehr darauf, *Fehlwahrnehmungen* zu entdecken. Die Trennlinie zwischen beidem scheint dünn zu sein, und klar dazwischen zu unterscheiden, ist in der Praxis oft schwierig. Aber wesentlich ist hier das Prinzip.

Unwissen bedeutet, wie das Wort schon sagt, „etwas nicht zu wissen" oder mit etwas nicht vertraut zu sein. Fehlwahrnehmungen sind jedoch ein positives Missverstehen der Realität, wie Brendan Nyhan, ein Professor für Regierungshandeln am Dartmouth College in New Hampshire, und seine Kollegen es ausdrückten: „Fehlwahrnehmungen unterscheiden sich insofern von Unwissen, weil ihnen die Menschen oft mit einem hohen Grad von Gewissheit unterliegen … und sie sich selbst als gut informiert ansehen." [5] Nur wenige von den Menschen, die wir befragt haben, betrachten sich selbst als unwissend; sie antworten im Sinne dessen, was sie als wahr ansehen.

In der Praxis lässt sich beides nur schwer voneinander abgrenzen; es gibt ein Spektrum, das von einer falschen Überzeugung über ein Unwissen bis zur Fehlwahrnehmung reicht. In vielen Fällen sind die Menschen beweglich und unsicher im Hinblick auf ihre Sicherheit. Die Unterscheidung bringt zum Vorschein, wie schwierig es ist, die Fehlwahrnehmungen der Menschen schlicht dadurch zu verändern, dass man ihnen mehr Informationen gibt – als wäre es so, dass sie nur ein leerer Behälter sind, der lediglich darauf wartet, mit Fakten gefüllt zu werden, die schon ihre Geisteshaltung oder ihr Verhalten wieder in Ordnung bringen werden.

Wenn man anstelle des Unwissens die Fehlwahrnehmung untersucht, dann wechselt man den Fokus von der öffentlichen Meinung als einer leeren Tafel, auf der nur geschrieben werden muss, zum Konzept einer Vielfalt von Menschen, die eine Vielfalt von Meinungen und Überzeugungen haben, die durch viele der gleichen zugrunde liegenden Denkweisen motiviert sind. Dies führt zu der zentralen Frage, *warum* wir von dem überzeugt sind, was wir tun – und darin liegt der eigentliche Punkt, wenn wir verstehen wollen, was die Tücken der Wahrnehmung sind. Unsere Fehlwahrnehmungen können uns Schlüsselreize zu dem liefern, worüber wir uns die größten Sorgen machen – und worüber wir nicht so besorgt sind, wie wir es sein sollten. Wie wir sehen werden, verleiten uns die Aufmerksamkeit erheischenden Geschichten über die Schwangerschaften von Teenagern und die Anschläge von Terroristen dazu, zu denken, dass diese Phänomene verbreiteter sind, als sie es wirklich sind, während unsere Selbstverleugnung uns dazu verleitet, das Ausmaß der Fettleibigkeit in der Allgemeinbevölkerung zu unterschätzen.

Unsere Fehlwahrnehmungen lehren uns auch raffiniertere Lektionen. Was unserer Meinung nach andere Menschen tun und glauben – was unserer Meinung nach also die „soziale Norm" ist, kann eine tief gehende Auswirkung darauf haben, wie wir selbst handeln, auch wenn unser Verständnis dieser Norm hoffnungslos in die Irre führt. So sparen viele von uns zu wenig für den Ruhestand, um uns im Alter, wenn wir Rentner sind, einen angemessenen Lebensstil zu sichern – aber wir sind der Überzeugung, es komme häufiger vor, dass man nichts anspart, als es tatsächlich der Fall ist. Nehmen wir einmal Folgendes an: Wir haben instinktiv ein Gefühl der Sicherheit, wenn wir dasselbe machen wie die Mehrheit der Bevölkerung. Diese Fehlwahrnehmung, dass es normal ist, nicht zu sparen, könnte einen negativen Einfluss auf unser eigenes Verhalten haben.

Mehr noch: Wenn wir das, was *andere* unserer Meinung nach tun, mit dem vergleichen, was *wir* sagen, dass wir es tun, bekommen wir einen Hinweis darauf, welche Ansichten wir über diese Verhaltensweisen haben – beispielsweise, dass wir uns dessen schämen, was wir machen. Manchmal ist das, worüber wir uns schämen, überraschend – und aufschlussreich. Wie wir im ersten Kapitel sehen werden, schämen wir uns anscheinend mehr dafür, zu viel Zucker zu essen, als dafür, keinen Sport zu treiben. Wenn wir erkennen, dass wir dazu neigen, uns selbst bei der Antwort auf die Frage anzulügen, wie viel Zucker wir zu uns nehmen, dann ist dies ein wesentlicher Schritt zur Verbesserung unserer Gesundheit – als Individuen und als Gesellschaft. Es gibt auch etwas, was jeder Einzelne von uns lernen kann, auch wenn wir meinen, ganz gut über die Welt informiert zu sein. Unsere Fehler haben wenig mit großer Dummheit zu tun: Wir unterliegen alle persönlichen kognitiven Verzerrungen und äußeren Einflüssen auf unser Denken, die unsere Sicht auf die Realität verzerren können.

Wir können all die unterschiedlichen Erklärungen für unsere Fehlwahrnehmungen in zwei Kategorien einteilen: die Art und Weise, wie wir denken, und das, was man uns sagt.

Wie wir denken
Wir müssen damit beginnen, wie unser Gehirn mit Zahlen, mit der Mathematik und mit statistischer Begrifflichkeit ringt. Angesichts der Tatsache, dass wir oft gebeten werden, die Welt und unsere Wahrnehmung der Welt zu quantifizieren, spielen unsere rechnerischen Grundfähigkeiten eine große Rolle dabei, wie gut wir die Welt als Ganze verstehen. Es ist uns nicht möglich, die Statistiken dazu, wie die Datenflut zugenommen hat, ganz und gar zu verstehen: Unglaublicherweise sind über 90 % der Daten im Internet in den letzten beiden Jahren entstanden; 44 Mrd. Gigabytes von Daten wurden 2016 *täglich* geschaffen, und dies soll den Vorhersagen nach auf 463 Mrd. Gigabytes pro Tag im Jahr 2025 anwachsen [6]. Beim exponenziellen Wachstum der Daten, die in Bezug auf viele der Dinge, die uns beschäftigen, geschaffen und kommuniziert werden, wird die Frage des Umgangs mit Zahlen immer wichtiger.

Für viele von uns ist der Umgang mit den Arten von Berechnungen, die wir nun dazu benötigen, keine ganz natürliche Sache. Hirnuntersuchungen an Menschen (und an Affen!) mithilfe der Magnetresonanztomografie deuten darauf hin, dass wir einen angeborenen „Zahlensinn" haben, dass wir aber vor allem auf die Zahlen eins, zwei und drei eingestellt sind; und wenn wir große (nicht kleine) Unterschiede beim Vergleich von Zahlen eines Objekts aufdecken wollen, geht das weit darüber hinaus [7]. Wir fallen dabei häufig auf diese evolutionsbedingten Fertigkeiten beim Umgang mit Zahlen zurück.

Zu einem Großteil des Lebens gehören jedoch auch Berechnungen, die komplexer sind, als die relative Größe kleiner Zahlen miteinander zu vergleichen. Vor über einem Jahrhundert sagte der großartige Science-Fiction-Autor H. G. Wells:

… eine endlose Reihe sozialer und politischer Probleme sind nur zugänglich und denkbar für diejenigen, die eine grundlegende Ausbildung in mathematischen Auswertungen bekommen haben, und die Zeit sollte möglicherweise nicht sehr weit zurückliegen, wenn es … für die vollständige Initiierung als leistungsfähiger Bürger eines der neuen großartigen, komplexen weltweiten Staaten, die sich jetzt entwickeln, … in gleicher Weise erforderlich ist, in der Lage zu sein, zu rechnen sowie in Mittelwerten, Maxima und Minima zu denken, wie es heute notwendig ist, lesen und schreiben zu können [8].

Wells' Bezugnahme darauf, wie wichtig das mathematische Verständnis für „eine endlose Reihe sozialer und politischer Probleme" ist, scheint auch auf unsere Zeit sehr gut zu passen, doch wir müssen noch einen weiten Weg gehen, bevor wir seiner Vision vollständig gerecht werden. Zahlreiche Experimente zeigen, dass etwa ein Zehntel der Öffentlichkeit einfache Prozentsätze nicht versteht [9]. Viele weitere von uns haben Probleme, den Begriff der Wahrscheinlichkeit zu verstehen. Der französische Gelehrte LaPlace bezeichnete Wahrscheinlichkeiten als „gesunden Menschenverstand reduziert auf ein Kalkül", aber das versetzt die meisten von uns nicht in den Stand, sie besser berechnen zu können [10]. Hier ein Beispiel: Wenn Sie zweimal eine Münze werfen, wie groß ist dann die Wahrscheinlichkeit dafür, dass Sie zweimal Kopf bekommen?

Die Antwort lautet 25 %, weil es vier gleich wahrscheinliche Ergebnisse gibt: zweimal Kopf, zweimal Zahl, erst Kopf dann Zahl und erst Zahl dann Kopf. Es beunruhigt schon, dass nur eine von vier Personen in einer landesweit repräsentativen Umfrage die Frage richtig beantwortet hat, auch wenn man ihnen eine bestimmte Anzahl feststehender Antworten vorlegte [11].

Dies ist vielleicht ein recht abstrakter Test für unsere Fähigkeit, zentrale Tatsachen in der Welt zu verstehen, aber probabilistisches Denken ist, wie wir sehen werden, die Grundlage für den Aufbau eines präzisen Sinnes für soziale Realitäten.

Es ist sogar noch besorgniserregender, dass uns unser Mangel an grundlegender mathematischer Kompetenz nicht zu stören scheint. In einer Studie, die wir für die Royal Statistical Society im Vereinigten Königreich durchgeführt haben, fanden wir heraus, dass wir im Gegensatz zur Vision von Wells den Worten mehr Bedeutsamkeit beimessen als den Zahlen (was sowohl für mich als auch für die Royal Statistical Society etwas deprimierend war). Dann fragten wir die Menschen, wodurch sie stolzer auf ihre Kinder wären: wenn diese gut mit Zahlen oder gut mit Worten umgehen könnten. Nur 13 % sagten, sie wären am stolzesten auf die mathematischen Fähigkeiten ihres Kindes; und 55 % sagten, sie wären am stolzesten auf die Fähigkeiten ihres Kindes im Schreiben und Lesen. (Die anderen 33 % sagten, sie würden auf keine der beiden Alternativen stolz sein; dies deutet auf einen besonders niederträchtig strengen Erziehungsstil (tiger parenting) hin [12].

Unsere Fehlwahrnehmungen sind alle weit davon entfernt, etwas mit unserem weniger als perfekten Wissen über die probabilistische Statistik zu tun zu haben. Während der letzten Jahrzehnte haben Pioniere im Bereich der Verhaltensökonomie und der Sozialpsychologie Tausende von Experimenten durchgeführt, um andere Fehler sowie die abgekürzten Verfahren, die gewöhnlich vom menschlichen Denken genutzt werden, zu identifizieren und zu verstehen – und sie werden als „Verzerrungen" und „Heuristiken" bezeichnet. Sie haben unsere Verzerrungen in Bezug auf Informationen erkundet, die bestätigen, was wir bereits wissen, unseren Fokus auf negativen Informationen, unsere Anfälligkeit gegenüber der Ausbildung von Stereotypen sowie dass wir gerne die Mehrheit imitieren. Die Hypothese, die Daniel Kahneman und sein langjähriger Kollege Amos Tversky aufgestellt haben, lautet: Unsere Urteile und Vorlieben sind typischerweise das Ergebnis sogenannten schnellen Denkens, wenn sie nicht oder bis sie durch langsames, wohlüberlegtes Schlussfolgern leicht verändert oder für null und nichtig erklärt werden [13].

Ein verbreiteter Denkfehler, der als einer der ersten erwähnt werden sollte, ist die „emotionale Rechenschwäche" (sie mag uns weniger vertraut sein, doch ist sie von entscheidender Bedeutung für viele Fehlwahrnehmungen, mit denen wir uns beschäftigen werden). Es handelt sich um eine Theorie, die auf Folgendes hinweist: Wenn wir uns im Hinblick auf eine soziale Realität irren, können Ursache und Wirkung sehr gut in beide Richtungen gehen. Nehmen wir beispielsweise an, dass Menschen das

Niveau der Kriminalität in ihrem Land überschätzen. Überschätzen sie die Kriminalität, weil sie sich Sorgen darüber machen, oder machen sie sich Sorgen darüber, weil sie sie überschätzen? Es gibt gute Gründe dafür, der Meinung zu sein, dass es ein wenig von beidem ist. Damit erzeugt man eine Rückmeldungsschleife der Fehlwahrnehmung, aus der man nur sehr schwer ausbrechen kann.

Schließlich gibt es noch die Möglichkeit, dass unsere Fehlwahrnehmungen fast vollständig durch die instinktiven Funktionsweisen in unserem Gehirn geformt werden – hier handelt es sich um eine Vorstellung, die aus dem Bereich der Psychophysik stammt (also aus dem Gebiet, das sich mit unseren psychologischen Reaktionen auf physische Reize beschäftigt). Dies wurde erst kürzlich auf soziale Probleme angewandt, und die Analysen von David Landy und seinen Doktoranden Eleanor Bower und Brian Guay von der Indiana University deuten auf Folgendes hin: Ein bedeutsamer Anteil vieler der Fehler, die wir bei der Einschätzung sozialer Realitäten machen, könnte durch die Typen von Verzerrungen erklärt werden, die die Forscher bei der Art und Weise beobachteten, wie Menschen über physische Reize berichten. Wir unterschätzen beispielsweise laute Geräusche und grelles Licht; und wir überschätzen auf eine sehr vorhersagbare Weise leise Geräusche und weniger helle Lichter – hier handelt es sich um ein Muster, das wir auch in den Daten darüber erkennen können, wie wir den Zustand sozialer und politischer Realitäten wahrnehmen. Wenn wir uns unsicher sind, gehen wir in Richtung Mitte auf Nummer sicher (wir richten uns also nach der Mehrheit); dies könnte bedeuten, dass unsere zugrunde liegende Sicht der Welt gar nicht so verzerrt ist, wie es den Anschein haben könnte.

Im Unterschied zu Tönen und Lichtern jedoch sind die Realitäten, mit denen wir es zu tun haben, oft sozial vermittelt; und unsere expliziten Schätzungen haben eine Bedeutung für uns, die wir verteidigen, und sie hängen mit anderen Einstellungen zusammen. Deswegen empfinde ich die Psychophysik als eine ermutigende Ergänzung zu der Art und Weise, wie wir unsere Fehlwahrnehmungen verstehen: Wir haben vielleicht gar nicht immer so unrecht, wie wir glauben, oder unsere Fehler stehen, anders ausgedrückt, möglicherweise gar nicht für eine so verzerrte Sicht der Welt.

Was man uns sagt
Eine zweite Gruppe von Faktoren, die einen Einfluss darauf haben, wie und was wir über die Welt denken, sind von ihrem Ursprung her äußere Faktoren.

Erstens sind da die Medien. Immer wenn ich auf Konferenzen irgendwelche Befunde aus den Umfragen zu den Gefahren der Wahrnehmung vorstelle, kommt (manchmal während meines Vortrags schreiend aus dem Publikum) wie aus der Pistole geschossen als allererste Frage: „Das ist doch der Daily-Mail-Effekt!" (wenn ich im Vereinigten Königreich bin) oder „Das ist doch der Bildzeitungseffekt!" (wenn ich in Deutschland bin) oder „Das ist doch der Fake-News-Effekt!" (wenn ich sonst irgendwo auf der Welt bin).

Richtig definiert handelt es sich bei Fake News einfach um ein zu eingeschränktes Konzept. Unsere zentralen Fehlwahrnehmungen haben ihren Ursprung nicht in erfundenen Geschichten, die manchmal bestimmte Personen als Klickköder in die Welt setzen, auf dass ihre Schöpfer und Verbreiter damit Geld verdienen, oder aus finsteren Gründen, auf die wir später noch zurückkommen werden.

Selbst die Verwendung des Begriffs im engeren Sinne wurde vor allem durch den Urheber vieler der „realen" Geschichten mit Fake News diskreditiert, nämlich durch Donald Trump. Er hat dazu beigetragen, ihn zu einem Kampfbegriff sowohl gegen die Medien im Allgemeinen als auch gegen einzelne Berichte zu machen, bei denen die Opponenten nicht miteinander übereinstimmen. Die „Fake News Awards" des Jahres 2017, die auf der Internetseite der Republikanischen Partei vorgestellt wurden, zeigten eine verwirrende Vielfalt von Gewinnern: von tatsächlichen Fehlern bei der Berichterstattung über Tweets von der persönlichen Seite eines Journalisten, die zurückgezogen und gelöscht worden waren, über Fotos, nach denen sich Menschenmengen als kleiner erwiesen, als sie es in Wirklichkeit waren, bis zu angeblichen Fauxpas zum Thema, wie man Koikarpfen füttert, und zu einem abgewiesenen Händedruck, der sich als einvernehmlich herausstellte – sowie, und das steht ganz weit oben auf der Liste, zur Leugnung von geheimen Absprachen mit Russland während der Präsidentschaftswahl im Jahr 2016.

Wie wir sehen werden, sind unsere Fehlwahrnehmungen weit davon entfernt, einfach nur ein „Fake-News-Effekt" zu sein – dennoch, der Glaube an die wenigen in der Öffentlichkeit am stärksten bekannt gewordenen Beispiele für tatsächliche Fake-News hat erschreckende Ausmaße angenommen, und sie erreichen unglaublich viele Menschen. Wir werden uns das noch näher ansehen, um unser Augenmerk auf die umfassendere Herausforderung durch Desinformationen zu lenken.

Obwohl es in unseren Erklärungen relativ selten um ein grob vereinfachendes Einschlagen auf die Medien gehen wird, sind die Medien doch ein Hauptakteur in einem System, durch das Fehlwahrnehmungen erzeugt und verstärkt werden. Die Medien sind jedoch im Allgemeinen eigentlich nicht die wichtigste Ursache unserer Fehlwahrnehmungen, obwohl sie durchaus von Einfluss sind: Wir bekommen die Medien, die wir verdient haben und die wir einfordern.

Heutzutage stellen die Informationstechnologie und die sozialen Medien eine sogar noch größere Herausforderung dafür dar, wie wir Fakten wahrnehmen. Und das gilt angesichts des Ausmaßes, in dem wir das, was wir online sehen, filtern und maßschneidern können, und angesichts der Art und Weise, wie das zunehmend gemacht wird, ohne dass wir es auch nur bemerken oder davon wissen. „Filterblasen" und „Echokammern" brüten unsere Fehlwahrnehmungen aus. Unsichtbare Algorithmen und unsere Verzerrungen bei der Auswahl von Informationen tragen dazu bei, dass wir uns unsere eigene individuelle Realität schaffen. Das Tempo des technologischen Fortschritts, das diese Zersplitterung in Einzelne ermöglicht, ist beängstigend, aber auch so offensichtlich komplex und unaufhaltsam, dass es bedrückend wirkt. Vor nur ein paar Jahren wäre uns die Andeutung, dass wir alle einmal online unsere eigenen individuellen Realitäten erleben würden, wie eine Episode aus der Science-Fiction-Serie *Black Mirror* erschienen; doch jetzt wird dies allgemein mit einem Schulterzucken abgenickt. Das ist gefährlich, weil es sich um ein Spiel mit einigen unserer tiefsten psychischen Macken handelt – mit unserem Bedürfnis danach, uns unsere bereits bestehenden Ansichten bestätigen zu lassen, und mit unserer instinktiven Vermeidung von allem, was sie infrage stellt.

Unsere Selbstgefälligkeit hätte durch den neuesten Skandal rund um Facebook erschüttert werden können, bei dem anscheinend die Daten von ungefähr 87 Mio. Nutzern durch die Politikberater der Firma Cambridge Analytica gezielt dazu verwendet worden sind, um während der US-Präsidentschaftskampagne im Jahr 2016 und während der Abstimmung über die EU-Zugehörigkeit im Vereinigten Königreich Einfluss auf den Nachrichtenverkehr zu nehmen. Die ersten Anzeichen deuten jedoch auf Folgendes hin. Sogar dieses schockierende Beispiel führt nicht dazu, dass wir unsere „gefilterte Welt" insgesamt ablehnen: Selbst als das Thema in allen Medien war, berichteten die Firmen, die die Nutzung von Technologien beobachten, dass die weltweite Nutzung von Facebook im normalen und erwarteten Bereich blieb [14].

Die Politik und die politische Kultur finden direkt Eingang in unsere Fehlwahrnehmung. Nur wenige von uns haben regelmäßigen und direkten persönlichen Kontakt zu amtierenden Politikern; und so viel von dem, was uns von den Politikern und von der Regierung eingeflüstert wird, gelangt über die Medien zu uns. Die Aussagen, die von Politikern gemacht werden, bekommen einen disproportionalen Anteil an der Berichterstattung in den

Medien, vor allem während zentraler Wahlkampagnen. Und in den letzten Jahren hatten wir es mit einer übermäßigen Anzahl zentraler Kampagnen zu tun. Sowohl die Wahl von Donald Trump in den USA als auch die Abstimmung über den Brexit wurden allgemein als der Höhepunkt irreführender Kommunikation bezeichnet, mit denen neue Begriffe wie „alternative Fakten" in die Welt gesetzt wurden. Selbstverständlich hat es jedoch nie ein goldenes Zeitalter gegeben, in dem die politische Kommunikation zu 100 Prozent korrekt war, und zwar in allen Ländern. So bot etwa Mitte des 17. Jahrhunderts in Frankreich während des Bürgerkriegs eine berüchtigte Serie von Pamphleten ein Ventil für die berechtigte Empörung über die Unterdrückung durch den König zusammen mit frei erfundenen Anschuldigungen, dass der Regierende Minister von Ludwig XIV., Kardinal Mazarin, eine ganze Reihe von sexuellen Verfehlungen, einschließlich Inzest, begangen hätte [15].

Natürlich kommt es immer häufiger vor, dass Politiker tatsächlich direkt mit Menschen über die sozialen Medien kommunizieren. Dabei wurden die Tweets von Donald Trump so zentral für sein Kommunikationsverhalten, dass sein Pressesprecher bestätigte, es handele sich hier um offizielle Bekanntmachungen. Infolgedessen versuchten einige Twitter-Nutzer dagegen zu klagen, dass ihnen der Zugang dazu blockiert worden war. Und es gab sogar Aufrufe, die Tweets in das Nationalarchiv aufzunehmen: Wir können aufatmen, weil „covfefe" (ein Schreibfehler des Präsidenten beim Wort coverage, dem englischen Wort für Berichterstattung) künftigen Generationen erhalten bleiben wird [16].

Und schließlich gibt es da noch etwas, etwas, was wir als das reale Leben bezeichnen – das, was wir direkt selbst beobachten; was wir in der Familie, von Freunden und von Kollegen hören; womit wir konfrontiert sind, wenn wir draußen in der Welt unterwegs sind. Nicht alle unsere Ansichten über soziale Realitäten werden durch das Fernsehen oder durch Twitter geschaffen. Doch, wie wir gleich sehen werden, geht es mit großen Risiken einher, wenn wir annehmen, unsere eigene Erfahrung sei ganz typisch – und das beginnt mit der Art und Weise, wie wir uns um unsere eigene Gesundheit kümmern.

*

In den folgenden Kapiteln werde ich Sie auf eine kleine Reise in diese Bereiche mitnehmen: Was denken wir, und wie denken wir über einige der wichtigsten Entscheidungen, mit denen wir heute konfrontiert sind. Das reicht von der Menge des Geldes, die wir für den Ruhestand sparen, und der Art und Weise, wie wir auf Sorgen über die Zuwanderung reagieren, bis hin zu der Art und Weise, wie wir Menschen dazu ermuntern, sich gegen die globale Armut zu engagieren. Wenn wir darauf eingehen, wo wir etwas falsch verstehen, dann werden wir uns auch damit beschäftigen, wie wir etwas richtig verstehen können – sowohl als Einzelpersonen als auch als Gesellschaft. Es ist möglich, sich der Realitäten stärker bewusst zu werden, auf denen unsere Entscheidungen beruhen. Wir müssen den Tücken unserer Fehlwahrnehmungen nicht zum Opfer fallen.

Behalten Sie bitte, wenn sie sich die nächsten Kapitel durchlesen, die folgenden fünf Punkte im Hinterkopf; und wir gehen dann näher auf unsere Fehlwahrnehmungen und die Gründe dafür ein:

1. Viele von uns verstehen eine ganze Reihe grundlegender sozialer und politischer Tatsachen überhaupt nicht.
2. Bei dem, was wir falsch verstehen, geht es häufig darum, wie wir über das denken, was man uns erzählt – das bedeutet: So sehr wir es auch gerne tun würden, wir können nicht einfach nur den Medien, den sozialen Medien oder den Politikern die Schuld dafür zuschieben, dass wir irrige Überzeugungen haben.
3. Unsere Fehlwahrnehmungen sind oft in eine bestimmte Richtung verzerrt, weil unsere emotionalen Reaktionen unsere Wahrnehmung der Realität beeinflussen. Unsere Fehlwahrnehmungen liefern daher wertvolle Anhaltspunkte, über die wir nicht einfach nur lachen oder die wir schlicht nur ignorieren sollten.
4. Wenn wir die realen Gründe dafür verstehen, dass wir unrecht haben, dann gibt uns dies eine bessere Chance, unsere Fehlwahrnehmungen zurechtzurücken, individuell und kollektiv.
5. In mindestens zweierlei Hinsicht ist die Lage nicht hoffnungslos: Die Welt ist nicht so schlecht, wie wir glauben, und sie wird oft besser; und wir werden nicht ganz und gar zum Sklaven unseres nicht gerechtfertigten Denkens, wie es manchmal den Anschein hat – wir überlegen es uns wirklich anders, und Tatsachen spielen dabei immer noch eine wichtige Rolle.

Ich empfinde es als Privileg, dass ich an einer solchen Vielfalt faszinierender Studien mitgearbeitet habe und in der Lage war, unsere Fehlwahrnehmungen von vielen unterschiedlichen Standpunkten aus zu verstehen. Ich habe persönlich kein Interesse daran, die Quelle unserer Fehlwahrnehmungen einer bestimmten Ursache zuzuschreiben oder zu der Schlussfolgerung zu kommen, dass sich das Problem durch nur eine spezielle Maßnahme lösen lässt.

Es lohnt sich, einen Punkt zu betonen: Ich bin leidenschaftlich der Überzeugung, dass Tatsachen weiterhin eine wichtige Rolle dabei spielen, unsere Ansichten und unser Verhalten zu formen. Es ist *nicht* in Ordnung, Fehlwahrnehmungen zu erzeugen oder jemanden dazu zu ermutigen, nur weil es gut zu unseren Vorsätzen passt oder etwas erschließt, von dem die Leute *meinen,* es sei wahr. Wir müssen erkennen, dass unsere Emotionen und Denkmuster wichtige Bestandteile der Erklärung sind – ein umfassenderes Verständnis dafür, dass wir unrecht haben, ist unsere einzige Chance, der Realität näher zu kommen. Und dies ist das Ziel: an einem faktenbasierten Verständnis der Welt festzuhalten.

Und es gibt auch gute Gründe zur Hoffnung.

Wie es jetzt um die Welt steht und wie sie sich verändert hat, ist in Wirklichkeit positiver zu beurteilen, als wir gewöhnlich meinen. Es sind bemerkenswerte Fortschritte im Hinblick auf so viele der sozialen Probleme zu verzeichnen, mit denen wir uns beschäftigen. Das soll nicht heißen, dass alles perfekt ist oder dass wir nicht mehr hätten tun können; aber ein subjektiver Optimismus lässt sich durch viele messbare Tatsachen rechtfertigen.

Obwohl viele der Belege aus der Sozialpsychologie, auf die ich mich konzentrieren werde, in lebendiger Weise etwas mit unseren kognitiven Verzerrungen zu tun haben, sollte uns dies nicht zu der Schlussfolgerung verleiten, dass wir Automaten sind, die sich als immun gegenüber Begründungen und neuen Informationen erweisen. Es überrascht Sie vielleicht nicht, dass ich meine Vermutung aus Studentenzeiten, dass das menschliche Denken völlig vorhersehbar ist, vollkommen revidiert habe. Ich hoffe, dass mit diesem Buch eine ausgewogene Sicht der Dinge vorgelegt wird: Ich beschreibe einige alarmierend falsche Wahrnehmungen der Welt und dass viele der Gründe für diese Wahrnehmungen darauf zurückgehen, wie wir denken – aber auch, dass es mehr Grund zur Hoffnung gibt, als es zunächst den Anschein gehabt haben mag, und dass Fakten dabei immer noch eine wichtige Rolle spielen.

Einer der faszinierendsten Aspekte unserer Studien über Fehlwahrnehmungen bestand für mich darin, dass ich über eine breite Vielfalt von sozialen Problemen und in so vielen Ländern Informationen zu den Realitäten sammeln konnte. Das erinnert uns nicht nur eindrucksvoll daran, wie besorgniserregend oder wie ermutigend die Realität sein kann, sondern bringt uns auch die große Vielfalt von Verhaltensweisen und Ansichten über die verschiedenen Länder hinweg näher. Eine unserer ureigenen kognitiven Verzerrungen besteht darin, anzunehmen, dass andere Menschen in stärkerem Maße so sind wie wir, als sie es in Wirklichkeit sind. Unser

Datensatz belegt, wie falsch diese Annahme häufig ist. Ich hoffe nur eines: dass das vorliegende Buch Ihnen zeigen wird, was für ein vielfältiger und außerordentlicher Ort die Welt in Wirklichkeit ist.

Literatur

1. Dylan, S. (2015). Why I Give My Students a „Tragedy of the Commons" Extra Credit Challenge. Abgerufen am 6. April 2020 von https://www.washingtonpost.com/posteverything/wp/2015/07/20/why-i-give-my-students-a-tragedy-of-the-commons-extra-credit-challenge/?utm_term=.605ed5e5401a
2. Poundstone, W. (2016). *Head in the Cloud: The Power of Knowledge in the Age of Google.* London: Oneworld Publications.
3. The Local Europe AB (2018). From Flat Earth to Moon Landings: How the French Love a Conspiracy Theory. Abgerufen am 4. Mai 2020 von https://www.thelocal.fr/20180108/from-flat-earth-theory-to-the-moon-landings-what-the-french-think-of-conspiracy-theories; McKinnon, M. & Grant, W. J. (2013). Australians Seem to be Getting Dumber – But Does It Matter? Abgerufen am 4. Mai 2020 von https://theconversation.com/australians-seem-to-be-getting-dumber-but-does-it-matter-16004; Rudin, M. (2011). Why the 9/11 Conspiracies Have Changed. Abgerufen am 4. Mai 2020 von http://www.bbc.co.uk/news/magazine-14572054; Wireclub Conversations (2014). Conspiracy Theories That Were Proven True, Conspiracy Poll Results. Abgerufen am 4. Mai 2020 von https://www.wireclub.com/topics/politics/conversations/UZ5RfgOnSgewgJ3e0
4. Somin, I. (2016). *Democracy and Political Ignorance: Why Smaller Government Is Smarter.* Stanford: Stanford University Press; Delli Carpini, M. X. & Keeter, S. (1991). Stability and Change in the U.S. Public's Knowledge of Politics. Public Opinion Quarterly, 55(4), 583–612. Abgerufen am 4. Mai 2020 von https://doi.org/10.1086/269283
5. Flynn, D. J., Nyhan, B. & Reifler, J. (2017). The Nature and Origins of Misperceptions: Understanding False and Unsupported Beliefs About Politics. *Political Psychology,* 38(1), 127–150. Abgerufen am 4. Mai 2020 von https://doi. org/10.1111/pops.12394
6. Schultz, J. (2017). How Much Data is Created on the Internet Each Day? Abgerufen am 4. Mai 2020 von https://blog.microfocus.com/how-much-data-is-created-on-the-internet-each-day/

7. Reas, E. (2014). Our Brains Have a Map for Numbers. Abgerufen am 4. Mai 2020 von https://www.scientificamerican.com/article/our-brains-have-a-map-for-numbers/
8. Wells, H. G. (1903). *Mankind in the Making*.
9. RSS Web News Editor. (2013). New Data Reveals Mixed Public Attitudes to Statistics. Abgerufen am 4. Mai 2020 von https://www.statslife.org.uk/news/138-new-data-reveals-mixed-public-attitudes-to-statistics
10. Laplace, P. S. (1814). *Théorie Analytique des Probabilités*, Volume 1. Paris: Courcier.
11. Ipsos MORI (2013). Margins of Error: Public Understanding of Statistics in an Era of Big Data. Abgerufen am 4. Mai 2020 von https://www.slideshare.net/IpsosMORI/margins-of-error-public-understanding-of-statistics-in-an-era-of-big-data
12. Duffy, B. (2013b). In An Age of Big Data and Focus on Economic Issues, Trust in the Use of Statistics Remains Low. London. Abgerufen am 4. Mai 2020 von https://www.ipsos.com/ipsos-mori/en-uk/age-big-data-and-focus-economic-issues-trust-use-statistics-remains-low
13. Kahneman, D. (2017). Schnelles Denken, langsames Denken. München: Penguin (Original erschienen 2011: Thinking Fast and Slow).
14. Reuters Staff (2018). Americans Less Likely to Trust Facebook than Rivals on Personal Data. Abgerufen am 4. Mai 2020 von https://www.reuters.com/article/us-facebook-cambridge-analytica-apology/americans-less-likely-to-trust-facebook-than-rivals-on-personal-data-idUSKBN1H10AF
15. Kiernan, L. (2017). „Frondeurs" and Fake News: How Misinformation Ruled in 17th-century France. Abgerufen am 4. Mai 2020 von https://www.independent.co.uk/news/long_reads/frondeurs-and-fake-news-how-misinformation-ruled-in-17th-century-france-a7872276.html
16. Braun, S. (2017). National Archives to White House: Save All Trump Tweets. Abgerufen am 4. Mai 2020 von http://www.chicagotribune.com/news/nationworld/politics/ct-trump-tweets-national-archive-20170404-story.html

Inhaltsverzeichnis

1	Eine gesunde Psyche	1
2	Sexuelle Fantasien	29
3	Über das Geld?	53
4	Drinnen und draußen: Immigration und Religion	73
5	Gefahrlos und sicher	99
6	Politische Irreführung und Abgekoppeltheit von den Menschen	113
7	Brexit und Trump: Wunschdenken und ungerechtfertigtes Denken	133
8	Wie wir unsere Welt filtern	155
9	Weltweite Sorge, nicht weltweites Netz	179
10	Wer hat am meisten unrecht?	195

| 11 | Der Umgang mit unseren Fehlwahrnehmungen | 209 |

Anmerkungen **229**

Stichwortverzeichnis 231

1

Eine gesunde Psyche

An guten Ratschlägen dazu, wie man gesund bleiben kann, herrscht kein Mangel. Neue Diäten und Trainingssysteme versprechen uns sofortige Gesundheit, und ein nicht enden wollender Strom von „Superfoods" gibt vor, uns von allen Krankheiten zu heilen. Yoga mit Ziegen ist die eigentliche Sache; Seminare dazu gibt es von Oregon bis Amsterdam.

Die Herausforderungen, die sich stellen, wenn man verstehen möchte, was eine gesunde Lebensweise wirklich bedeutet, sind jedoch nicht nur einfach diese vorübergehenden Modeerscheinungen. Ehrlich gesagt haben es die Menschen verdient, als verwirrt zu gelten, wenn sie glauben, dass Spirulina, Chia-Samen, Goji-Beeren und keimende Mandeln alles sind, was man braucht, um gesund zu sein. Es geht aber nicht nur um die neuesten Ernährungsfehler, die in den Schlagzeilen der populären Presse groß herausgestellt werden und die die seriösen Forschungsergebnisse verdreht darstellen, um uns einzureden, dass die Welt verrückt geworden ist: „Babynahrung und Kekse werden jetzt mit Krebs in Zusammenhang gebracht", seufzt die *Daily Mail* im Vereinigten Königreich [1].

Nein, man kann auch Veränderungen bei den amtlichen Orientierungshilfen vermerken, in denen wir ständig mehr darüber erfahren, wie unser Körper funktioniert. Noch im Jahr 2005 konzentrierten sich die Ernährungsrichtlinien fast ausschließlich darauf, den Gesamtkonsum von Fetten zu verringern, wobei kein Unterschied zwischen gesättigten und ungesättigten Fetten gemacht wurde. In den momentan gültigen Richtlinien werden die US-Amerikaner zum ersten Mal gewarnt, dass sie „zu viel zusätzlichen Zucker essen und trinken". Dasselbe trifft auf körperliche Aktivität zu; dabei geht es um eine ganze Vielfalt unterschiedlicher Richtlinien im Laufe der Zeit und auf der gesamten Welt darüber, wie oft, wie lange und mit welcher Intensität wir Sport treiben sollten.

Es gibt Bibliotheken voller gut recherchierter Bücher, von denen nur wenige vollständig miteinander übereinstimmen, weil die Tatsachen notwendigerweise komplex, unsicher und veränderlich sind. Es ist nahezu unmöglich, die Auswirkung einzelner Nährstoffe auf den Körper zu isolieren; Ernährung und Sport haben auch einen unterschiedlichen Einfluss auf die Menschen – die Genetik hat einen Einfluss darauf, wie wir die Nahrung, die wir zu uns nehmen, mithilfe des Stoffwechsels umwandeln. Grundlegender ist, dass ein Großteil der Daten über die Ernährung fehlerbehaftet ist: Wie wir sehen werden, ist es sehr schwierig, zu kontrollieren und zu erfassen, was die Menschen tatsächlich essen (im Gegensatz zu dem, was sie sagen, was sie essen).

Mit dem Glück verhält es sich genauso, oder die Lage ist sogar noch schlimmer. Es gibt eine endlose Reihe seriöser und unseriöser Studien, die zeigen, was *wirklich* wichtig ist, um Lebenszufriedenheit zu erreichen. Eines scheint dabei klar zu sein: Gesundheit und Glück hängen miteinander zusammen, und zwar stärker, als wir uns dessen bewusst sind. Eine Studie aus dem Vereinigten Königreich zeigte, dass die Beseitigung von Depression und Angst die Trübsal auf der Welt um 20 % verringern würde, im Vergleich zu nur 5 %, wenn die Politiker es schafften, die Armut zu beseitigen [2].

Da verwundert es nicht, dass die Menschen verwirrt sind, wie die Antworten auf unsere Umfragen klar zeigen. Unsere Fehlwahrnehmungen zeichnen ein Bild von Leugnung und Selbsttäuschung; und das geht einher mit einem gefährlichen Fokus auf Aufmerksamkeit erheischenden Angstgeschichten.

Denkanstoß

Es ist wichtig, Fehlwahrnehmungen in Bezug auf unsere Gesundheit als solche zu erkennen. Wenn man das tut, so zwingt uns dies, den Realitäten ins Auge zu blicken. Dabei geht es darum, auf welche Weise wir uns um uns selbst kümmern; und die eigentlichen Gesundheitsstatistiken sind in vielen Fällen schockierend. Das trifft vor allem auf die zu, in denen es um unser Gewicht und unsere Ernährung geht.

In einer speziellen Studie führten wir Umfragen in über 33 Ländern durch; im Schnitt waren 57 % der Erwachsenen übergewichtig oder fettleibig. Das ist wirklich erschreckend, wenn man aufhört, genauer darüber nachzudenken – dass nahezu sechs von zehn Menschen dicker sind, als sie es nach Auffassung des Berufsstandes der Mediziner um ihrer Gesundheit willen sein sollten.

In den USA sind 66 % der Bevölkerung übergewichtig oder fettleibig; im Vereinigten Königreich beträgt die Zahl 62 %. In Saudi-Arabien ist der Anteil sogar noch höher; er liegt bei 71 %. Nur zwei Länder in Westeuropa – Frankreich und die Niederlande – können damit angeben, dass weniger als die Hälfte ihrer Bevölkerung übergewichtig oder fettleibig ist; aber sie sind nicht gerade Vorbilder im Hinblick auf die Gesundheit, da der Anteil in beiden Ländern 49 % beträgt. In Deutschland sind es 57 % (Abb. 1.1).

Für unsere Zwecke ist es wichtig, dass die Menschen in jedem Einzelnen dieser Länder in starkem Maße den Prozentsatz der Personen unterschätzten, die mit sich ringen, ein gesundes Gewicht aufrechtzuerhalten. Saudi-Arabien ist ein Extrembeispiel für dieses Leugnen: Die Saudis glaubten, dass nur 28 % der Menschen in ihrem Land übergewichtig oder fettleibig seien. Die Menschen in der Türkei, in Israel und in Russland schätzten im Schnitt, dass der Anteil der übergewichtigen und fettleibigen Personen etwa auf der Hälfte des tatsächlichen Niveaus liege. Von den Ländern, in denen Umfragen durchgeführt wurden, überschätzten nur drei (Indien, Japan und China), wie viele Personen in ihrem Land übergewichtig oder fettleibig sind; und nur ein Land (Südkorea) war da treffsicher.

Wie ist es möglich, dass so viele von uns bei einem der grundlegenden Elemente unserer Gesundheit so schlechte Schätzungen abgeben? Es gibt eine Reihe von Erklärungen dafür.

Erstens: Die Definition dessen, was „Übergewicht" oder „Fettleibigkeit (Adipositas)" bedeutet, ist nicht sofort intuitiv nachvollziehbar. Diese Begriffe beziehen sich auf Klassifikationen nach dem Body-Mass-Index (BMI), der in der Mitte des 19. Jahrhunderts entwickelt wurde und folgendermaßen berechnet wird: Man teilt das Gewicht in Kilogramm durch die Größe in Metern zum Quadrat. Es handelt sich um eine einfache Berechnung, aber nicht viele von uns können das im Kopf machen. Die Zahl ist meistens ein kollektives Kürzel zum Vergleich von Populationen und wird im klinischen Bereich dazu verwendet, bei einem Patienten die Ernährungsfrage anzusprechen. Die Unterscheidung zwischen „normal", „übergewichtig" und „fettleibig" ist zudem etwas schwammig: Die Gesundheitsbehörde von Hongkong beispielsweise erklärt, dass Patienten mit einem BMI von 23 bis 25 übergewichtig sind, während diese Personengruppe in den USA, im Vereinigten Königreich und in der Europäischen Union als normal klassifiziert worden wäre [3].

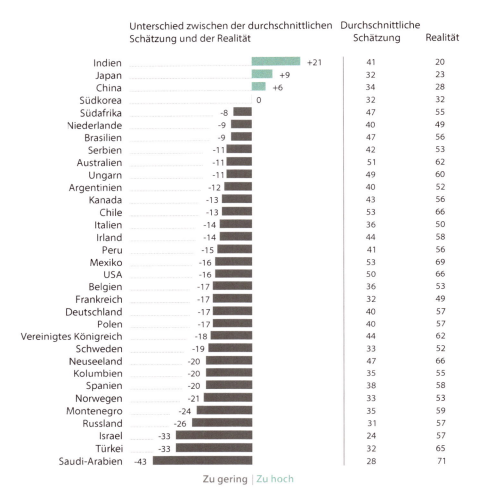

Abb. 1.1 Insgesamt überschätzten die Befragten in starkem Maße den Prozentsatz der Personen, die entweder übergewichtig oder fettleibig sind

Eine Studie, die in 195 Ländern durchgeführt wurde, zeigte, dass es im Zusammenhang mit Übergewicht und Fettleibigkeit im Jahr 2015 weltweit mehr als etwa 4 Mio. Todesfälle zusätzlich gab – nahezu sieben Prozent aller Todesfälle in diesem Jahr [4]. Insgesamt gingen 120 Mio. Lebensjahre auf Kosten einer Behinderung, weil die betreffenden Personen zu dick waren (hier handelt es sich um die Anzahl der Lebensjahre, die man wegen einer

Behinderung verloren hat oder die man mit ihr gelebt hat). Aber der entscheidende Punkt ist folgender: Nahezu die *Hälfte* dieser Jahre geht darauf zurück, dass die Betreffenden übergewichtig waren, *nicht* etwa darauf, dass sie fettleibig waren.

Es könnte sein, dass einige Personen in der Umfrage, als sie die Anzahl der Personen in ihrem Land schätzten, die übergewichtig oder fettleibig sind, nur an Fettleibigkeit dachten. Manchmal ist dies die Zahl, auf die sich die Medien konzentrieren; und das wird es sein, womit einige Menschen vertraut sind. In mehreren Ländern scheinen die Schätzungen den Unterschied differenziert zu behandeln: Beispielsweise ist die 50-Prozent-Schätzung für die US-amerikanische Population genau die Hälfte zwischen der tatsächlichen Zahl für Übergewicht und Fettleibigkeit zusammen (66 %) und der Zahlen für Fettleibigkeit allein (33 %).

Hier handelt es sich lediglich um ein Beispiel einer weiteren Vielfalt von Erklärungen dafür, warum wir so oft zu völlig falschen Einschätzungen kommen; dies ist Ausdruck tief verwurzelter kognitiver Verzerrungen in der Art und Weise, wie wir denken. Wenn wir gebeten werden, Urteile dieser Art abzugeben, dann verlassen wir uns auf das, was die Verhaltenswissenschaftler „Verfügbarkeitsheuristik" nennen, eine mentale Abkürzung, mit der wir an Informationen herankommen wollen, die leicht verfügbar sind, auch wenn sie nicht recht zu der Situation passen oder uns nicht das ganze Bild liefern. Die Verfügbarkeitsheuristik wurde im Jahr 1973 von den Verhaltenspsychologen Daniel Kahneman und Amos Tversky erstmals beschrieben. In ihrem klassischen Experiment baten sie Personen, sich eine Liste von Namen anzuhören und sich dann daran zu erinnern, ob mehr Männer oder mehr Frauen auf der Liste waren. Einigen Personen wurde in diesem Experiment eine Liste bekannter Männer und weniger bekannter Frauen vorgelesen, während bei den anderen das Gegenteil geschah. Als sie hinterher von den Forschern befragt wurden, neigten die Teilnehmer an der Studie eher dazu, zu sagen, dass mehr Personen von dem Geschlecht aus der Gruppe mit den berühmteren Namen in der Liste enthalten waren. Später haben die Forscher diesen Effekt mit der Art und Weise in Zusammenhang gebracht, wie leicht Menschen Informationen abrufen konnten: Wenn es um Entscheidungen oder Urteile geht, neigen wir dazu, uns zu sehr auf das zu verlassen, was wir leicht erinnern [5].

Wenn es um das Körpergewicht geht, richten wir uns in ähnlicher Weise bereitwillig nach Bezugsnormen, indem wir ein fehlerhaftes Bild von uns selbst verallgemeinern und uns darauf stützen, was wir bei Personen in unserer Umgebung beobachtet haben. Wir haben tatsächlich ein sehr fehlerhaftes Bild von uns selbst. In einer Studie aus dem Vereinigten Königreich beispielsweise stufte nur einer von fünf Männern mit einer Fettleibigkeit vom Grad 1 – dem untersten Niveau mit einem BMI von 30 bis 34,9 – sich selbst als fettleibig ein. Noch schlimmer war, dass nur 42 % der Personen mit einer Fettleibigkeit vom Grad 2 oder 3 – manchmal auch als „schwere" oder „krankhafte" Adipositas bezeichnet (mit einem BMI von 35 oder mehr) – sich selbst für fettleibig hielten. Ich will Ihnen eine Vorstellung davon vermitteln, wie weit die Leugnung bei den anderen 60 % fortgeschritten war: Ein Mann mit einer Größe von 1,80 m müsste *mindestens* 108 kg schwer sein, um einen BMI dieser Höhe zu erreichen. Bei dem Ausmaß, in dem Menschen sich selbst als Bezugsnormen nutzen, um andere zu beurteilen, ist es kein Wunder, dass sie das allgemeine Problem unterschätzen.

Wie der Arzt Nicholas Christakis und der Politikwissenschaftler James Fowler in ihrer Forschung gezeigt haben, neigen die Menschen dazu, sich mit Personen zu umgeben, die so sind wie sie selbst; und mit der Zeit streben sie danach, das Verhalten des jeweils anderen zu imitieren – und dazu gehören auch Aktivitäten wie Essen und Sporttreiben [6]. Soziale Normen etablieren sich – und infolgedessen ändert sich das Durchschnittsniveau der Gesundheit innerhalb der Gruppe. Wir wollen gut zu den anderen passen, deswegen imitieren wir die Mehrheit; wir unterliegen einer „Verzerrung aufgrund eines Herdenverhaltens". Dies bedeutet, dass eine Person, die übergewichtig oder fettleibig ist, eher Freunde oder eine Familie haben wird, die auch übergewichtig oder fettleibig sind. Diese beiden Effekte zusammengenommen – unser eigenes Gefühl der Leugnung und unsere fehlgeleitete Überzeugung, dass wir aufgrund unseres schiefen Vergleichsmaßstabs normaler sind, als es wirklich der Fall ist – lassen uns gegenüber dem Ausmaß des Problems blind werden. All dies bedeutet, dass wir nicht so besorgt sind, wie wir es sein sollten.

Scham und Zucker

Unsere Fehlwahrnehmungen im Hinblick auf die gesunde Ernährung erstrecken sich auch auf die Art und Weise, wie unterschiedlich wir die zentralen Aspekte eines gesunden Lebens sehen. Wir haben Menschen in sechs Ländern – in den USA, dem Vereinigten Königreich, Frankreich, Deutschland, Kanada und Australien – zum Zuckerkonsum und zu sportlichen Aktivitäten befragt. In der Befragung wurden zunächst die Richtlinien beschrieben, was „zu viel Zucker" bedeutet, aber auch wo das minimale empfohlene Niveau körperlicher Aktivität pro Woche liegt. Die

Studienteilnehmer wurden befragt, ob sie sich an diese Richtlinien halten oder ob sie zu viel Zucker zu sich nehmen und zu wenig Sport treiben. Nachdem sie ihr eigenes Verhalten gemäß den Richtlinien bewertet hatten, wurden sie gefragt, welcher Prozentsatz der Gesamtbevölkerung in ihrem Land zu viel Zucker zu sich nehme und zu wenig Sport treibe [7].

Die Umfrage erbrachte ein verblüffendes Ergebnis: Die Befragten dachten, dass sich andere Menschen mit der gleichen Wahrscheinlichkeit (40 %) an die Richtlinien der Regierung zu körperlicher Aktivität halten wie sie selbst (auch 40 %). Aber mehr Menschen dachten, dass *die anderen* zu viel Zucker zu sich nehmen (66 %) verglichen mit denjenigen, die von sich sagten, dass *bei ihnen selbst* ein Übermaß Zucker Bestandteil ihrer eigenen Ernährung wäre (40 %) (Abb. 1.2).

Das liefert einen spannenden Hinweis darauf, wie die Menschen diese Aktivitäten sehen, vor allem wenn man sie mit den anderen Aktivitäten vergleicht, zu denen sie in der Umfrage befragt wurden. Die Antworten zum

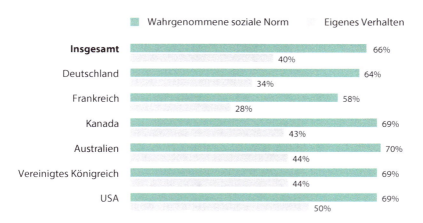

Abb. 1.2 In jedem Land gab es eine Kluft zwischen unserer durchschnittlichen Schätzung, wie viele andere Personen zu viel Zucker zu sich nehmen (die wahrgenommene soziale Norm für Zuckerkonsum), und dem, was wir in Bezug auf uns selbst zugeben (unser Verhalten)

Zuckerkonsum waren sehr ähnlich verglichen mit dem, was sie sagten, wenn man sie zu illegalen oder unmoralischen Aktivitäten befragte, wie Steuerhinterziehung oder Krankfeiern. Wir neigen viel stärker dazu, zu sagen, dass es sich hier um Aktivitäten handelt, in die die anderen verwickelt sind, als zuzugeben, dass wir selbst es auch machen. Natürlich variieren „unmoralische" Aktivitäten von Land zu Land. Personen in den USA hatten keine Probleme damit, zuzugeben, dass sie sich hatten krankschreiben lassen, obwohl sie gar nicht krank waren – 37 % sagten, dass sie es persönlich gemacht hätten, verglichen mit nur 6 % bei den Franzosen [8] – was wahrscheinlich Ausdruck der sozialen Akzeptanz für „Tage unter der Bettdecke" in einem Land ist, in dem die Menschen offiziell nur sehr wenige freie Tage haben. Während kaum ein Franzose sagte, er persönlich „feiere krank", dachten die Franzosen, dass 40 % ihrer Landsleute dies täten.

Was die Steuerhinterziehung angeht, gibt es international ein sehr ähnliches Muster: Die US-Amerikaner würden sich wahrscheinlich am ehesten selbst bezichtigen (14 % sagten, sie hätten im letzten Jahr Steuern hinterzogen), während es bei den Franzosen wieder die größte Kluft gibt zwischen dem, was sie persönlich zugeben würden, und dem, was ihren Worten nach die anderen Franzosen tun. Die Deutschen sind wahrscheinlich eher Paragrafenreiter, aber redeten auch besser über andere – sie räumten persönlich am seltensten ein, Steuern hinterzogen zu haben, und gaben auch die geringste Schätzung dafür ab, dass ihre Landsleute dies getan hätten.

Warum gibt es diese Kluft beim Zuckerkonsum und anderen Aktivitäten, aber nicht beim Niveau an sportlichen Aktivitäten. Dies lässt sich vielleicht großenteils mit Scham erklären. Nach kürzlich erfolgten Veränderungen in den Ernährungsrichtlinien, bei denen der Fokus auf dem Zuckerkonsum liegt und „Sündensteuern" für Zucker-„Sünden" eingeführt wurden, ist Zucker zum neuesten Ernährungs-Paria geworden und ersetzt damit das Fett. Vor unserem geistigen Auge stellen wir uns übergewichtige Kinder vor, die Softdrinks von gewaltiger Größe herunterstürzen – das ist nichts, womit wir selbst in Verbindung gebracht werden möchten. Die Auswirkungen dieser „Schamkluft" sind bedeutsam: Es ist wahrscheinlich, dass die Hersteller von Lebensmitteln mit einem hohen Anteil künstlich zugesetzten Zuckers in naher Zukunft mit sogar noch strikteren Regulierungen rechnen müssen – weil wir das, wofür wir uns schämen, nicht beschützen. Warnaufkleber, sogar unerschwinglich hohe Steuern und in einigen Fällen vollständige Verbote, wie wir sie bei Tabak- und Alkoholprodukten beobachten können, könnten bald normal sein – und unsere Fehlwahrnehmungen deuten darauf hin, dass es wahrscheinlich wenig öffentliche Empörung über diese Maßnahmen geben wird. Und viele Hersteller reagieren bereits tatsächlich sowohl auf die neuen Vorlieben der Konsumenten als auch auf die Drohung mit drastischen Eingriffen der Regierung so, dass sie ihre Produkte in neuen Rezepturen herausbringen, indem sie den Zuckergehalt verringern, die Portionsgrößen verkleinern oder Alternativen entwickeln, die zuckerfrei sind.

Nachdem Sie bisher mit Vermutungen aus der Öffentlichkeit konfrontiert waren, könnten Sie sich fragen, wie es denn jetzt eigentlich wirklich ist. Es gibt über alle Länder hinweg erhobene amtliche Daten zu sportlichen Aktivitäten, die darauf hindeuten, dass wir übermäßig pessimistisch in Bezug auf uns selbst, aber auch in Bezug auf andere Menschen sind. Obwohl 40 % der Menschen glauben, sie trieben ausreichend viel Sport, und diese 40 % der Bevölkerung als Ganze auch wirklich genügend trainierten, deuten auf Tagebüchern basierende Erhebungen der körperlichen Aktivität darauf hin, dass 64 % der Menschen tatsächlich diesen Richtlinien gerecht werden.

Doch wir haben sehr gute Gründe dafür, diesen Tagebucheintragungen zu misstrauen. Es wurde immer wieder gezeigt, dass die Menschen nicht sehr gut darin sind, aufzuzeichnen, was sie tatsächlich tun. In einem Experiment verglichen die Forscher die Aussagen von Menschen darüber, wie aktiv sie waren, mithilfe der Daten von Geräten mit einem Beschleunigungsmesser, die sie am Körper trugen – medizinischen Varianten von Fitbits. Die Daten der Geräte deuteten darauf hin, dass die Menschen ihre körperliche Aktivität signifikant überschätzten: Sie absolvierten etwa halb so viele Trainingsminuten pro Woche, wie sie angaben [9]. Wir sind eben schlecht darin, genau anzugeben, was wir machen; und selbst wenn es nicht ganz bewusst geschieht, können wir es nicht lassen, uns selbst als tugendhafter darzustellen, als wir es wirklich sind.

Ähnliche Tagebucheintragungen zum Zuckerkonsum aus der landesweiten Umfrage National Diet and Nutrition Survey im Vereinigten Königreich zeigen, dass etwa 47 % der Menschen zu viel Zucker zu sich nahmen [10] – das liegt ziemlich nahe an dem, was die Menschen zugaben, als sie befragt wurden. Aber es liegt unterhalb des Anteils „der anderen Menschen", von denen sie dachten, sie konsumierten zu viel Zucker. Wieder gibt es gute Gründe, gegenüber der Genauigkeit dieser amtlichen Daten skeptisch zu sein. Eine Studie des Behavioural Insights Teams im Vereinigten Königreich deutet unter Zuhilfenahme unterschiedlicher Datenquellen (einschließlich der Auswertung landesweiter Erhebungen zum Verständnis dessen, was wir tatsächlich kaufen) auf Folgendes hin: Wir nehmen möglicherweise 30 bis 50 % mehr Kalorien zu uns, als es die amtlichen Umfrageergebnisse nahelegen [11]. Wenn unser Zuckerkonsum diesen allgemeinen Risikozuschlag wiedergibt, dann könnte unsere Schätzung für die Allgemeinbevölkerung sehr nahe an der (etwas deprimierenden) Wahrheit liegen.

Die Gefahren unseres Herdeninstinkts

Es scheint so zu sein, dass wir unseren persönlichen Zuckerkonsum nicht wahrhaben wollen, und wir unterschätzen eindeutig, wie fett wir sind. Aber die folgende Frage bleibt zentral: Trägt es tatsächlich dazu bei, dass die Menschen ihr Verhalten ändern, wenn wir sie darauf hinweisen, wie riesig die Herausforderungen in Bezug auf unsere Gesundheit sind. Es liegt anscheinend auf der Hand, dass das Wissen über die Wahrheit ein wichtiger erster Schritt in Richtung Handeln ist. Aber ist das wirklich der Fall? Die Arbeiten des US-amerikanischen Sozialpsychologen Robert Cialdini deuten darauf hin, dass es Fallstricke für Gesetzgeber und Journalisten gibt, die versuchen, die Menschen mit Angst zu Handlungen zu verleiten [12]. Dies gilt vor allem, wenn wir eine Botschaft hören, dass es eine Fettleibigkeits- oder Inaktivitäts-„Epidemie" gibt. Denn dann hören wir zugleich, dass dieses Verhalten nicht nur ein Problem ist, sondern dass es auch *verbreitet* ist. Und je verbreiteter ein Problem ist, desto eher sind wir bereit, es als Norm zu akzeptieren – und Normen haben einen riesengroßen Einfluss auf uns; sie drängen uns in ihre Richtung und lassen anklingen, dass das Verhalten sozial akzeptabel oder gar notwendig ist.

Die Experimente des Psychologen Solomon Asch aus den Fünfzigerjahren sind noch immer eine klassische Demonstration dessen, welche Wirksamkeit dieser Effekt hat [13]. Bei diesen Studien wurde eine Linie dargeboten, und diese Linie befand sich neben drei anderen nummerierten Linien – eine, die kürzer war, eine, die länger war, und eine, die dieselbe Länge hatte (Abb. 1.3).

Die Versuchspersonen wurden gebeten, einfach anzugeben, welche der nummerierten Linien der nicht nummerierten entsprach. Wenn die Person allein war, gab sie praktisch immer die richtige Antwort. In einem anderen Experiment jedoch kamen fünf weitere Personen ins Zimmer, alle waren Schauspieler, und alle waren instruiert, dieselbe falsche Antwort zu geben. Nach einigen skeptischen Blicken und nach einem Kopfschütteln folgte ein Drittel der Versuchspersonen dem Hinweis, den der Strohmann des Versuchsleiters gegeben hatte, und entschieden sich für die falsche Antwort. Es scheint absurd zu sein, aber es gibt sehr gute Gründe dafür, warum so viele von uns dem Hinweis anderer Folge leisten – die Evolution hat uns

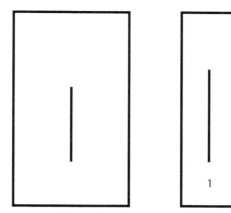

Abb. 1.3 Das Experiment von Solomon Asch zur Erfassung der Effekte des Gruppendrucks auf ein individuelles Urteil

beigebracht, dass es uns beim Überleben hilft, wenn wir uns wie Schafe an die Herde halten.

Natürlich ist dieser Labortest eine sehr künstliche Situation; und auch hier sollten wir im Hinterkopf behalten, dass zwei Drittel nicht in diese Falle tappten. Diese Experimente und viele weitere seitdem durchgeführte Experimente illustrieren einen lebenswichtigen Effekt, aber nicht, dass wir Automaten sind. Es ergeben sich jedoch Schlussfolgerungen in Bezug darauf, wie stark wir Menschen die Botschaft aufdrängen sollten, dass ein negatives Verhalten weit verbreitet ist und dass es deshalb selbstverständlich „normal" ist: Der Hinweis, wie häufig ein Problem auftritt, kann ein effektives Hilfsmittel dafür sein, Aufmerksamkeit zu bekommen; aber es handelt sich um ein zweischneidiges Schwert.

Die Gefahren dieser Ausrichtung auf das Normale kommen vielleicht darin zum Ausdruck, dass die Häufigkeit von Diabetes in der Bevölkerung sehr überschätzt wird; das konnten wir in einer weiteren Studie beobachten. Wie die unten aufgeführte Abb. 1.4 zeigt, gibt es einige wirklich absurde Antworten. In Indien, Brasilien, Malaysia und Mexiko war die durchschnittliche Schätzung, dass 47 % der jeweiligen Bevölkerung Diabetes hätten. Die realen Zahlen sind in einigen dieser Länder extrem hoch – etwa 20 % der Bevölkerung in Malaysia und 10 % in den anderen Ländern –, aber diese Prozentsätze haben es nicht verdient, so sehr überschätzt zu werden.

Im Allgemeinen zeigen die Vergleiche zwischen den Ländern, wie wenig unsere Schätzungen mit dem tatsächlichen Vorkommen der Krankheit zusammenhängen: In den USA betrug die durchschnittliche Schätzung 34 %, während der tatsächliche Anteil derer in der Bevölkerung, die unter

Frage: Was glauben Sie, wie viele von 100 Leuten zwischen 20 und 79 Jahren in Ihrem Land haben Diabetes?

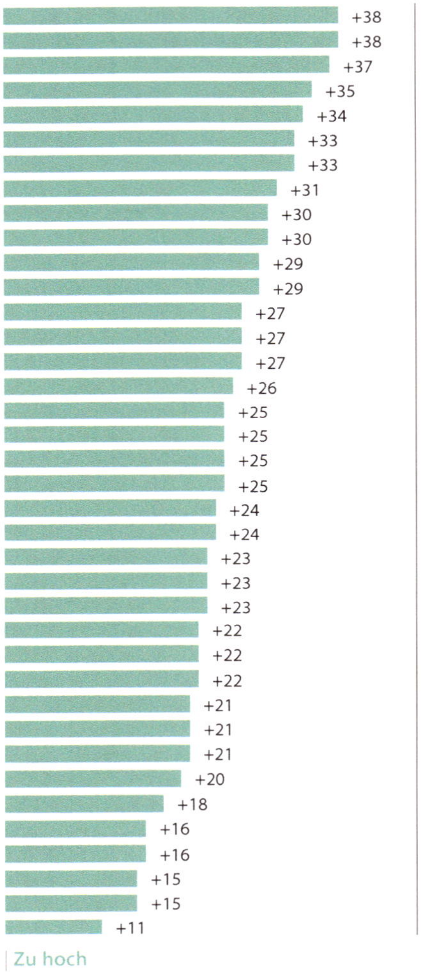

Land	Unterschied zwischen der durchschnittlichen Schätzung und der Realität	Durchschnittliche Schätzung	Realität
Philippinen	+38	45	7
Indien	+38	47	9
Brasilien	+37	47	10
Peru	+35	42	7
Indonesien	+34	40	7
Südafrika	+33	41	8
Chile	+33	43	10
Mexiko	+31	47	16
Argentinien	+30	36	6
Italien	+30	35	5
Malaysia	+29	47	18
Kolumbien	+29	39	10
Türkei	+27	40	13
Australien	+27	32	5
Ungarn	+27	34	7
Frankreich	+26	31	5
Belgien	+25	30	5
Polen	+25	31	6
Südkorea	+25	29	4
Singapur	+25	35	11
Deutschland	+24	31	7
Israel	+24	31	8
Spanien	+23	31	8
USA	+23	34	11
Kanada	+23	30	7
Vereinigtes Königreich	+22	27	5
Saudi-Arabien	+22	42	20
Serbien	+22	32	10
Japan	+21	27	6
Neuseeland	+21	28	7
Niederlande	+21	26	6
Hongkong	+20	28	8
Montenegro	+18	29	11
China	+16	26	10
Dänemark	+16	23	7
Schweden	+15	20	5
Russland	+15	24	9
Norwegen	+11	17	6

| Zu hoch

Abb. 1.4 In allen Ländern wird das Vorkommen des Diabetes sehr stark überschätzt

Diabetes leiden, 11 % betrug. Die Italiener kamen zu ganz ähnlichen Einschätzungen, aber die Krankheit kam weniger als halb so häufig vor, wie man es in den USA beobachten konnte.

Diabetes ist ein massiv verbreitetes Gesundheitsproblem; es handelt sich um eine extrem schwerwiegende, aber weitgehend vermeidbare Krankheit. Doch eine stärkere Konzentration auf das Ausmaß solcher Gesundheitsprobleme allein ist wahrscheinlich nicht die angemessene Reaktion. Wir unterschätzen es vielleicht maßlos, wie viele von uns übergewichtig sind, aber wir erkennen dennoch an, dass es sich um einen sehr großen Anteil an der Bevölkerung handelt. Wenn man immer wieder marktschreierisch betont, wie groß diese Probleme sind, wird man wahrscheinlich für sich genommen relativ wenig erreichen.

Ein Fokus sollte stattdessen auf dem individuellen Verhalten liegen und darauf, die persönlichen Barrieren dagegen zu überwinden, dass man gesünder lebt. Das ist besser, als den Fokus auf eine gesellschaftliche Epidemie zu legen, wo es doch eine viel zu einfache Lösung ist, schlicht dasselbe zu machen wie alle anderen.

Einige Fehlwahrnehmungen im Hinblick auf die Gesundheit sollten jedoch zu unserem eigenen Nutzen und für die Gesundheit der Personen in unserem Umfeld entschieden abgelehnt werden, zum Beispiel einige Auffassungen zum Thema Impfungen.

Impfung gegen Unwissen

Es ist der 12. April 1955, 10 Jahre vor dem Todestag von Präsident Roosevelt, dem bekanntesten Polio-Opfer der Welt. Wir befinden uns in der University of Michigan und warten darauf, etwas über die Resultate der Untersuchung von Dr. Jonas Salk über einen Impfstoff gegen Poliomyelitis (Kinderlähmung) zu hören.

Es sind 500 Menschen im Raum, und dazu gehörten 150 Personen von den Medien zusammen mit 16 Fernsehkameras, von denen einige die Resultate an 54.000 Ärzte in Kinos überall im Land senden. Die Menschen in den USA und überall auf der Welt lauschen dem Radio, die Resultate werden auf Lautsprechern in Kaufhäusern übertragen, und Richter unterbrechen die Verhandlung, sodass die Menschen sie hören können. Paul Offit, ein Wissenschaftler mit dem Spezialgebiet Impfstoffe, schreibt:

> Die Präsentation war etwas langweilig, aber die Resultate waren eindeutig: Der Impfstoff wirkte. Im Auditorium umarmten sich Amerikaner freudig und mit Tränen in den Augen… Überall im Land läuteten die Kirchenglocken, in Fabriken wurde eine Schweigeminute eingelegt, in Synagogen und Kirchen kam man zu Gebeten zusammen, Eltern und Lehrer weinten. „Es war, als wäre ein Krieg vorüber", erinnert sich ein Beobachter [14].

Präsident Eisenhower verlieh Salk eine Goldmedaille, und im Jahr 1985 verkündete Ronald Reagan, dass das Land den „Jonas-Salk-Tag" [15] feiern sollte. Salk hatte die Wirkkraft seiner Entdeckung (und der sich daraus ergebenden positiven gesundheitlichen Folgen) gewährleistet, indem er sich den Impfstoff nicht patentieren ließ. Als er von einem Interviewer gefragt wurde, wer im Besitz des Patents sei, erwiderte er: „Nun, dem Volk, würde ich sagen. Es gibt kein Patent. Könnten Sie sich die Sonne patentieren lassen?" [16].

Lassen Sie uns im Schnelldurchgang zur heutigen Zeit kommen. Diese Szenen und die Art und Weise, wie diejenigen, die momentan an Impfstoffen arbeiten, von einem Teil der Öffentlichkeit gesehen werden, könnten unterschiedlicher nicht sein. Paul Offit ist der Entdecker des Impfstoffs gegen den Rota-Virus, der entwickelt wurde, um eine Krankheit zu verhindern, die jährlich 600.000 Kinder weltweit tötet. Er ist auch Autor des Buchs *Autism's False Prophets* und jemand, der die Sicherheit durch Impfungen propagiert. Offit erhält regelmäßig Hass-Mails und Todesdrohungen.

Wie sind wir von dort hierhin gekommen? Für diejenigen, die sich mit Verschwörungstheorien und der Art und Weise, wie sich Fehlinformationen durchsetzen, beschäftigen, ist das eine spannende Geschichte. Und es handelt sich um ein globales Phänomen. Im Vereinigten Königreich kam wegen der heute vollständig widerlegten Bedenken von Andrew Wakefield die Sorge auf, dass die kombinierte Impfung gegen Masern, Mumps und Röteln zu undichten Stellen im Darm führe, wodurch bestimmte Stoffe durch die Blutbahn ins Gehirn vordringen würden. In den USA wird dies häufig mit Besorgnissen über den Anteil von Ethylquecksilber in Impfstoffen und einen angeblichen Zusammenhang dieser Impfung mit Autismus in Verbindung gebracht.

Die meisten der Probleme in diesem Buch befassen sich mit wahrnehmbaren Realitäten – mit Dingen, die sich zählen lassen. Wir können über die Genauigkeit dieser oder jener Messung argumentieren, doch bei Verschwörungstheorien im Zusammenhang mit medizinischen Resultaten ist das etwas anderes – weil wir nie mit vollkommener Sicherheit die absolute Wahrheit kennen können. Mithilfe einer wissenschaftlichen Überprüfung kann man nur ermitteln, dass kein Zusammenhang gefunden werden kann; und beim Zusammenhang zwischen Impfung und Autismus ist anhand von Daten von über 1 Million Kindern genau dies geschehen – aber damit kann man nicht mit hundertprozentiger Sicherheit gewährleisten, dass kein Zusammenhang besteht. Und genau hier setzen sich Fehlinformationen durch.

Die Auffassung der National Autistic Society im Vereinigten Königreich, einer Gruppe, die kein Eigeninteresse an Vertuschungen hat, ist klipp und klar:

> Viele Forschungsstudien haben sich damit beschäftigt, ob es einen Zusammenhang zwischen Autismus und Impfstoffen gibt; und die Ergebnisse haben wiederholt gezeigt, dass es keinen Zusammenhang gibt. Hierzu gehört auch die Gesamtübersicht über alle 2014 verfügbaren Studien auf diesem Gebiet, das *Comprehensive 2014 Review* [17]; dabei wurde auf Daten von mehr als 1,25 Mio. Kindern zurückgegriffen. Außerdem ist die Originalforschungsarbeit, die die Impfung gegen Masern, Mumps und Röteln mit Autismus in Zusammenhang bringt, in Verruf geraten, und der Autor wurde aus dem Medical Register gestrichen (Anm. d. Übers.: Hier handelt es sich um eine online verfügbare Liste von Ärzten, die im Vereinigten Königreich wegen ihres Status und ihrer Ausbildung potenziellen Patienten empfohlen werden) [18].

Eine ganze Reihe bekannter Persönlichkeiten in den USA und anderer Personen, die öffentliche Aufmerksamkeit bekommen – von Präsident Trump bis zu Robert Kennedy Jr. –, haben zudem offen ihre Zweifel geäußert. Und das geht weit über die USA hinaus, vor allem in Italien, wo Beppe Grillo und die Fünf-Sterne-Bewegung immer wieder Fragen zur Sicherheit von Impfungen aufgeworfen haben, meist in nuancierterer Art und Weise, als es der extreme Zweig der Antiimpfbewegung macht. Aber dies kann wahrscheinlich immer noch teilweise als Erklärung für die stark abnehmenden Impfraten und für den Masernausbruch kürzlich in Italien dienen.

Hat sich diese Überzeugung allgemeiner gesehen überall auf der Welt in der Öffentlichkeit ausgebreitet? Unsere erste Studie über Fehlwahrnehmungen im Hinblick auf Impfungen, die erstmals in einer Reihe von Ländern durchgeführt wurde, offenbart ein vielschichtiges Bild. Aber insgesamt glauben 20 % der Menschen noch, dass „einige Impfstoffe bei gesunden Kindern Autismus hervorrufen", und 38 % sind sich unsicher, ob das stimmt oder nicht.

Die Anteile derer, die davon überzeugt waren, dass dies stimmt, variieren von unglaublichen 44 % in Indien und Montenegro bis zu 8 % in Spanien. Die USA waren in der Mitte der Streubreite bei 19 %, ähnlich das Vereinigte Königreich mit 20 %.

Warum sind sich 60 % von uns unsicher oder sind davon überzeugt, dass es tatsächlich einen Zusammenhang zwischen Impfstoffen und Autismus bei gesunden Kindern gibt, und dies trotz der Tatsache, dass die Behauptung so weitgehend als diskreditiert gelten kann? Dies enthält viele Bestandteile einer Verschwörungstheorie (Abb. 1.5).

Erstens handelt es sich um ein in starkem Maße emotionsgeladenes Problem – es gibt nur wenige Probleme, die emotionaler diskutiert werden als die Gesundheit unserer Kinder. Wir behandeln Informationen anders, wenn wir uns im Zustand einer starken Emotion befinden, mehr sensibilisiert sind sowie weniger bedachtsam oder rational sind.

Zweitens geht es hier um ein Verständnis des Risikos, mit dem wir real kämpfen. Speziell erläutert es David Spiegelhalter von der Universität Cambridge und einer der besten Redner zum Thema Risiko: Wir müssen den Unterschied zwischen Gefahr, also dem Potenzial für eine Schädigung, und Risiko verstehen, also der Wahrscheinlichkeit, dass ein negatives Ergebnis tatsächlich auftritt [19]. So gibt es beispielsweise eine unglaublich kleine, aber reale Chance, dass eine Impfung eine grundlegende Mitochondrienstörung verschlimmert, die bei einem kleinen Bruchteil von Kindern mit regressivem Autismus in Verbindung gebracht worden ist. In den USA gibt es Gerichtsentscheidungen, die wir legitimerweise als Beleg für eine Gefahr hinzuziehen könnten, doch das kommt sehr selten vor. Und daher ist das Risiko, wenn man die gesamte Bevölkerung betrachtet, tatsächlich nahezu nicht existent. Aber es ist schwierig, jemandem dieses Argument verständlich zu machen.

Zudem sind die Nachrichten, die wir über Impfstoffe bekommen, oft recht nutzlos, wobei Teile der Medien diese Meldungen aktiv streuen. Das trifft nicht nur auf Fernsehsendungen und auf Zeitungsartikel zu, die

Abb. 1.5 60 % der Menschen waren sich insgesamt über alle Länder hinweg unsicher oder waren davon überzeugt, dass es bei gesunden Kindern einen Zusammenhang zwischen Impfstoffen und Autismus gibt.

Propagandisten der Theorie des Zusammenhangs zwischen Impfstoff und Autismus eine Stimme geben, ohne andere Meinungen zu Wort kommen zu lassen – auch Artikel in der Zeitschrift *Rolling Stone* und Teile der Talkshow *Larry King Live* in den USA müssen sich diese Kritik gefallen lassen. Nein, es gibt selbst bei einer „ausgewogenen" Berichterstattung auch einen subtileren Effekt. Das ist etwa der Fall, wenn in den Medien gesagt wird, dass jede glaubwürdige Quelle nicht mit einer bestimmten Position übereinstimmt, aber andere Quellen immer noch von dieser Position überzeugt sind. In der BBC-Sendung *Horizon* – „Ruft die Spritze gegen Masern, Mumps und Röteln Autismus hervor?" – wurde über beide Argumentationsstränge berichtet; und dazu gehörten auch Details über die Art und Weise, wie Wakefield zu seiner Behauptung kam, aber daneben wurden auch Äußerungen von medizinischen Fachleuten angeführt, die sich gegen ihn aussprachen [20]. Es gibt immer mehr Belege dafür, dass diese scheinbare Ausgewogenheit zu einer Polarisierung beiträgt. Cass Sunstein bezeichnete es in seinen Studien über Reaktionen auf widersprüchliche Informationen über den Klimawandel als „asymmetrische Aktualisierung"; dabei übernehmen Menschen die Informationen, die mit ihren Auffassungen zusammenpassen, auch wenn diese Informationen eher am Rand auftauchen [21]. Wir kommen im vorliegenden Buch immer wieder auf Variationen dieser zentralen kognitiven Verzerrung zurück, bei der wir nur das hören, was wir hören wollen.

Und dies trifft nicht nur auf die klassischen Medien zu. Die explosive Entwicklung der Online-Inhalte geben einer breiten Vielfalt von Meinungen Raum, sie macht es aber auch viel schwieriger, das allgemein Anerkannte vom Unseriösen zu trennen. Internetseiten gegen Impfungen haben Namen, die sich respektabel anhören, wie „Nationales Impfinformationszentrum", oder sie laufen sogar unter noch eindrucksvolleren Bezeichnungen wie „Internationaler medizinischer Rat zu Impfungen". Das hört sich an wie eine Agentur der Vereinten Nationen, doch tatsächlich handelt es sich um eine Organisation, die Kampagnen durchführt.

Das Narrativ hinter all diesen Fällen ist wichtig. Geschichten bleiben in unserem Gedächtnis haften, und es gibt eine Menge von Behauptungen aufgrund individueller Fallstudien über den Zusammenhang zwischen Impfung und Autismus. Jenny McCarthy, Model, Schauspielerin und Fernsehmoderatorin, ist die „Autismusmamma" mit dem höchsten Bekanntheitsgrad, und sie erklärt regelmäßig, was ihr „Tausende" von Eltern nach einer Impfung erzählt haben: „Ich kam nach Hause, er hatte Fieber, er hörte auf zu sprechen, und dann wurde er autistisch." Frau McCarthy überhöht diese Geschichten insofern, als sie angeblich den wissenschaftlichen Erkenntnissen entsprechen, und sagt ohne einen ironischen Unterton: „Die anekdotischen Informationen der Eltern sind Informationen, die auf wissenschaftlichen Erkenntnissen beruhen." [22]

In solchen Zusammenhängen haben Geschichten Vorrang vor der Realität. Paul Offit, der Wissenschaftler mit dem Spezialgebiet Impfstoffe, lehnt es ab, bei Jenny McCarthy aufzutreten, indem er erklärt: „Jede Geschichte hat einen Helden, ein Opfer und einen Bösewicht. McCarthy ist die Heldin, ihr Kind ist das Opfer – und dann bleibt für dich nur noch eine Rolle übrig." [23].

Diese medizinischen Fehlwahrnehmungen sind vielleicht verständlich, aber sie können schwerwiegende Folgen haben, die nur schwer auf die gleiche ausdrucksstarke Weise zu vermitteln sind. Erstens gibt es bei Impfungen etwas, was man als „Herdenimmunitätsschwelle" bezeichnet: Wenn die Impfraten unter ein bestimmtes Niveau fallen, breitet sich die Infektion unter nicht geschützten Personen schnell aus. Bei verschiedenen Krankheiten und verschiedenen Impfungen gibt es Unterschiede, aber zum Beispiel bei Masern beträgt die Ausbreitung der Infektion 90 %. In Gemeinschaften, in denen das Vorurteil gegen Impfungen überhandgenommen hat, wie etwa in einer somalisch-stämmigen Gemeinschaft in Minnesota (USA) im Jahre 2017, gab es erst kürzlich Fälle eines umfassenden Masernausbruchs.

Zweitens hält die Konzentration auf eine nicht bewiesene Erklärung für die Krankheit die Menschen davon ab, ein besseres Verständnis des Autismus selbst zu entwickeln. Die National Autistic Society im Vereinigten Königreich sagt dazu:

> Wir sind der Auffassung, dass keine weitere Aufmerksamkeit oder Forschungsförderung erforderlich ist, die darauf gerichtet ist, einen Zusammenhang zu untersuchen, der bereits insgesamt widerlegt ist. Stattdessen sollten wir unsere Anstrengungen darauf konzentrieren, die Lebensbedingungen der 700.000 autistischen Personen und ihrer Familien im Vereinigten Königreich zu verbessern [24].

Während unsere Daten zeigen, dass sich in einem Teil der Öffentlichkeit überall auf der Welt die Fehlwahrnehmungen zu Impfungen hartnäckig halten, hat die Kontroverse über die Berichte darüber zumindest einige Rundfunk- und Fernsehjournalisten dazu ermutigt, die Gefahren einer „falschen Ausgewogenheit" offen anzusprechen. Beispielsweise hat die BBC striktere Richtlinien dazu erlassen, wie erst einmal widerlegte wissenschaftliche Auffassungen dargestellt werden sollten. Und es scheint jetzt zumindest weniger wahrscheinlich zu sein, dass widerlegte Behauptungen wie die von Andrew Wakefield denselben Raum bekommen, um sich in den Köpfen der Menschen festzusetzen [25].

Es hat im Laufe der Geschichte eine Fülle von Fehlwahrnehmungen im Bereich der Medizin gegeben, und sie hatten direkte Konsequenzen in Form von Todesfällen und Elend – sie reichten vom Aderlass und der Öffnung des Schädels bis zu der Auffassung, dass die Depression das Ergebnis einer Unausgewogenheit zwischen vier Körperflüssigkeiten, den sogenannten Säften, ist. Glücklicherweise hat sich unser Verständnis der Ursachen und der Behandlung der körperlichen und psychischen Gesundheit seit damals in weiten Teilen sehr verbessert – und dazu gehört auch unser Verständnis dessen, was Glück ist.

Auf dem Dach der Welt

Im Laufe der vergangenen Jahrzehnte haben sich ganze akademische Disziplinen damit beschäftigt, das Rätsel dessen zu lösen, was Lebenszufriedenheit und Wohlbefinden ausmacht [26]. Die Vereinten Nationen, die Weltbank und die Organisation für wirtschaftliche Kooperation und Entwicklung (OECD) sowie eine Reihe von Regierungen weltweit haben ihre Kräfte in diesem Streben nach Glück gebündelt. Vor ein paar Jahren schlug im Vereinigten Königreich der damalige Premierminister David Cameron vor, als zentrales Gütekriterium für die britische Wirtschaft zusammen mit dem Wachstum des Bruttoinlandsprodukts das Wohlergehen im Land hinzuzunehmen.

Leider ist es um die Studien zum Wohlergehen in letzter Zeit etwas ruhig geworden. Es stellt sich heraus, dass die Lebenszufriedenheit tatsächlich oft hartnäckig stabil ist, wenn man sie über die Zeit hinweg auf dem Niveau eines Landes verfolgt; dies gilt zumindest in wirtschaftlich entwickelteren Ländern. In mancher Hinsicht sollte diese relative Stabilität beruhigend sein: Ganz gleich, wie die Umstände sind, die meisten Menschen neigen am Ende dazu, den größten Teil der Zeit recht glücklich zu sein. Eine klassische Studie aus dem Jahr 1978 zeigte, dass sich das selbst eingestufte Glück nach einem Gewinn in der Lotterie oder andersherum nach einem schweren Unfall nicht veränderte (wenn man einmal von einer kleinen Schwankung zu Beginn absieht) [27]. Wenn sich die Lebenszufriedenheit verändert, ist es schwierig, dies eindeutig auf irgendwelche Handlungen zurückzuführen, die sich Regierungen als Verdienst anrechnen oder über die sie zumindest die Kontrolle hätten.

Ich könnte ein ganzes Buch darüber schreiben, was Glück im Einzelnen bedeutet und wie es erfasst werden sollte. Aber es gibt schon eine ganze Reihe guter Bücher, die genau das machen. Doch wir haben es mit einer wesentlichen Komplexität bei der Erfassung des Glücks zu tun, mit der man sich beschäftigen sollte – die Unterscheidung zwischen dem, was Daniel Kahneman das „erlebende Selbst" nennt, und dem, was er als das „erinnernde Selbst" bezeichnet [28].

Das erlebende Selbst lebt im Augenblick, während das erinnernde Selbst uns eine Geschichte über unser Leben erzählt. Wir bringen diese beiden Aspekte leicht durcheinander, wobei das erinnernde Selbst das Verhalten und die Meinungen des erlebenden Selbst neu beschreibt. Kahneman führt als Beispiel eine seiner Studentinnen an, die sich 20 Minuten lang die Aufnahme einer wunderschönen Musik anhört. Und dann gab es direkt am Ende ein schrecklich quietschendes Geräusch. Ihrer Ansicht nach hat der Moment am Ende „das ganze Erlebnis ruiniert". Doch Kahneman weist natürlich darauf hin, dass das Quietschen nicht das gesamte Erlebnis ruiniert hat; es wirkte sich lediglich darauf aus, wie das Erlebnis erinnert wurde. Das Wichtigste an einer Geschichte ist für uns, wie sie endet. Und insofern hat das Ende einen Einfluss darauf, wie wir die Geschichte erinnern und welche Lektionen sich daraus für künftige Entscheidungen ergeben.

Dies könnte als Erklärung für das Muster dienen, das wir erkennen können, wenn wir Menschen bitten, einzuschätzen, wie viele ihrer Landsleute insgesamt glücklich sind. In jedem einzelnen Land, in dem wir die Umfrage machten, waren die Menschen der Meinung, die anderen würden mit geringerer Wahrscheinlichkeit angeben, dass sie glücklich wären, als sie tatsächlich sagten, dass sie es wären. Der am wenigsten glückliche Ort unter allen 40 Ländern, in denen wir die Umfrage machten, war Russland. Aber selbst dort sagten insgesamt 73 %, dass sie sehr oder recht glücklich seien. Der glücklichste Ort war Schweden, wo nahezu jeder – 95 % – glücklich war. Die Schätzung der Schweden jedoch, wie viele Menschen in ihrem Land glücklich sind, betrug weniger als die Hälfte dieses Niveaus.

In einigen Ländern war die Kluft zwischen dem wahrgenommenen Glück und dem angegebenen Glück gewaltig. Die Südkoreaner dachten, nur 24 % der Menschen in ihrem Land würden sagen, dass sie glücklich sind. Tatsächlich sagten jedoch nur einige Jahre vorher 90 %, sie seien glücklich. Diese Umfrage war im Rahmen eines umfassenden World Value Survey (WVS) erfolgt, mit dessen Hilfe seit 1981 Glück und Lebenszufriedenheit in 52 Ländern verfolgt wurde. In diesem Fall war die Kluft in Südkorea vielleicht teilweise das Ergebnis einer Veränderung im politischen Kontext. Denn um das Jahr 2016 herum waren die Nachrichten voller Meldungen über die

Korruptionskrise im Land unter maßgeblicher Beteiligung der Präsidentin und über die Atomwaffentests, die von Nordkorea durchgeführt wurden. Selbst die Treffsichersten – die Kanadier – unterschätzten das Glück, das ihre Landsleute empfanden: Die Befragten dachten, dass nur 50 % der anderen Kanadier sagen würden, sie seien glücklich, obwohl 88 % angaben, dass dies der Fall sei (Abb. 1.6).

Aufgrund der Tatsache, dass ich diese Ergebnisse Menschen in vielen Ländern vorgestellt habe, würde ich meine Hand dafür ins Feuer legen, dass die meisten von Folgendem überrascht sind: Das tatsächlich angegebene Glücksniveau in Ihrem Land ist so hoch und nicht die Schätzung zu gering. Das macht dies zu einem ungewöhnlichen Beispiel in unseren Studien über Fehlwahrnehmungen – die skeptischen Blicke und das Kopfschütteln im Publikum gehen oft darauf zurück, dass die Menschen die Schätzung als in lächerlicher Weise falsch ansehen; doch bei dieser Glücksfrage sind es gewöhnlich die realen Ergebnisse, die die Menschen aus der Fassung bringen.

Es gibt drei wahrscheinliche Erklärungen für die Kluft zwischen dem angegebenen und dem wahrgenommenen Glück. Die erste Erklärung hängt mit Kahnemans Unterscheidung zwischen unserem erinnernden und unserem erlebenden Selbst zusammen. Bei unserer Glücksfrage wurden die Menschen um eine Globalbeurteilung ihres Lebens gebeten, es ging nicht um die Freude in diesem Augenblick. Wir können erkennen, dass dieser langfristige Gesamtüberblick uns dazu bringen könnte zu antworten: „Ja, alles in allem bin ich ganz glücklich." Dies bedeutet nicht, dass wir mit einem ständigen Grinsen im Gesicht herumlaufen, sondern dass vielleicht dieses unmittelbarere, umwerfende Bild vom Glück der Grund dafür ist, dass die Menschen zu ihren Einschätzungen kamen.

Zweitens sind wir allgemeiner ausgedrückt viel negativer in unserem Urteil über andere. Das heißt, wir unterliegen einer „trügerischen Überlegenheitsverzerrung": Wir neigen dazu, zu glauben, dass wir besser als der Durchschnittsmensch sind, wenn es darum geht, positive Persönlichkeitsmerkmale zu betrachten. In einem Experiment nach dem anderen wurde gezeigt, dass wir unser Glück in einer Beziehung, unsere Führungsfähigkeiten, unseren IQ und unsere Beliebtheit höher einschätzen als den IQ und die Beliebtheit unserer Freunde und Kollegen. 80 % von uns halten ihre Fähigkeit zum Autofahren für besser als die des Durchschnittsmenschen [29]. Um zu verstehen, wie allgegenwärtig diese trügerische Überlegenheitsverzerrung ist, zogen wir bei einer unserer Umfragen eine große, repräsentative Stichprobe aus der Gesamtbevölkerung und fragten die Hälfte der Menschen, wie groß *bei ihnen* die Wahrscheinlichkeit sei, dass sie im

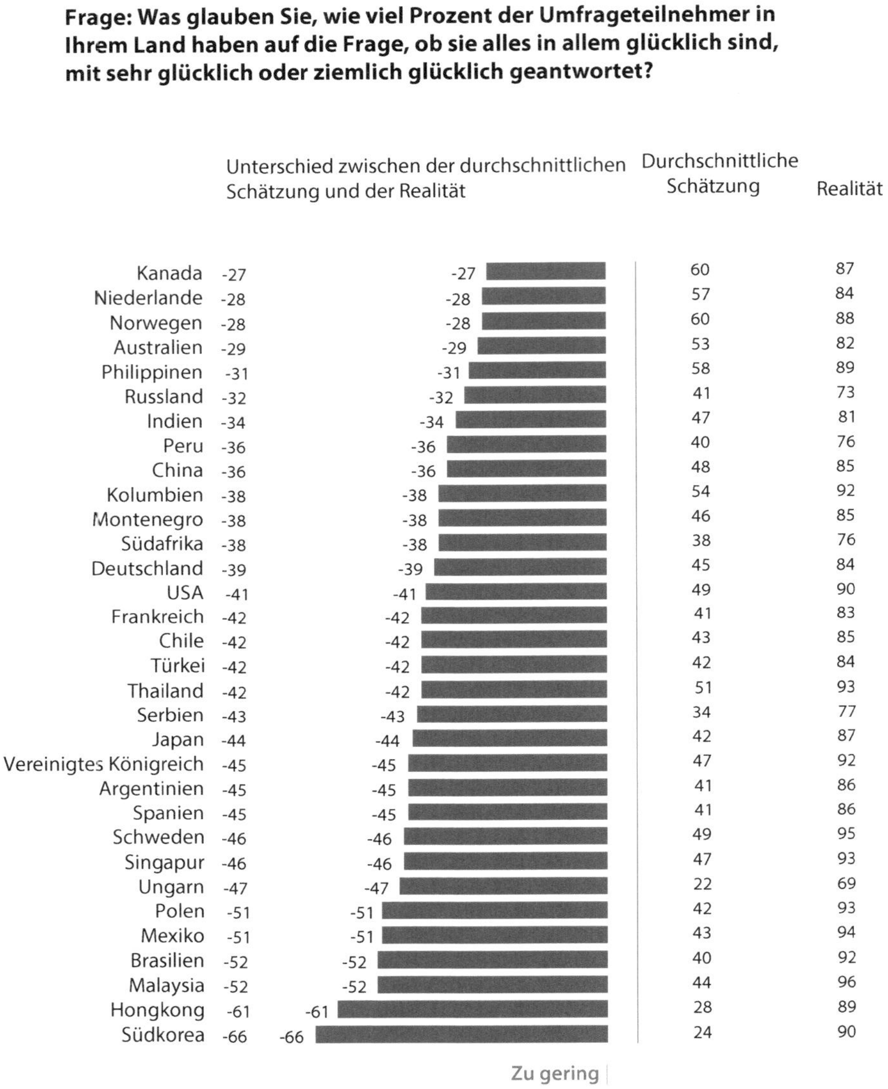

Frage: Was glauben Sie, wie viel Prozent der Umfrageteilnehmer in Ihrem Land haben auf die Frage, ob sie alles in allem glücklich sind, mit sehr glücklich oder ziemlich glücklich geantwortet?

Land	Unterschied zwischen der durchschnittlichen Schätzung und der Realität	Durchschnittliche Schätzung	Realität
Kanada	-27	60	87
Niederlande	-28	57	84
Norwegen	-28	60	88
Australien	-29	53	82
Philippinen	-31	58	89
Russland	-32	41	73
Indien	-34	47	81
Peru	-36	40	76
China	-36	48	85
Kolumbien	-38	54	92
Montenegro	-38	46	85
Südafrika	-38	38	76
Deutschland	-39	45	84
USA	-41	49	90
Frankreich	-42	41	83
Chile	-42	43	85
Türkei	-42	42	84
Thailand	-42	51	93
Serbien	-43	34	77
Japan	-44	42	87
Vereinigtes Königreich	-45	47	92
Argentinien	-45	41	86
Spanien	-45	41	86
Schweden	-46	49	95
Singapur	-46	47	93
Ungarn	-47	22	69
Polen	-51	42	93
Mexiko	-51	43	94
Brasilien	-52	40	92
Malaysia	-52	44	96
Hongkong	-61	28	89
Südkorea	-66	24	90

Zu gering

Abb. 1.6 In jedem Land meinten die Befragten, die Menschen seien viel weniger glücklich, als sie sagten, dass sie es wären

kommenden Jahr entweder als Fahrzeughalter oder als Fußgänger an einem Verkehrsunfall beteiligt sein würden, und fragten die andere Hälfte, wie groß die Wahrscheinlichkeit *bei anderen* sein würde. Wie Sie sich wahrscheinlich schon gedacht haben, gab es einen großen Unterschied: In der ersten Gruppe entschieden sich 40 % für die Antwortmöglichkeit mit der geringsten Wahrscheinlichkeit, während 24 % in der zweiten Gruppe die Option für die anderen auswählten. Wir halten uns gerne für vorsichtiger und klüger als alle anderen [30].

Es gibt Belege dafür, dass dieser „Besser-als-der-Durchschnitt-Effekt" eine wichtige Rolle bei unseren Ansichten über persönliches Glück spielt, weil wir in unserer Studie die Menschen nicht einfach nur zum Glück anderer befragten, sondern zu ihrem eigenen. In jedem einzelnen Land sagten mehr Menschen, dass sie selbst glücklich seien, als dass sie sagten, dass dies bei anderen der Fall sei. In Südkorea zum Beispiel gaben doppelt so viele Menschen an, sie seien glücklich – 48 % –, als sie es für die Allgemeinbevölkerung als Ganze einschätzten. In Brasilien gaben 67 % der Befragten an, sie seien glücklich, aber sie dachten, nur 40 % der Personen in ihrem Land würden die Frage genauso beantworten.

Dies gibt der dritten Erklärung für unseren Fehler eine besondere Bedeutung: Die Menschen neigen dazu, in den Umfragen von Ipsos anzugeben, sie seien weniger glücklich, als sie dies im World Values Survey machten. Wie wir oben gesehen haben, sagten in Südkorea laut World Values Survey 90 %, dass sie glücklich seien, aber nur 48 % gaben ebendies bei uns an; in Brasilien beträgt die Zahl laut World Values Survey 92 %, aber nur 67 %, als wir die Frage gestellt hatten. Warum weichen die Ergebnisse voneinander ab?

Die wahrscheinlichste Erklärung ist, dass der Unterschied etwas damit zu tun hatte, *wer* die Frage stellt: Ipsos befragt die Personen über das Internet, und eine Internet-Umfrage ist anonym, während bei einer Umfrage des World Values Survey ein Interviewer die Fragen persönlich stellt. Und wenn es da eine Person gibt, die die Fragen stellt, antworten die Befragten häufig anders.

Dies bringt uns zu der anderen konkurrierenden Erklärung für die Kluft zwischen dem angegebenen und dem wahrgenommenen Glück: Die Menschen beschreiben ihr Leben in Umfragen vielleicht nicht immer so, wie es ist. Wenn wir Fragen zu unseren eigenen Ansichten oder zu unserem eigenen Verhalten beantworten, versuchen wir nicht einfach nur ehrliche Antworten zu liefern, sondern wir präsentieren auch ein Bild von uns selbst – ob wir uns dessen nun vollständig bewusst sind oder nicht. Wir sind der „Verzerrung der sozialen Erwünschtheit" ausgesetzt, einem tiefsitzenden Bedürfnis, uns selbst gut aussehen zu lassen, einen positiven Eindruck zu hinterlassen oder Antworten zu geben, von denen wir meinen, dass sie erwartet werden.

Diese Verzerrung der sozialen Erwünschtheit ist heute in der Umfrageforschung allgemein anerkannt und erforscht; und sie ist am offensichtlichsten in Fällen, in denen die Menschen über ein gesetzwidriges oder über ein ihnen peinliches Verhalten befragt werden. Beispielsweise zeigt ein Überblick über eine breite Vielfalt von Studien, dass 30 bis 70 % der Personen, die positiv auf Kokain oder Opiate getestet worden sind, leugnen, in letzter Zeit so etwas konsumiert zu haben [31]. Aber auch bei weniger offensichtlich umstrittenen Themen kann es eine bedeutsame Kluft zwischen dem geben, was die Menschen sagen, und dem, was sie tun. Wenn die Menschen befragt werden, ob sie sich an der letzten Wahl beteiligt haben, dann kommt in den Studien regelmäßig heraus, dass etwa 20 % von denen, die behaupteten, gewählt zu haben, es nicht taten [32]. Doch bei der Verzerrung der sozialen Erwünschtheit handelt es sich – und darauf deuten die Umfragen zum Glück hin – um mehr als, schlimmes Verhalten zu verbergen. Forscher beschreiben dies als eine Form des „Eindrucksmanagements" – es geht darum, anderen ein positives Bild von uns selbst zu vermitteln. Wann immer wir uns die Ergebnisse von Umfragen ansehen, sollten wir besonders vorsichtig bei Fragen sein, bei denen es unausgesprochen auch um das Selbstbild geht.

*

Was sagen uns unsere Fehlwahrnehmungen und Fehlberechnungen zu Fragen der Gesundheit und des Glücks darüber, wie wir unseren eigenen Gesundheitszustand verbessern sollten? Traurigerweise zeigen sie uns meist, wie schwierig das Problem ist. Dies wird durch die Tatsache belegt, dass wir trotz bester Anstrengungen so vieler Menschen und Organisationen immer dicker werden (zumindest sind wir jedoch ziemlich glücklich). Das liegt an Folgendem: Unser ungesundes Verhalten beruht teilweise auf einer starrsinnigen Kombination von Selbstleugnung, die durch die Überzeugung motiviert ist, dass wir besser oder glücklicher als der Durchschnitt sind, und einem in gleicher Weise wirkungsvollen Drang, uns an eine weitgehend ungesunde Norm zu halten. Einige Gesundheitsprobleme geben uns, weil sie so komplex und wir so unsicher sind, einen Spielraum für eine unangemessene Sprunghaftigkeit, die auf Emotionen und erzählten Geschichten beruht.

Doch wenn das zu deprimierend ist, um ein Kapitel abzuschließen, lohnt es sich, auf zwei Dinge hinzuweisen. Erstens liegen zwei großartige, am Verhalten orientierte Studien vor, die in der Tat auf sehr praktische Dinge verweisen, die wir machen können. Es gibt gute Beispiele für hervorragend belegte Ratschläge, die auch angesichts unserer tief sitzenden Verzerrungen funktionieren, nicht gegen sie: Verwenden Sie zu Hause kleinere Teller; setzen Sie sich, wenn Sie ausgehen, weit weg von Buffets, vorzugsweise mit dem Rücken zu der verlockenden Auslage mit den Desserts; legen Sie die Kekse in einen unzugänglichen Schrank; verpflichten Sie sich in aller Öffentlichkeit zu einem Trainingsplan, und führen Sie ihn zusammen mit Freunden durch – und es gibt noch viele weitere Ratschläge [33].

Zweitens beinhaltet eindeutig nicht alles, was mit Gesundheit zu tun hat, Finsternis und Schwermut; jeder trifft aufgrund eines übertriebenen Gefühls der Überlegenheit und aufgrund eines Bedürfnisses, der Mehrheit zu folgen, idiotische Entscheidungen. Wir leben länger als je zuvor; und viele dieser zusätzlichen Jahre sind gesunde und produktive Jahre. Eines der immer wiederkehrenden Themen in diesem Buch lautet: Man erreicht nur wenig, wenn man ein generalisiertes Angstgefühl mobilisiert – weitere Botschaften darüber, wie kaputt wir sind, werden höchstwahrscheinlich kontraproduktiv sein. Hier soll es nicht darum gehen, die Ernsthaftigkeit des Problems zu beschönigen; es ist nur wichtig, anzuerkennen, dass der Fokus auf einer Handlung liegen sollte – einschließlich wagemutigerer Schritte in Bezug auf zentrale Probleme wie etwa den Zuckerkonsum, gegen den man vorgehen sollte –, und dies dürfte für die Öffentlichkeit wahrscheinlich akzeptabel sein.

Literatur

1. Poulter, S. (2017). Now Baby Food and Biscuits are Linked to Cancer: Food Watchdog Issues Alerts For 25 Big Brands After Claiming That Crunchy Roast Potatoes and Toast Could Cause the Disease. Abgerufen am 4. Mai 2020 von http://www.dailymail.co.uk/news/article-4149890/Now-baby-food-biscuits-linked-cancer.html
2. Inman, P. (2016). Happiness Depends on Health and Friends, Not Money, Says New Study. Abgerufen am 4. Mai 2020 von https://www.theguardian.com/society/2016/dec/12/happiness-depends-on-health-and-friends-not-money-says-new-study
3. Centre for Health Protection, Department of Health, The Government of the Hong Kong Special Administrative Region (2010). Body Mass Index (BMI) Distribution. Abgerufen am 30. April 2020 von https://www.chp.gov.hk/en/statistics/data/10/280/427.html
4. National Health Service (2017). Being Overweight, Not Just Obese, Still Carries Serious Health Risks. Abgerufen am 30. April 2020 von http://www.

nhs.uk/news/2017/06June/Pages/Being-overweight-not-just-obese-still-carries-serious-health-risks.aspx
5. Schwartz, N., Bless, H., Fritz, S., Klumpp, G., Rittenauer-Schatka, H. & Simons, A. (1991). Ease of Retrieval as Information: Another Look at the Availability Heuristic. *Journal of Personality and Social Psychology, 61*(2), 195–202. Abgerufen am 30. April 2020 von https://dornsife.usc.edu/assets/sites/780/docs/91_jpsp_schwarz_et_al_ease.
6. Christakis, N. A. & Fowler, J. H. (2013). Social Contagion Theory: Examining Dynamic Social Networks and Human Behavior. *Statistics in Medicine, 32*(4), 556–577. Abgerufen am 30. April 2020 von https://doi.org/10.1002/sim.5408
7. Bailey, P., Emes, C., Duffy, B. & Shrimpton, H. (2017). *Sugar What Next?* London. Abgerufen am 30. April 2020 von https://www.ipsos.com/ipsos-mori/en-uk/sugar-what-next
8. Ipsos MORI (2015). Major Survey Shows Britons Overestimate the Bad Behaviour of Other People. Abgerufen am 30. April 2020 von https://www.ipsos.com/ipsos-mori/en-uk/major-survey-shows-britons-overestimate-bad-behaviour-other-people
9. Health and Social Care Information Centre, Lifestyle Statistics (2009). Health Survey for England – 2008: Physical Activity and Fitness. Abgerufen am 30. April 2020 von http://digital.nhs.uk/catalogue/PUB00430
10. Public Health England (2016). National Diet and Nutrition Survey. Abgerufen am 30. April 2020 von https://www.gov.uk/government/collections/national-diet-and-nutrition-survey
11. Harper, H. & Hallsworth, M. (2016). Counting Calories: How Under-reporting Can Explain the Apparent Fall in Calorie Intake. London. Abgerufen am 30. April 2020 von http://38r8om2xjhhl25mw24492dir.wpengine.netdna-cdn.com/wp-content/uploads/2016/08/16-07-12-Counting-Calories-Final.pdf
12. Cialdini, R. B., Reno, R. R. & Kallgren, C. A. (1990). A Focus Theory of Normative Conduct: Recycling the Concept of Norms to Reduce Littering in Public Places. *Journal of Personality and Social Psychology, 58*(6), 1015–1026. Abgerufen am 30. April 2020 von http://www-personal.umich.edu/~prestos/Downloads/DC/pdfs/Krupka_Oct13_Cialdinietal1990.pdf
13. Asch, S. E. (1952). Effects of Group Pressure upon the Modification and Distortion of Judgements. *Swathmore College*, 222–236. Abgerufen am 30. April 2020 von https://www.gwern.net/docs/psychology/1952-asch.pdf
14. Offit, P. A. (2006). *The Cutter Incident: How America's First Polio Vaccine Led to the Growing Vaccine Crisis*. Yale University Press.
15. Reagan, R. (1985). Proclamation 5335 – Dr. Jonas E. Salk Day, 1985. Abgerufen am 30. April 2020 von http://www.presidency.ucsb.edu/ws/index.php?pid=38596
16. Global Citizen (2013). Could You Patent the Sun? Abgerufen am 30. April 2020 von https://www.youtube.com/watch?v=erHXKP386Nk

17. Taylor, L. E., Swerdfeger, A. L. & Eslick, G. D. (2014). Vaccines Are Not Associated With Autism: An Evidence-based Meta-analysis of Case-control and Cohort Studies. Vaccine, 32(29), 3623–3629. Abgerufen am 30. April 2020 von https://doi.org/10.1016/J.VACCINE.2014.04.085
18. The National Autistic Society (2017). Restating our position no connection between autism and vaccines. Abgerufen am 19. Juni 2020 von https://www.autism.org.uk/get-involved/media-centre/news/2017-05-04-restating-our-position-no-connection-between-autism-and-vaccines.aspx
19. Spiegelhalter, D. (2017). Risk and Uncertainty Communication. *Annual Review of Statistics and Its Application, 4*(1), 31–60. Abgerufen am 30. April 2020 von https://doi.org/10.1146/annurev-statistics-010814-020148
20. BBC Horizon. (2005). Does the MMR Jab Cause Autism? Abgerufen am 30. April 2020 von http://www.bbc.co.uk/sn/tvradio/programmes/horizon/mmr_prog_summary.shtml
21. Sunstein, C. R., Bobadilla-Suarez, S., Lazzaro, S. C. & Sharot, T. (2016). How People Update Beliefs about Climate Change: Good News and Bad News. *SSRN Electronic Journal*. Abgerufen am 30. April 2020 von https://doi.org/10.2139/ssrn.2821919
22. McCarthy, J. & King, L. (2008). Jenny McCarthy's Autism Fight – Transcript of Interview with Larry King. Abgerufen am 30. April 2020 von http://archives.cnn.com/TRANSCRIPTS/0804/02/lkl.01.html
23. Gross, L. (2009). A Broken Trust: Lessons from the Vaccine–Autism Wars. PLoS, 7(5). Abgerufen am 30. April 2020 von https://doi.org/10.1371/journal.pbio.1000114
24. The National Autistic Society (ohne Jahresangabe). Our Position – MMR Vaccine. Abgerufen am 30. April 2020 von http://www.autism.org.uk/get-involved/media-centre/position-statements/mmr-vaccine.aspx
25. Jones, S. (2011). *BBC Trust Review of Impartiality and Accuracy of the BBC's Coverage of Science.* Abgerufen am 30. April 2020 von http://downloads.bbc.co.uk/bbctrust/assets/files/pdf/our_work/science_impartiality/science_impartiality.pdf
26. Inglehart, R. (1990). *Culture Shift in Advanced Industrial Society.* Princeton: Princeton University Press; Inglehart, R. F., Diener, E. & Tay, L. (2013). Theory and Validity of Life Satisfaction Scales. *Social Indicators Research, 112*(3), 497–537; Kahneman, D. & Krueger, A. B. (2006). Developments in the Measurement of Subjective Well-being. *Journal of Economic Perspectives, 20*, 3–24; Layard, R., Clark, A. E., Cornaglia, F., Powdthavee, N. & Vernoit, J. (2014). What Predicts a Successful Life? A Life-course Model of Well-being. *The Economic Journal, 124*(580), 720–738. Abgerufen am 30. April 2020 von https://doi.org/10.1111/ecoj.12170
27. Brickman, P., Coates, D. & Janoff-Bulman, R. (1978). Lottery Winners and Accident Victims: Is Happiness Relative? *Journal of Personality and Social*

Psychology, 36(8), 917–927. Abgerufen am 30. April 2020 von https://doi.org/10.1037/0022-3514.36.8.917
28. Kahneman, D. (2010). Daniel Kahneman: The Riddle of Experience Vs. Memory. Abgerufen am 30. April 2020 von https://www.ted.com/talks/daniel_kahneman_the_riddle_of_experience_vs_memory
29. CBS News (2013). Everyone Thinks They Are Above Average. Abgerufen am 30. April 2020 von https://www.cbsnews.com/news/everyone-thinks-they-are-above-average/
30. Ipsos MORI (2013). Margins of Error: Public Understanding of Statistics in an Era of Big Data. Abgerufen am 30. April 2020 von https://www.slideshare.net/IpsosMORI/margins-of-error-public-understanding-of-statistics-in-an-era-of-big-data
31. Marsden, P. D. & Wright, J. D. (2010). *Handbook of Survey Research.* Bingley: Emerald Group Publishing.
32. The British Election Study Team (2016). BES Vote Validation Variable added to Face to Face Post-Election Survey. Abgerufen am 30. April 2020 von http://www.britishelectionstudy.com/bes-resources/bes-vote-validation-variable-added-to-face-to-face-post-election-survey/#.Ws4M0C7waUl
33. Just, D. & Wansink, B. (2009). Smarter Lunchrooms: Using Behavioral Economics to Improve Meal Selection. *Choices Magazine, 24*(3). Abgerufen am 19. Juni 2020 von https://www.researchgate.net/publication/227351357_Smarter_Lunchrooms_Using_Behavioral_Economics_to_Improve_Meal_Selection; Thaler, R. H. & Sunstein, C. R. (2009). *Nudge. Improving Decisions about Health Wealth and Happiness.* Penguin (die deutsche Ausgabe ist 2009 bei Ullstein in Berlin erschienen), 1–5.

2

Sexuelle Fantasien

Unser Gehirn ist durch seine Verschaltungen auf Sex vorbereitet. Das Überleben unserer Art hängt davon ab. Doch Sex ist ein Minenfeld für Fehlwahrnehmungen – das liegt zum Teil daran, dass man normalerweise nicht darüber redet. Das ist ganz anders als bei einigen Aspekten unserer Gesundheit und unseres Glücks, bei denen wir durch Beobachtung eine bessere Vorstellung von sozialen Normen bekommen können. Sex findet gewöhnlich hinter fest verschlossenen Türen statt (und der Sex, der der Öffentlichkeit zur allgemeinen Beobachtung zur Verfügung steht, ist keine ganz korrekte Darstellungsform der Norm).

Weil wir im realen Leben nicht viel Zugang zu Vergleichsinformationen haben, wenden wir uns anderen „maßgeblichen" Quellen zu: Geplauder auf dem Spielplatz oder im Umzugsraum, Geschichten alter Frauen, zweifelhaften Umfragen und Pornos. Trotz seiner zentralen Rolle für das Leben (im wörtlichen Sinne) gibt es einen Mangel an zuverlässigen Informationen über das Sexualverhalten. Von all den Themen in diesem Buch erwies sich dieses Kapitel als etwas, für das es am schwierigsten war, an belastbare, „echte" Informationen zu gelangen. Sicherlich gibt es zahllose fragwürdige Umfragen von Kondomherstellern, Schönheitsmagazinen und Apotheken – diese wissen, dass Fakten über Sex dazu beitragen, etwas zu verkaufen, selbst wenn sie falsch sind –, doch es gibt überall auf der Welt einen unerhörten Mangel an repräsentativen Umfragen von hohem Niveau. Es ist natürlich kein Gegenstand, den man leicht erfassen kann; und da wir keine 24-Stunden-Überwachung haben, müssen wir alle gesammelten Informationen mit einer gewissen Vorsicht behandeln (obwohl der Tag vielleicht nicht mehr fern ist, an dem Alexa, Siri oder unsere „smarten" Kühlschränke uns die tiefere Wahrheit über unser Sexualleben erzählen!). Traurigerweise geht dieser Mangel an Daten zweifellos teilweise auf unsere etwas peinlich berührte Einstellung gegenüber der Sexualität zurück.

Genau auf diesem Gebiet kommt es zu Fehlwahrnehmungen. Beispielsweise halten viele von uns noch kichernd an der Überzeugung fest, dass es einen Zusammenhang zwischen Schuhgröße bzw. Handlänge und der Größe des Penis gibt. Tragikomischerweise wurde dies 2016 tatsächlich zu einer Diskussion in der US-Präsidentschaftskampagne, weil die angeblich kleinen Hände von Donald Trump mit anderen körperlichen „Unzulänglichkeiten" in Zusammenhang gebracht wurden. Aber er musste sich da gar nicht so verteidigen: Zahlreiche seriöse wissenschaftliche Studien haben versucht, einen Zusammenhang zwischen der Penisgröße und Händen, Füßen, Ohren und einer Reihe anderer Körperteile zu finden – aber es war keine Korrelation vorhanden [1].

Die großenteils unausgesprochene Bedeutung von Sex führt zu von vielen für richtig gehaltenen, aber dennoch falschen Behauptungen darüber, wie viel von unserer psychischen Energie er verbraucht. Der Spruch etwa, dass Männer alle sieben Sekunden an Sex denken, ist eine gemeinhin wiederholte Behauptung. Aber denken Sie einmal etwas genauer darüber nach: Dazu wäre es erforderlich, 500-mal pro Stunde an Sex zu denken oder 8000-mal in den wachen Stunden des Tages. Angesichts der Auffassung von Psychologen, dass die Menschen im Allgemeinen nicht zu einem echten „Multitasking" fähig sind – das heißt, dass sie miteinander konkurrierende Ideen eine nach der anderen im Kopf behalten können, aber nicht gleichzeitig –, würden so viele sexuelle Gedanken einen Großteil des übrigen Denkens behindern. Obwohl es sehr schwierig ist, genau anzugeben, woran wir die meiste Zeit denken, und es sogar eine noch anspruchsvollere Aufgabe wäre, dass alles exakt zu zählen, sind einige wissenschaftliche Studien dem näher gekommen: etwa 20-mal am Tag – was für mich immer noch strapaziös klingt. Doch das muss relativiert werden: In einer der Studien wurden die Männer auch danach gefragt, wie oft sie an Essen oder Schlafen denken, und die Häufigkeiten waren weitgehend dieselben [2].

Es gibt seltenere Beispiele für finsterere Quellen von Fehlinformationen. So fand man in einer Studie, die sich mit Programmen zur sexuellen Aufklärung an texanischen Schulen beschäftigte, heraus, dass man dort überhaupt keine Fakten vermittelte, sondern stattdessen Botschaften im Sinne einer Abstinenzhaltung wie etwa: „Die Berührung der Genitalien einer anderen Person kann zur Schwangerschaft führen" und „Bei der Hälfte der schwulen männlichen Teenager ist der Test auf HIV positiv ausgefallen" [3].

Wie wir sehen werden, stiften auch Unwahrheiten, die nicht mit einem amtlichen Siegel versehen sind, beim Thema Sex genügend Verwirrung.

Wie viele sind es bei Ihnen?

Lassen Sie uns mit der grundlegendsten Frage in Bezug auf Sexualität beginnen: Wie viele Sexualpartner haben Sie in Ihrem Leben gehabt? Wie viele sind es bei Ihnen? Oder besser noch: Wie viele sind es bei irgendeiner anderen Person? Sie können gerne an die Zahl Ihrer eigenen Sexualpartner denken, und dann schätzen Sie sie für den Rest der Bevölkerung zwischen 45 und 54 Jahren, getrennt für Männer und Frauen (wie wir sehen werden, gibt es faszinierende Unterschiede zwischen den Geschlechtern).

Wir haben versucht, diese Frage für die Befragten einfach zu formulieren: Wir gaben nicht genau an, ob wir nur etwas über heterosexuelle Partner wissen wollten oder wen wir mit einem Sexualpartner meinten – also welche sexuellen Handlungen jemanden dafür qualifizieren, die Zahl um eins zu erhöhen. Das schien vielleicht keine große Sache zu sein, aber tatsächlich ist es eine wirklich komplexe Angelegenheit, Sex zu definieren. Denken Sie nur an Bill Clinton und Monica Lewinsky. Clinton leugnete in notorischer Weise, dass er „sexuelle Beziehungen mit dieser Frau" hatte, obwohl herauskam, dass er oralen Sex mit ihr hatte. Dies führte 1998 zu seinem Amtsenthebungsverfahren wegen Meineids; und dazu, dass die Definition sexueller Beziehungen zu einer landesweiten Debatte führte. Wie David Spiegelhalter in seinem ausgezeichneten Buch über die Zahlen hinter unserem Sexualleben skizziert, regte dies die Forscher an, schnell einen Artikel herauszubringen. Das geschah auf der Grundlage einer Umfrage unter Studierenden der Indiana University, bei der sie gefragt wurden, was es für sie bedeutete, „miteinander Sex zu haben" [4]. Es stellte sich heraus, dass die Mehrheit von ihnen Clinton zustimmte: Nur 40 % zählten „oralen Kontakt mit Genitalien" zu Sex. Obwohl das vielleicht nicht repräsentativ für die Menschen in den USA insgesamt ist, ließ sich daraus mehr oder weniger vorhersagen, wie der Senat in Clintons Amtsenthebungsverfahren stimmen würde: 45 Senatoren waren der Meinung, er sei schuldig, 55 Senatoren dachten, er sei es nicht, und er überlebte politisch. Nach unserer Definition jedoch wäre Clinton in Schwierigkeiten gewesen. Wir werden uns hier an die offizielle Definition halten, die in den seriöseren Umfragen zum Sexualverhalten zur Anwendung kommt – dass Sexualpartner des anderen Geschlechts jeder ist, mit dem man oralen, analen oder vaginalen Geschlechtsverkehr hatte.

Es ist tatsächlich in deprimierender Weise schwierig, an Daten zu gelangen, die diese Aktivitäten in einer ausreichend belastbaren Weise erfassen; und wir haben eigentlich nur für drei Länder – die USA, das Vereinigte Königreich und Australien – Informationen, die gut genug sind; aber auch diese deuten auf einige spannende Muster hin.

Erstens: Über alle drei Länder hinweg sind die Menschen in der Tat hervorragend darin, die durchschnittliche Anzahl von Partnerinnen zu schätzen, die von Männern angegeben wurden. Die tatsächliche Zahl ist in Australien und im Vereinigten Königreich 17 Partnerinnen zu dem Zeitpunkt, wenn sie ein Alter zwischen 45 und 54 Jahren erreicht haben; und die Zahl beträgt in den USA 19 – und die durchschnittlichen (mittleren) Schätzungen sind fast genau richtig. Wir haben auch danach differenziert, was Männer und Frauen getrennt voneinander geschätzt haben, und beide Geschlechter sind ganz gut darin, die Anzahl der Partnerinnen zu schätzen, die Männer gehabt haben.

Doch bei den Frauen wird die Sache viel interessanter. Erstens hat das auffallende Muster etwas mit den „tatsächlichen" Daten zu tun – dass die Anzahl der Partner, die von den Frauen angegeben wurde, viel, viel geringer ist als die Anzahl, die von den Männern angegeben wurde. Tatsächlich bewegen wir uns etwas unterhalb der Hälfte dieses Niveaus. Hier handelt es sich um eines der immer wiederkehrenden großen Rätsel bei der Erfassung des Sexualverhaltens: Man kann dies in allen qualitativ guten Umfragen zum Sexualverhalten finden. Aber es handelt sich um eine statistische Unmöglichkeit. Angesichts der Tatsache, dass sowohl Männer als auch Frauen über die Paarbildung berichten und sie in etwa gleiche Anteile an der Population haben, sollten die Zahlen im Großen und Ganzen übereinstimmen. Natürlich haben wir uns auf einen Ausschnitt aus dem Altersspektrum konzentriert; deshalb könnte eine gewisse Diskrepanz dadurch erklärt werden, dass Männer mehr Partnerinnen außerhalb dieses Altersspektrums haben als Frauen, aber nicht in diesem Ausmaß. Wie auch immer, es handelt sich um ein Muster, das sich über alle Altersgruppen hinweg in allen Umfragen finden lässt (Abb. 2.1).

Es gibt eine ganze Anzahl postulierter Erklärungen dafür – alles vom Sex mit Prostituierten bei Männern bis zu dem Problem, wie die unterschiedlichen Geschlechter die Frage interpretieren (beispielsweise, wenn Frauen einige Sexualpraktiken, die Männer dazurechnen, nicht mitzählen). Doch am wahrscheinlichsten ist eine Mischung aus der größeren Bereitschaft bei Männern zur Korrektur nach oben (die Diskrepanz in Bezug auf angegebene Partner verschwindet nahezu, wenn man Männern eine einfachere

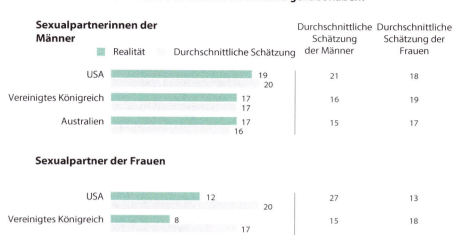

Abb. 2.1 Schätzungen der Anzahl der Sexualpartner, die die Menschen gehabt haben

Aufgabe vorlegt, wie etwa die Anzahl der Partnerinnen nur während des letzten Jahres zu zählen) in Kombination mit der bewussten oder unbewussten Aufblähung der Zahl bei Männern und der Tendenz bei Frauen, sich in die andere Richtung zu bewegen.

Aus einer US-amerikanischen Studie an Studierenden, bei der die Teilnehmer in drei Gruppen aufgeteilt wurden, bevor man sie über ihr Sexualverhalten befragte, gibt es Belege für den zuletzt erwähnten Effekt. Eine Gruppe wurde alleingelassen, um den Fragebogen wie normal auszufüllen. Eine andere wurde veranlasst, zu glauben, dass die Beantwortung der Fragen von jemandem beobachtet werden konnte, der das Experiment überwachte. Und die dritte Gruppe wurde an einen Fake-Lügendetektor angeschlossen. Ich würde gerne glauben, dass ich selbst als misstrauischer Psychologiestudent den Braten gerochen hätte; aber es ist wahrscheinlicher, dass ich darauf hereingefallen wäre, wie dies bei den Teilnehmern in dieser Studie ganz klar der Fall war. Die Gruppe der Frauen, die dachten, ihre Antworten könnten beobachtet werden, gaben im Durchschnitt 2,6 Sexualpartner an, während diejenigen, die an die nutzlose Piepsmaschine angeschlossen waren, 4,4 sagten, was mit den Angaben der Männer in der Studie übereinstimmte [5].

Aber hier handelt es sich nicht um das Muster in unseren Daten, das am interessantesten ist. Besonders spannend ist, dass unsere Schätzungen für Frauen *identisch* mit denen für die Männer sind. Dies führt zu ganz falschen Schätzungen, wenn wir das mit der tatsächlich angegebenen Anzahl von Sexualpartnern bei Frauen vergleichen: Die durchschnittliche Schätzung für Australien lautet, dass Frauen 16 Partner gehabt haben, obwohl die angegebene Anzahl 8 ist; im Großbritannien beträgt die Schätzung 17, wo doch die angegebene Anzahl auch 8 ist; und in den USA beträgt die Schätzung 20, während die wirklich von ihnen angegebene Anzahl 12 ist. Angesichts dessen, was wir über unsere je nach Geschlecht unterschiedlichen Verzerrungen bei der Angabe der Anzahl von Partnern erfahren haben – dass nämlich bestimmt jemand lügt und wahrscheinlich beide Geschlechter in entgegengesetzter Weise –, scheint Folgendes wahrscheinlich zu sein: Die „reale Realität" ist, dass wir bei unseren Schätzungen besser sind, als es den Anschein hat. Die annehmbarste Schlussfolgerung scheint zu sein, dass Männer ihre Anzahl ein wenig höher angeben, während Frauen ihre ein wenig stärker herunterspielen, und dass wir tatsächlich der Wahrheit etwas näherkommen, wenn wir Schätzungen in Bezug auf „andere Menschen" abgeben.

Und es gibt schließlich einen überraschenden Aspekt an den US-Daten, bei denen Männer und Frauen sehr unterschiedliche Schätzungen in Bezug auf Frauen abgeben. Das gleiche Muster lässt sich im Vereinigten Königreich und in Australien nicht beobachten; US-amerikanische Männer dagegen glauben, dass US-amerikanische Frauen *im Durchschnitt* 27 Partner gehabt hätten (mehr als die 21, die sie in Bezug auf US-amerikanische Männer schätzen), US-amerikanische Frauen kommen jedoch nur zu einer Schätzung von 13.

In den USA geht diese aberwitzig hohe mittlere Schätzung von Männern in Bezug auf Frauen großenteils auf eine kleine Anzahl von Männern zurück, die meinen, dass Frauen eine unglaublich hohe Anzahl von Partnern haben; es liegt nicht daran, dass Männer im Allgemeinen glauben, Frauen seien in dieser Hinsicht sehr aktiv. Tatsächlich gab es in unserer Stichprobe von 1000 US-amerikanischen Männern etwa 20, die sich für eine Zahl von 50 oder manchmal für eine weitaus größere Zahl entschieden; und dadurch werden die Daten in starkem Maße verzerrt.

Somit ergibt sich folgendes Gesamtbild: Wenn man einmal von einer Handvoll US-amerikanischer Männer mit einem grotesken Bild von US-amerikanischen Frauen absieht, sind wir eigentlich überraschend gut darin, die Anzahl der Partner zu schätzen. Doch das ist nicht der Fall für eine weitere Frage der Art, wie viel man selbst meine, dass…: „Was meinen

Sie, wie viele Male Männer/Frauen im Alter von 18 bis 29 Jahren in Ihrem Land im Durchschnitt während der letzten vier Wochen Sex miteinander hatten?".

Sie können wiederum sowohl an die Häufigkeit für sich selbst denken (meine besteht aus einer sehr schnellen Berechnung und einer stark gerundeten Zahl angesichts der Tatsache, dass ich während der letzten vier Wochen ziemlich beständig an diesem Buch geschrieben habe) als auch an das, was Ihrer Meinung nach die Häufigkeit bei den 18- bis 29-Jährigen ist. Leider haben wir hier weniger „faktische" Daten aus zuverlässigen Quellen – nur für die USA und Großbritannien –, aber es ergibt sich immer noch ein spannendes Bild, in diesem Fall von einem *sehr* falschen Eindruck davon, wie viel Sex andere Menschen miteinander haben (Abb. 2.2).

Zunächst einmal lohnt es sich, einen Blick auf die eigentlichen Zahlen zu werfen, weil es keinen großen Unterschied zwischen dem gibt, was Männer und Frauen über die Häufigkeit von Sex zwischen Sexualpartnern berichten – die britischen Zahlen sind identisch. Und obwohl Frauen in den USA behaupten, sie hätten im letzten Monat mehr Sex gehabt als Männer, ist der Unterschied nicht sehr groß. Im Grunde genommen haben junge Leute einmal oder anderthalb Mal pro Woche Sex, was angesichts der Vielfalt von

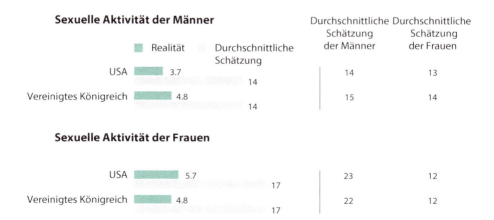

Abb. 2.2 Schätzungen dazu, wie viele Male die Menschen im letzten Monat Sex miteinander hatten

Partnerschaften und Lebensweisen in diesem Alter recht glaubwürdig zu sein scheint.

Unsere Schätzungen ergeben jedoch ein ganz anderes Bild. Für Männer handelt es sich um ein recht einfaches Muster – die durchschnittliche Schätzung sowohl bei Männern als auch bei Frauen ist in Bezug auf Männer weit jenseits dessen, was tatsächlich geschieht. Sowohl in den USA als auch in Großbritannien liegt die Schätzung bei 14 sexuellen Erlebnissen in den letzten vier Wochen – zehn mehr, als es tatsächlich der Fall ist. Das bedeutet, dass jeder Einzelne in dieser Altersgruppe jeden zweiten Tag Sex hätte (etwa 180 Mal im Jahr verglichen mit der profaneren Realität von etwa 50 Malen).

Aber das ist nicht der bemerkenswerteste Fehler bei unseren Schätzungen – wieder geht es um die Ansichten der Männer über die Frauen, diesmal sowohl in den USA als auch in Großbritannien. In ihren Schätzungen in Bezug auf Frauen liegen Frauen viel zu hoch, doch das steht zumindest ganz gut im Einklang mit ihren Schätzungen in Bezug auf Männer – etwa 12- bis 14-mal in Bezug auf beide Länder. Doch Männer glauben, Frauen hätten mit einer unglaublichen Häufigkeit Sex – 22-mal im Monat! Das entspricht einmal Sex an jedem Wochentag plus zweimal an einem besonderen Tag pro Monat.

Obwohl wir keine zuverlässigen „faktischen" Daten für irgendwelche anderen Länder haben, stellten wir unsere Frage („Raten Sie einmal") doch auch in Australien, Schweden und Deutschland. Wir können uns da nicht sicher sein, aber es ist allem Anschein nach unwahrscheinlich, dass sich das tatsächliche Niveau der sexuellen Aktivität in einem Zeitraum von vier Wochen in dieser Altersgruppe in unterschiedlichen Ländern massiv unterscheidet. Angesichts der Konsistenz der Zahlen in den USA und im Vereinigten Königreich können wir wahrscheinlich mit einiger Sicherheit sagen, dass die tatsächlichen Zahlen zwischen drei- und achtmal im Monat liegen. Dies ist eine große Streubreite – doch die Schätzungen in jedem einzelnen Land gehen weit darüber hinaus, jeweils mit zweistelligen Zahlen. Die Schweden haben ein besonders seltsames Bild von ihren jungen Leuten im Kopf: Die durchschnittliche Schätzung ist, dass Männer 27-mal Sex im Monat haben und Frauen 24-mal!

Angesichts der unglaublichen Auffassungen im Hinblick auf das Sexualleben junger Menschen über die Länder hinweg ist es vielleicht keine Überraschung, wie falsch unsere Einschätzungen bei der Frage sind, wie viele (etwas jüngere) Frauen pro Jahr schwanger werden.

Was hatten Sie erwartet?

Mädchen im Teenageralter, die mit einem Babybauch in ihrer Schuluniform prahlen, tragen unwiderstehlich dazu bei, dass die Menschen auf einen Link klicken. Man findet sehr schnell in vielen Ländern Beispiele für schrille Schlagzeilen in der Massenpresse oder ein ergreifendes Interview in einer Talkshow, in dem die schreckliche Zwangslage einer Mutter im Teenageralter analysiert wird: „Er hat meine sechzehnjährige Tochter geschwängert und sie dann verlassen" lautet bei einer sensationslüsternen Talkshow der Untertitel auf dem Bildschirm. Wir können jedoch nicht einfach immer nur den Medien die Schuld dafür zuschieben, dass sie einem sozialen Phänomen minderer Bedeutung übermäßige Aufmerksamkeit widmen. Journalisten sind Menschen, und sie geben einfach Geschichten wieder, die die Menschen anrühren – sie wissen, dass wir gerne lebendige Anekdoten hören, und das ist der Grund, warum sie sie uns erzählen.

In dem Buch *The Storytelling Animal* versuchte der US-amerikanische Wissenschaftler Jonathan Gottschall den evolutionären Wurzeln unserer Geisteshaltung des Geschichtenerzählens und des Geschichtenerfindens auf den Grund zu gehen. Wir schaffen Narrative, bringen Ursachen und Wirkungen miteinander in Verbindung, um in Erfahrung zu bringen, wie wir künftig auf Ereignisse reagieren. In unserem Kopf erzeugen wir Als-ob-Welten, um uns selbst auf komplexe Probleme vorzubereiten. Welches dringendere soziale Problem gibt es, als ein Baby großzuziehen, das in den ersten Lebensjahren vollständig von seinen Eltern abhängig ist? Die Geschichte von einem Elternteil, das selbst noch von seinen Eltern abhängig ist, ist etwas, was uns nicht aus dem Kopf geht. Wenn unsere frühen Vorfahren nicht durch die Verschaltung im Gehirn darauf vorbereitet gewesen wären, der Betreuung kleiner Kinder, vor allem schutzbedürftiger Kinder, Aufmerksamkeit zu widmen, dann wären wir schließlich nicht da, wo wir heute als Art sind [6].

Dies führt uns zu unseren Wahrnehmungen rund um das Thema Häufigkeit von Teenagerschwangerschaften. Eine Schwangerschaft im Teenageralter war über die 38 Länder hinweg, in denen wir Untersuchungen durchgeführt haben, etwas Seltenes: Etwa 2 % der Mädchen zwischen 15 und 19 Jahren haben in jedem vorgegebenen Jahr ein Kind geboren. Im Durchschnitt jedoch schätzen die Befragten, dass 23 % der Mädchen im Teenageralter pro Jahr ein Baby bekommen (Abb. 2.3). Denken Sie einmal darüber nach. In einer Klasse von 30 Mädchen würde dies bedeuten, dass es jedes Jahr in

Frage: Was glauben Sie, wie viel Prozent aller Frauen und Mädchen in Ihrem Land zwischen 15 und 19 Jahren bringen pro Jahr ein Kind zur Welt?

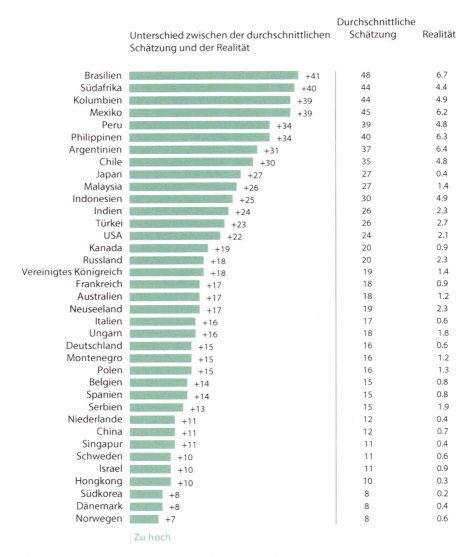

Abb. 2.3 In allen Ländern wurde die Anzahl der Geburten von Teenagern überschätzt

jeder Klasse sieben bis acht Babys gibt. Die Realität ist jedoch, dass es in jeder zweiten Klasse mit 30 Mädchen irgendwann eine Geburt gibt.

Natürlich werden in einigen der Länder, in denen wir unsere Studien durchgeführt haben, viele Mädchen im oberen Bereich dieser Altersgruppe die Schule verlassen haben. Doch in diesen Ländern, in denen Kinder und Jugendliche kürzer die Schule besuchen, waren die Schätzungen sogar noch wilder. In Brasilien waren die Schätzungen am weitesten von der Realität entfernt. Es stimmt, dass Geburten im Teenageralter ein relativ weit verbreitetes Phänomen in diesem Land sind; etwa 6 % der weiblichen Teenager gebären pro Jahr ein Kind, doch die Schätzung betrug 48 %. Selbst in reichen westlichen Ländern, in denen die große Mehrheit in diesem Alter noch in der Schule sein wird, waren die Schätzungen absolut wirklichkeitsfremd. In den USA beispielsweise schätzte man die Zahl auf 24 %, wobei die tatsächliche Zahl bei 2 % liegt.

Kein Land war besonders gut darin, dies zu schätzen, selbst diejenigen Länder nicht, die praktisch kein Problem mit Teenagerschwangerschaften hatten: Beispielsweise liegt in Deutschland die tatsächliche Geburtenrate im Teenageralter bei 0,6 %. Die Deutschen waren jedoch der Meinung, dass pro Jahr ein Sechstel der Mädchen schwanger wird, wohingegen dies in der Realität nur auf eines von 166 Mädchen zutrifft.

Hier handelt es sich um Durchschnittswerte, hinter denen sich sogar noch extremere Antworten verbergen. Im Vereinigten Königreich beispielsweise dachte eine von zehn Personen, dass 40 % oder mehr Mädchen im Teenageralter im Vereinigten Königreich pro Jahr ein Kind gebären.

Was geht hier also vor? Wir sind Geschichten erzählende Lebewesen, die sich an lebendige Anekdoten weitaus besser erinnern als an langweilige Statistiken; und einige Geschichten sind für das Gehirn des Menschen viel attraktiver als andere. Die Tatsache, dass wir Geschichten mögen, gibt den Medien aber natürlich nicht die Freiheit, unseren Fehlwahrnehmungen immer wieder neue Nahrung zu geben. Sie haben eine Verpflichtung, die Realität wiederzugeben, vor allem in Bereichen, in denen unsere direkte Erfahrung begrenzter und der Einfluss der Medien größer ist. In der Vergangenheit haben Wissenschaftler darauf hingewiesen, dass die Medien „die Agenda für die Gesellschaft setzen"; sie können uns nicht vorschreiben, was wir denken sollen, aber sie richten den Fokus auf etwas und geben ihm eine bestimmte Nuancierung [7]. Vielleicht war dies der Fall in den Tagen, als sich jeder um 8 Uhr abends hinsetzte, um die Nachrichten zu sehen. Heute jedoch wird der Einfluss der Medien vielmehr im Sinne von „Konsonanz" und „Abhängigkeit" diskutiert [8].

Wenn wir mit einer Geschichte konfrontiert sind, die mit unserer Erfahrung übereinstimmt, ist sie konsonant – die Medien bestärken uns in dem, was wir glauben. Die Kehrseite davon ist: Wenn wir durch die Medien häufig mit derselben oder einer sehr ähnlichen Geschichte konfrontiert sind, ist es wahrscheinlicher, dass wir Informationen in der Welt um uns herum bemerken, die die von uns schon gehörten und gesehenen Geschichten bestätigen. Medienkonsonanz ist eine Form der „Bestätigungsverzerrung" (durch sie fühlen wir uns zu Informationen hingezogen, die uns in unseren vorher bestehenden Überzeugungen bestärken, und konzentrieren uns auf sie).

In Bereichen, in denen wir wegen der Informationen stärker von den Medien abhängig sind, in denen unsere persönliche Erfahrung somit unzureichend ist, da hat das, was die Medien zu dem Thema sagen, einen größeren Einfluss auf unsere Wahrnehmungen. Nur wenige von uns wissen viel über Mädchen im Alter zwischen 15 und 19 Jahren. Noch weniger von uns kennen ein Mädchen in diesem Alter, das ein Kind geboren hat. Wie sollte das auch möglich sein, wenn doch die tatsächliche Häufigkeit von Teenagerschwangerschaften bei 2 % liegt? Wir haben nicht viele persönliche Erfahrungen mit schwangeren Teenagern; deswegen kennen wir keine Befunde, die der Konzentration der Medien darauf widersprechen. Deswegen hat es den Anschein, als würden Teenagerschwangerschaften häufig vorkommen.

Zudem fesseln die moralinsauren Geschichten der Medien über schwangere Teenager unsere Aufmerksamkeit. Hier handelt es sich um die uralten Fragen zu gutem und schlechtem Verhalten, die die emotionalen Teile unseres Gehirns beschäftigt halten und sich in unser Gedächtnis einschleichen, woraus sie nur schwer wieder zu vertreiben sind. Die überlebensgroßen Wesen bleiben im Gedächtnis kleben – viel stärker als einige trockene Statistiken –, und wir sind in unserer Gedankenwelt viel länger mit ihnen beschäftigt, als sie relevant sind.

Bei diesen haften bleibenden, negativen mentalen Bildern muss es noch nicht einmal um andere Menschen gehen. Ein Journalist der *Denver Post* gab einmal einen Überblick über die Schlagzeilen seiner Zeitung während der letzten fünf Jahre. Und von den 20 Meldungen über Hundeattacken, über die die Zeitung berichtet hatte, wurde in neun Meldungen die Hunderasse erwähnt; in acht von ihnen stand, es seien Pitbulls gewesen. Und das war so, obwohl nur 8 % der für Colorado berichteten Hundebisse auf Pitbulls zurückgehen (wohingegen der angebliche „gute Junge", der Labrador, tatsächlich der bissigste Hund ist). Die *American Society for the Prevention of Cruelty to Animals* berichtet, dass die Tieraufsichtsbehörden den Medien über Hundebisse berichten und man den staatlichen Stellen sagt, es bestehe kein Interesse, es sei denn, es handele sich um einen Pitbull. Aber es gibt etwas Tröstliches für die armen Pitbulls (die eigentlich über ein sehr freundliches „Temperament" verfügen): Unsere mentalen Bilder verändern sich mit der Zeit, und die Karawane der Hundebösewichte bewegt sich wahrscheinlich weiter, wie das auch in der Vergangenheit der Fall war – von den Bluthunden bis zu den Dobermännern [9].

Tatsächlich bleibt unsere Wahrnehmung der Welt oft weit hinter der Realität zurück. Wenn Sie die Zeitungen nach Artikeln über Teenagerschwangerschaften durchforsten, werden Sie herausfinden, dass die meisten der alarmistischen Artikel aus Gegenden wie Großbritannien und den USA recht alt sind – sie sind ein Jahrzehnt alt oder älter; und sie werden wahrscheinlich einige Texte darüber finden, wie die Häufigkeit in den letzten Jahren zurückgegangen ist. Sowohl in den USA als auch in Großbritannien beispielsweise hat die Häufigkeit von Teenagerschwangerschaften abgenommen; und für einige Gruppen ist sie, wie Abb. 2.4 zeigt, stark gesunken [10]. Zum Nachteil für die Reputation von Teenagern überall auf der Welt gibt es keine lebendigen Anekdoten, die diese langweiligen Trends zum Leben erwecken könnten. Da bin ich mir ziemlich sicher, dass sie nie die folgende Schlagzeile lesen werden: „Noch ein weiteres Mädchen im Teenageralter hat kein Kind geboren und macht einfach so weiter."

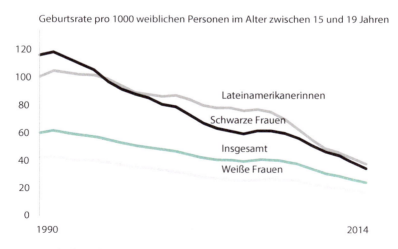

Abb. 2.4 Trends bei den Geburtsraten von 1000 weiblichen Personen im Alter zwischen 15 und 19 Jahren, aufgeschlüsselt nach der ethnischen Zugehörigkeit in den USA

Chip und Dan Heath, die Autoren des Buchs *Was bleibt: Wie die richtige Story ihre Werbung unwiderstehlich macht*, weisen auf sechs Erfolgsfaktoren hin, die Geschichten haben müssen, um im Gedächtnis haften zu bleiben: Sie müssen einfach, unerwartet, konkret, glaubwürdig, emotional sein und eine Geschichte erzählen [11]. Auf Anekdoten über die Schwangerschaft von Teenagern trifft das meiste davon zu, und zwar in starkem Maße.

Wenn sie sich unsere Meinung erst einmal gefestigt hat, können wir auch sehr widerstandsfähig dagegen sein, sie zu ändern. Hier handelt es sich seit Jahrhunderten um eines der anerkannten Persönlichkeitsmerkmale des Menschen, wahrscheinlich lange bevor Francis Bacon dies im Jahr 1620 so schön zusammengefasst hat:

> „Der menschliche Verstand zieht in das, was er einmal als wahr angenommen hat, weil es von Alters her gilt und geglaubt wird, oder weil es gefällt, auch alles Andere hinein, um Jenes zu stützen und mit ihm übereinstimmend zu machen. Und wenn auch die Bedeutung und Anzahl der entgegengesetzten Fälle grösser ist, so bemerkt oder beachtet der Geist sie nicht oder beseitigt und verwirft sie mittelst Unterscheidungen zu seinem großen Schaden und Verderben, nur damit das Ansehn jener alten fehlerhaften Verbindungen aufrecht erhalten bleibe."[12]

Natürlich dachte Bacon, als er dies schrieb, nicht an die Schwangerschaft von Teenagern (was damals wahrscheinlich kein großes Thema war), sondern eher an politische Positionen; doch im Prinzip geht es um dasselbe.

Unser Festhalten an einer Idee, wenn sie sich erst einmal gebildet hat, ist seit der Mitte des 20. Jahrhunderts ein wichtiges Forschungsgebiet. Das Spezialgebiet entstand aufgrund der bahnbrechenden Arbeiten des Sozialpsychologen Leon Festinger, der die Theorie der „kognitiven Dissonanz" entwickelt hat (hier geht es um das Gefühl des Unwohlseins, das jemand erlebt, der inkonsistente oder infrage gestellte Gedanken, Überzeugungen oder Werte hat) [13]. In den Fünfzigerjahren beschäftigte sich Festinger in Oak Park (Illinois, USA) mit einer Sekte, die an den Weltuntergang glaubte und deren Prophezeiungen nicht eintraten: Am festgesetzten Tag des Weltuntergangs, an dem die wirklich Gläubigen zu ihrer Erlösung von einem außerirdischen Raumschiff abgeholt werden sollten, geschah nichts.

Dies führte zu einer tief greifenden kognitiven Dissonanz unter den Anhängern der Sekte, die sehr viel emotionale Energie aufgebracht hatte, um eine Weltsicht aufzubauen, die sich stark von den Auffassungen der übrigen Gesellschaft unterschied. Doch eine große Zahl der Sektenanhänger brach nicht verzweifelt zusammen, als sie damit konfrontiert wurden, dass sich ihre Überzeugungen als unsinnig erwiesen; stattdessen suchten sie nach einem Missverständnis im Hinblick darauf, wie sie die Prophezeiung interpretiert hatten.

Zunächst einmal akzeptierten sie, dass sie den Zeitpunkt nicht richtig verstanden hätten, und dann, dass sie sich nicht angemessen auf die Ankunft der Außerirdischen vorbereitet hätten. Als schließlich klar war, dass das Raumschiff nicht kommen würde, fanden Sie einfach eine Erklärung für die nicht eingetroffene Prophezeiung: Die Außerirdischen waren gekommen, und einer hatte sie tatsächlich auf der Straße gesehen. Aber es gab zu viele Ungläubige in der Gegend, sodass sie sich nicht „willkommen gefühlt" hatten [14]. Als sie zu ihren Plänen befragt wurden, zusammen mit den Außerirdischen die Erde zu verlassen, behaupteten die Sektenanhänger stoisch, dass sie nie einen solchen Plan gehabt hätten (obwohl sie dazu „bereit seien", wenn ihnen zufällig ein solches Angebot gemacht werden sollte) [15].

Wenn wir uns erst einmal für eine Vorstellung – sei es die Erlösung durch eine fliegende Untertasse oder die Häufigkeit von Schwangerschaften bei Teenagern – entschieden haben, dann fühlen wir uns an sie gebunden. Und es verursacht in uns gemäß der Analyse von Festinger psychischen Schmerz, sie aufzugeben. Wir machen Informationen ausfindig, die die Richtigkeit unserer Überzeugung bestätigen – selbst wenn wir dazu unsere graue Hirnsubstanz in Knoten verdrehen müssen.

Von den vielen hervorragenden Beispielen für kognitive Dissonanz, die Festinger anführt, ist mein Lieblingsbeispiel die Überzeugung der Menschen zum Zusammenhang zwischen Rauchen und Lungenkrebs. Er schrieb dies damals, als die Forschung zu den Ursachen von Krebs am Anfang stand. Es handelte sich um ein einzigartiges Zeitfenster, in dem es möglich war, zu überprüfen, ob Gruppen von Rauchern und Gruppen von Nichtrauchern neue Informationen, die etwas zu diesem Zusammenhang aufdeckten, akzeptieren oder sie ablehnen würden. Festinger beobachtete die Auswirkungen, die man bei jemandem erwarten würde, der unter kognitiver Dissonanz leidet: Starke Raucher – diejenigen, die am meisten Widerstand dagegen zeigten, zu glauben, dass ein Zusammenhang erwiesen sei – wehrten sich am meisten dagegen, zu glauben, dass ein Zusammenhang belegt sei; nur 7 % akzeptierten die Gültigkeit der neuen Forschung. Zweimal so viele mäßige Raucher akzeptierten den Zusammenhang; es waren etwa 16 %. Nichtraucher waren viel eher bereit als Raucher, zu glauben, dass der Zusammenhang nachgewiesen worden sei. Aber ich möchte nur als Hinweis darauf, wie sehr sich die sozialen Normen seitdem verändert haben,

Folgendes anführen: Obwohl sie nichts zu verlieren hatten, glaubten nur 29 % von ihnen, dass der Zusammenhang nachgewiesen sei.

Es hat lange gedauert, bis Festingers Ideen weiterentwickelt wurden. Wissenschaftler sprechen heute eher über unser „richtungsabhängig motiviertes Schlussfolgern", das uns dazu bringt, nach Informationen zu suchen, die uns in unseren Vorlieben bestärken („Bestätigungsverzerrung"), die Gegenargumente gegen die unseren Vorlieben widersprechenden Informationen zu liefern („Widerlegungsverzerrung") und die Informationen im Sinne unserer Einstellung als überzeugender anzusehen als gegen unsere Einstellung sprechende Informationen [16]. Rolf Dobelli nennt diese Gruppe von Effekten die „Mutter aller Fehlvorstellungen und den Vater aller Trugschlüsse" [17]. Er erzählt eine Geschichte über Charles Darwin, der sich des Bedürfnisses sehr bewusst war, gegen diese Verzerrungen anzukämpfen und der natürlichen Tendenz des Gehirns entgegenzuwirken, dass es widersprechende Befunde aktiv vergisst. Immer wenn Darwin Beobachtungen machte, die nicht mit seiner Theorie zusammenpassten, schrieb er sie sofort auf – und je stärker er von der Richtigkeit seiner Theorie überzeugt war, desto aktiver suchte er nach Befunden, die ihr widersprachen.

Keiner von uns ist jedoch mit Charles Darwin vergleichbar, und ich würde meinen, dass nur wenige von uns zwanghaft eine völlig neue Erklärung für das Wesen des Lebens entwickeln. Meist kommen wir nur so weit, dass wir versuchen, die normalen Fehlwahrnehmungen der Menschen einfach mit mehr Fakten zu korrigieren; das ist emotionaler und hat mehr mit unserem Identitätsgefühl zu tun. Wenn man den Leuten sagt, dass sie unrecht haben, macht sie das vielleicht einfach nur rigider in ihren Überzeugungen und lässt sie nach jedem Fitzelchen von Informationen suchen, die dazu beitragen werden, ihre Weltsicht zu stützen und sie aufrechtzuerhalten. Wenn wir die Meinung einer Person ändern wollen, müssen wir außer Fakten lebendige Geschichten liefern. Das lässt sich leicht sagen, es ist jedoch sehr schwer zu verwirklichen.

Aber es gibt Beispiele dafür. Die Werbekampagne für *This Girl Can*, die von Sport England im Vereinigten Königreich präsentiert wurde, zeichnete ein viel positiveres, aber immer noch realistisches und lebendiges Bild vom weiblichen Verhalten als das, von dem man in Anekdoten über Teenagerschwangerschaften hört. Das Ziel der Kampagne bestand darin, Frauen und Mädchen zu körperlicher Aktivität anzuregen, was eine große Herausforderung ist: Sport England kam zu der Schätzung, dass es 2 Mio. weniger Frauen als Männer gibt, die an sportlichen Aktivitäten oder Trainingsübungen teilnehmen. Das liegt nicht an einem Mangel an Interesse – aufgrund von Schätzungen der Organisation würden 13 Mio. Frauen sagen, dass sie gerne mehr machen würden. Doch die Kampagne arbeitete nicht mit Statistiken oder Zahlen über das Ausmaß des Problems und den Nutzen von Trainingsübungen. Sie konzentrierte sich auf kleine Geschichten über real existierende Frauen und Mädchen, die bei körperlicher Aktivität mitmachen – es waren nicht die retuschierten, unerreichbaren Bilder aus vielen Werbekampagnen für Sportkleidung, sondern Bilder von realen Frauen. Viele der Prinzipien, auf denen die Kampagne beruhte, stimmen perfekt mit den Themen überein, mit denen wir uns in diesem Buch bereits beschäftigt haben. Einer ihrer zentralen Grundsätze lautet: „Sehen ist gleichbedeutend mit überzeugt sein. Wenn man Sport für Frauen zur ‚Norm' macht, dann beruht das auf Frauen aller Altersgruppen, Körpergrößen und Glaubensrichtungen vor Ort, die nicht nur aktiv werden, sondern die ihre sportliche Aktivität feiern und andere dazu ermuntern mitzumachen." Und hier ein weiterer Grundsatz: „Nutzen Sie eine positive Einstellung und Ermunterung, um zum Handeln anzustacheln – wenn man jemanden durch Angst vor den Konsequenzen zum Handeln bringen möchte, so wird dies nur wenig Zugkraft haben". Frauen sollten sich nicht wegen etwas, was sie tun oder nicht haben, fertigmachen [18].

Und die Kampagne blieb im Gedächtnis der Menschen haften. Sie hat viele Preise gewonnen, aber wichtiger ist, dass die Belege für eine Wirkung auf das Verhalten offensichtlich sind: 2,9 Mio. Frauen im Alter zwischen 18 und 60 Jahren sagen, sie hätten infolge der Kampagne mehr Sport getrieben. Die Aufgabe ist nicht abgeschlossen, wo doch die Geschlechtsunterschiede beim Sport immer noch da ist. Aber der Fortschritt, der durch eine sensible Kampagne auf der Grundlage einer realistischen Sichtweise und der Arbeit mit unseren Denkmustern erreicht wurde, ist auch für die Zukunft bemerkenswert.

Ein moralischer Kompass

Wir haben unsere Studien über Fehlwahrnehmungen damit begonnen, dass wir die Menschen nur zu objektiven sozialen Realitäten befragt haben – es ging also um Themen, zu denen wir zuverlässige quantitative Daten bekommen konnten, wie etwa um den Prozentsatz der Menschen mit Übergewicht oder Adipositas oder um die Frage, wie viele Mädchen im Teenageralter pro Jahr ein Baby bekommen. Aber als wir anfingen, zu bedenken, welchen Effekt unser mangelndes Verständnis sozialer Normen auf unsere Überzeugungen und auf unser Verhalten hat, wollten wir verstehen, was die Menschen darüber denken, was andere Menschen über soziale Themen denken – es ging also um die Wahrnehmungen von Menschen über die Wahrnehmungen anderer.

Es gibt nicht viele Studien über unsere Wahrnehmung von Wahrnehmungen. Das ist nachvollziehbar, weil es sich um eine chaotische Angelegenheit handelt: Wir können beispielsweise kein Zentimetermaß oder ein Maßband anlegen, um unser Toleranzniveau zu messen. Aber das lässt den Versuch nicht weniger wichtig werden, zu verstehen, ob wir eine völlig falsche Vorstellung von dem haben, was andere Menschen denken.

Die Bedeutsamkeit dessen, zu verstehen, was nach der Meinung anderer Menschen der Norm entspricht, ist nicht nur eine akademische Frage. Soziale Normen bestimmen darüber, wie akzeptabel ein Verhalten in allen möglichen Arten von Lebenssphären einschließlich des rechtlichen Bereichs ist. Der Roth-Test beispielsweise war ein rechtlicher Standard, unter dem in den USA etwas als obszön angesehen wurde (oder nicht). Grundlage dafür war eine Entscheidung des Obersten Gerichtshofes aus dem Jahre 1957 nach dem Prozess Roth gegen die Vereinigten Staaten [19]. Sie ist wegen der aalglatten Definition allgemein bekannt: Etwas wird für obszön gehalten, wenn „der Durchschnittsmensch, der die momentan geltenden Standards der Gemeinschaft anwendet", seinen Inhalt ablehnt. Es bleibt ein Bestandteil des US-amerikanischen Rechts, dass das Wissen darüber, was für „die Gemeinschaft" (das heißt für andere Menschen) akzeptabel und was inakzeptabel ist, darüber bestimmt, ob etwas legal ist oder nicht.

Wenn wir jedoch der Meinung sind, dass alle so denken – sei es nun korrekt oder nicht –, dann wird unsere Wahrnehmung des in der Gesellschaft vorherrschenden Denkens wahrscheinlich unser eigenes Denken beeinflussen. Dies hängt mit einem Konzept zusammen, das als „pluralistisches Unwissen" bezeichnet wird; danach kann es, wenn wir die falsche Vorstellung darüber haben, was andere denken (oder machen), einen Einfluss darauf haben, wie wir selbst denken oder handeln (selbst wenn wir es vollständig missverstanden haben!). In einigen Fällen kann unsere Privatansicht tatsächlich stärker verbreitet sein, als wir es uns selbst klarmachen – aber wir haben keine Möglichkeit, das zu wissen, weil jeder um uns herum auch sich selbst zensiert, um sich an das anzupassen, was er für die in der Gesellschaft vorherrschende Einstellung hält.

Welch starken Einfluss das pluralistische Unwissen hat, kann man in vielen alltäglichen Interaktionen beobachten. Nehmen wir einmal an, Sie hätten gerade eine sehr schwierige Vorlesung ihres freundlichen Psychologieprofessors hinter sich oder – wenn Ihre Zeit an einer Hochschule so lange zurückliegt, dass sie sich nicht daran erinnern – Sie hätten einer ermüdenden verfahrenstechnischen Präsentation über die finanzielle Leistungsfähigkeit Ihrer Firma gelauscht. Sie haben aufmerksam zugehört, aber hatten keinen blassen Schimmer, was viele der Begriffe bedeuteten oder worum es eigentlich ging. Der Vortragende fragte, ob noch irgendjemand eine Frage hätte. Schweigen. Sie wussten, dass Sie nichts verstanden hatten, aber Sie haben nichts gesagt.

Die Tragödie ist, dass es den anderen genauso ging, aber Sie haben es einfach nicht bemerkt. Sie haben angenommen, dass die anderen Zuhörer ohne jede Schwierigkeit folgen konnten, dass Sie der einzige waren, der etwas verwirrt war. So strömten alle aus dem Saal heraus, keiner war klüger, nur ein bisschen trauriger über sich selbst und sein Leben.

Solche Missverständnisse können wirklich einen starken Einfluss auf uns haben. Der klassische Nachweis stammt aus einer Reihe von Experimenten über die Trinkkultur an der Princeton University (New Jersey, USA). Die Studierenden tranken häufig auf Partys am Campus, und das Verhalten wurde weithin akzeptiert (trotz der Tatsache, dass das Alter, in dem man in diesem Bundesstaat der USA trinken darf, 21 ist, und deshalb die meisten Studierenden dem Gesetz nach nicht alt genug waren, um trinken zu dürfen). Der Präsident der Princeton University wollte ein Signal an die Studierenden aussenden und verbot Bierfässer auf Partys – nicht Alkohol (das wäre ein Schritt zu weit gewesen), nur Fässer. Er argumentierte: „Das Fass ist zu einem Symbol der freien und leichten Verfügbarkeit von Alkohol geworden." [20] Die neu aufgestellte Regel war ein wunderbares natürliches Experiment für die Forscher, die die Studierenden über ihre eigenen Ansichten und die der anderen Studierenden zum Verbot und zum Trinken allgemein interviewten. Ganz gleich, wen oder wie sie fragten, die Studierenden dachten, andere hielten die Trinkkultur der Hochschule weitaus *stärker hoch als sie selbst*. Deshalb wurde jeder an jedem Wochenende, wenn die Partys anliefen, betrunken, weil alle dachten, alle anderen wollten es so. Die Studierenden verhielten sich entweder konform gegenüber dem, was sie irrigerweise als soziale Norm ansahen – trotz ihrer eigenen Vorliebe dafür, der Wahrheit näherzukommen –, oder sie fühlten sich von ihren Kommilitonen entfremdet.

Pluralistisches Unwissen schien eine Rolle zu spielen, als wir die Menschen fragten, wie akzeptabel die Homosexualität in ihrem Land sei. Um es klarzustellen: Wir baten die Menschen nicht, zu schätzen, wie häufig Homosexualität in ihrem Land vorkam, und dies mit dem tatsächlichen Anteil der Personen zu vergleichen, die sie als schwul identifizierten. Stattdessen fragten wir sie, welcher Prozentsatz der Personen in einer Umfrage sagen würde, dass Homosexualität *moralisch inakzeptabel* sei, und verglichen dies dann damit, wie viele Menschen bei repräsentativen Umfragen, die vom Pew Research Center durchgeführt wurden, tatsächlich sagten, sie dächten, dass Homosexualität inakzeptabel sei.

Nachdem Sie für Ihr eigenes Land eine eigene Schätzung abgegeben haben, sollten Sie sich eine Minute Zeit nehmen, um über die enorme Streubreite der Antworten in den Studien von einem Land zum anderen zu staunen. Nur 5 % der Menschen in Dänemark und Norwegen sagten, Homosexualität sei inakzeptabel, aber 93 % meinten dies in Indonesien und 88 % in Malaysia. Zwischen diesen Extremen befinden sich die USA, wo 40 % sagten, sie fänden Homosexualität inakzeptabel, und das Vereinigte Königreich, das wie so oft einen ziemlich „mittelatlantischen" Standpunkt einnahm und das mit 17 %, die sagten, Homosexualität sei inakzeptabel, zwischen den USA und der Mehrheit in Europa lag.

Wenn wir die Menschen fragten, ob ihre Mitbürger glaubten, Homosexualität sei akzeptabel oder inakzeptabel, war die durchschnittliche Schätzung fast immer falsch (Abb. 2.5). Einen bemerkenswerten Unterschied kann man bei den Antworten in den Niederlanden erkennen, wo nur 5 % der Menschen sagten, Homosexualität sei moralisch inakzeptabel, die Befragten aber meinten, die Zahl läge bei 36 %. Ein ähnlicher Trend, wenn auch weniger extrem, fand sich überall in Westeuropa und in Lateinamerika. In nur einem Bereich der Welt, in dem wir Umfragen machten – Asien –, akzeptierten die Menschen Homosexualität weniger, als sie dachten, dass ihre Mitbürger dies tun würden.

Das vorherrschende Muster war, dass die Befragten die Vorurteile anderer Menschen überschätzten – sie dachten, dass die Ansicht, die sie privat hatten, viel weniger verbreitet sei, als sie es tatsächlich war. Denn es entsprach für eine so lange Zeit der sozialen Norm, dass Homosexualität moralisch inakzeptabel ist. Sie hatten angenommen, dass sich viele Menschen im Unterschied zu ihnen selbst nicht von dieser Norm wegbewegt hätten.

Wie beim Thema Glück im vorigen Kapitel könnte dies teilweise mit unserer Neigung zusammenhängen, zu meinen, dass wir besser als der Durchschnitt sind – und dazu gehört auch, toleranter gegenüber anderen zu sein als andere Menschen. Doch die Kluft zwischen unseren Wahrnehmungen und unserer Wahrnehmung anderer Wahrnehmungen scheint eher dadurch bestimmt zu sein, wie wir unsere „Vergleichsgruppe" konstruieren – an wen wir denken, wenn wir die Frage beantworten. Wie gewöhnlich wird uns das durch den Kopf schießen, was „am besten verfügbar" ist – Stereotype zum Nationalcharakter, die sich noch lange bei uns halten, nachdem sie bereits veraltet sind.

2 Sexuelle Fantasien 49

Frage: Was glauben Sie persönlich? Ist Homosexualität moralisch akzeptabel, moralisch inakzeptabel oder keine moralische Frage?

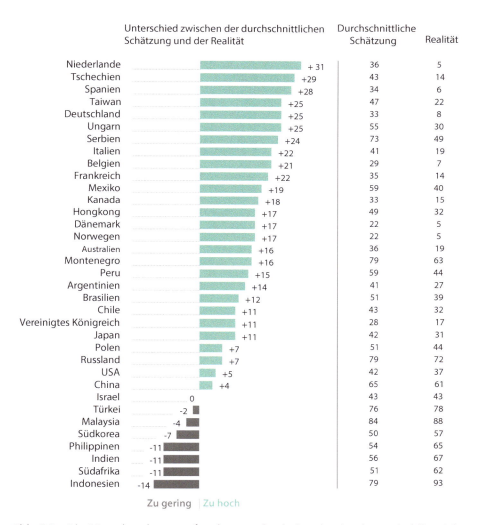

Abb. 2.5 Die Menschen hatten oft sehr unrecht darin, als wie akzeptabel ihre Mitbürger die Homosexualität empfinden

Natürlich sollten wir, wenn wir uns auf den Unterschied zwischen realen und vorgestellten Wahrnehmungen konzentrieren, die Tatsache nicht aus dem Auge verlieren, dass die Homosexualität für 37 % der Menschen über alle Länder hinweg moralisch inakzeptabel bleibt. Obwohl dies teilweise auf eine kleine Anzahl von Ländern mit bestimmten religiösen Überzeugungen zurückgeht, gibt es in den meisten Ländern immer noch bedeutsame Minderheiten, die hier widersprechen.

Dieser Effekt wird noch durch die im Verborgenen wirkende Kraft des pluralistischen Unwissens verstärkt. Soziale Normen können noch lange nach ihrem Ablaufdatum fortbestehen. Denn teilweise meinen wir dann noch, einige Überzeugungen und Verhaltensweisen seien viel stärker verbreitet, als sie es wirklich sind. Wir sollten mehr Mut zu unseren eigenen Überzeugungen aufbringen und uns dagegen verwahren, unsere Mitbürger mit Stereotypen zu belegen.

*

In diesem Kapitel haben wir uns auf etwas konzentriert, worüber wir nicht viel sprechen, wie Sex und unsere Ansichten zur Homosexualität, und auf etwas, womit wir nicht viel unmittelbare Erfahrung haben, wie Schwangerschaften von Teenagern. Dies sind ideale Bedingungen dafür, dass sich Fehlwahrnehmungen festsetzen, wenn wir das Schlimmste erwarten und das Problem hochspielen. Aber es ist alles nicht so schlimm, wie wir meinen: Andere Menschen haben nicht viel mehr Sex als wir selbst, unsere Entbindungsstationen sind nicht voller Mädchen im Teenageralter, und die Menschen sind meist nicht so intolerant, wie wir uns das vorstellen. Sogar Pitbulls sind netter, als wir meinen. Wir müssen nicht alles grau in grau sehen, nicht nur weil es keine faire Wiedergabe der Realität ist, sondern auch weil eine positivere Sicht der Dinge oft wirkungsvoller ist, wenn wir eine Veränderung wollen. Obwohl Bestätigungsverzerrungen einen großen Einfluss haben und unsere Empfänglichkeit für negative Anekdoten und veraltete Stereotype real vorhanden ist, ist das alles nicht allgemeingültig oder unüberwindbar. Und das ist ein Punkt, auf den wir noch zurückkommen werden.

Literatur

1. Binkowski, B. (2016). Does Hand Size Actually Correlate to Penis Size? Abgerufen am 29. April 2020 von https://www.snopes.com/fact-check/hand-size-trump-debate/
2. Mustanski, B. (2011). How Often Do Men and Women Think about Sex? Abgerufen am 29. April 2020 von https://www.psychologytoday.com/us/blog/the-sexual-continuum/201112/how-often-do-men-and-women-think-about-sex
3. Poundstone, W. (2016). *Head in the Cloud: The Power of Knowledge in the Age of Google*. London: Oneworld Publications.

4. Spiegelhalter, D. (2015). Sex *by Numbers: What Statistics Can Tell Us About Sexual Behaviour.* Wellcome collection.
5. Ebenda
6. Gottschall, J. (2013). *The Storytelling Animal.* New York: Houghton Mifflin Harcourt Publishing Company.
7. McCombs, M. E. & Shaw, D. L. (ohne Jahresangabe). The Agenda-Setting Function of Mass Media. *The Public Opinion Quarterly.* Oxford University Press American Association for Public Opinion Research.
8. Gavin, N. T. (1997). Voting Behaviour, the Economy and the Mass Media: Dependency, Consonance and Priming as a Route to Theoretical and Empirical Integration. *British Elections & Parties Review, 7*(1), 127–144. Abgerufen am 29. April 2020 von https://doi.org/10.1080/13689889708412993
9. Delise, K. (2007). *The Pit Bull Placebo: The Media, Myths and Politics of Canine Aggression.* Sofia: Anubis Publishing.
10. U.S. Department of Health and Human Services (2016). Trends in Teen Pregnancy and Childbearing. Abgerufen am 29. April 2020 von https://www.hhs.gov/ash/oah/adolescent-development/reproductive-health-and-teen-pregnancy/teen-pregnancy-and-childbearing/trends/index.html
11. Heath, C. & Heath, D. (2007). *Made to Stick: Why Some Ideas Take Hold and Others Come Unstuck.* Random House.
12. Bacon, F. (1620). Novum Organum. Abgerufen am 29. April 2020 von http://www.constitution.org/bacon/nov_org.htm. Auf Deutsch: Bacon, F. Neues Organon, Erstes Buch, Nr. 46, abgerufen am 1. April 2020 von http://www.zeno.org/Philosophie/M/Bacon,+Francis/Gro%C3%9Fe+Erneuerung+der+Wissenschaften/Neues+Organon/Erstes+Buch
13. Festinger, L. (1978). *Theorie der kognitiven Dissonanz.* Bern: Huber (Original erschienen 1962: A Theory of Cognitive Dissonance).
14. Killian, L. M., Festinger, L., Riecken, H. W. & Schachter, S. (1957). When Prophecy Fails. *American Sociological Review, 22*(2), 236–237. Abgerufen am 29. April 2020 von https://doi.org/10.2307/2088869
15. Ebenda
16. Taber, C. S. & Lodge, M. (2006). Motivated Skepticism in Beliefs, the Evaluation of Political. *American Journal of Political Science, 50*(3), 755–769.
17. Dobelli, R. (2014). *The Art of Thinking Clearly: Better Thinking, Better Decisions.* New York: HarperCollins Publishers.
18. This Girl Can. Abgerufen am 29. April 2020 von http://www.thisgirlcan.co.uk/
19. Coupe, B. (1966). The Roth Test and Its Corollaries. *William & Mary Law Review, 8*(1), 121–132. Abgerufen am 29. April 2020 von http://scholarship.law.wm.edu/cgi/viewcontent.cgi?article=3035&context=wmlr
20. Strum, C. (1991). Brew Battle On Campus – Ban the Can Or the Keg? NYTimes.com. Abgerufen am 29. April 2020 von http://www.nytimes.com/1991/10/08/nyregion/brew-battle-on-campus-ban-the-can-or-the-keg.html

3

Über das Geld?

Unsere persönlichen Finanzen haben viele charakteristische Eigenschaften, die sie anfällig für Fehlwahrnehmungen und schlechte Entscheidungen werden lassen: Sie sind komplex; bei ihnen geht es um Zielkonflikte zwischen der Gegenwart und der Zukunft; sie bringen es oft mit sich, dass wir das Risiko berechnen müssen (darin sind wir sehr schlecht); die Entscheidungen können emotional sein, weil sie mit bedeutsamen Lebensentscheidungen verbunden sind; und es gibt nur eine geringe Chance, dass man etwas lernt, weil es in diesem Bereich oft um nicht so häufig vorkommende Ereignisse geht, wie etwa um die Entscheidung für einen bestimmten Rentenplan. Was Verzerrungen und Heuristiken angeht, gibt es einfach zu viele Fallen, in die wir tappen können.

Doch trotz aller dieser Probleme haben wir eindeutig ein zu ausgeprägtes Gefühl der Selbstsicherheit: Wir meinen, wir seien ganz gut in Bezug auf unsere Finanzen. Einer britischen Studie zufolge gaben 64 % der Befragten im Hinblick auf ihr Verständnis finanzieller Entscheidungen sich selbst einen Wert von 5 bis 7 bei 7 möglichen Punkten [1].

In einigen einfachen Angelegenheiten scheinen wir ganz gut zu sein – beispielsweise bei unserem Verständnis von Rabatten. In einer Studie sagten wir den Befragten, dass sie in zwei Geschäften beim selben Fernsehgerät mit einem ursprünglichen Preis von 500 £ zwei Möglichkeiten hätten: Ein Geschäft biete einen Rabatt von 10 % an, das andere einen Rabatt von 100 £. Wofür würden Sie sich entscheiden. Zugegeben, das ist recht einfach – und 91 % entschieden sich richtigerweise für den Rabatt von 100 £ (obwohl anzumerken ist, dass 9 % dies nicht taten, was wiederum darauf hindeutet, dass etwa 10 % von uns die Prozentrechnung einfach nicht verstanden haben).

Selbst wenn wir die Mathematik etwas komplizierter machen, sind wir immer noch ganz gut: Wir befragten dieselben Personen zum selben Fernsehgerät für 500 £ – aber diesmal boten wir einen Rabatt von 15 % oder einen Rabattbetrag von 80 £ an. Etwas mehr Personen hatten Schwierigkeiten damit, aber es entschieden sich (richtigerweise) immer noch 85 % für den Rabatt von 80 £ [2].

Mehr als bei jedem anderen Thema, dem wir in diesem Buch nachgehen, erfordern gute Entscheidungen gerade im Bereich der persönlichen Finanzen unbedingt ein Verständnis der Fakten – wir können nicht intuitiv herausfinden, wie viel Geld in einem Topf für das Ruhegehalt sein muss. Aber damit soll nicht gesagt werden, dass es bei finanziellen Entscheidungen nicht um Emotionen oder Verzerrungen geht, ganz im Gegenteil.

Tatsächlich war die Branche der Finanzdienstleistungen eine der ersten, die sich die Verhaltensökonomie zu eigen machte. Und bei den zentralen Maßnahmen, die von Richard Thaler und Cass Sunstein in ihrem Buch *Nudge: Wie man kluge Entscheidungen anstößt* beschrieben werden, geht es darum, wie man uns helfen kann, mehr zu sparen. Das Potenzial dafür, Menschen zu helfen, mithilfe eines besseren Verständnisses ihrer Verzerrungen und Heuristiken zu besseren Entscheidungen im Finanzbereich zu kommen – und damit zu arbeiten –, ist riesig groß.

Wir haben gesehen, dass man es den meisten von uns zutrauen kann, einen Fernseher zu kaufen, aber bei einigen der wichtigsten finanziellen Entscheidungen in unserem Leben haben wir oft überhaupt keine Ahnung. Einige der Daten, die im Folgenden beschrieben werden, stammen lediglich aus den USA und dem Vereinigten Königreich – wegen des genauen finanziellen Kontexts und der Unterschiede bei der Regulierung des Finanzmarkts wird es sehr schwierig, international Gleiches mit Gleichem zu vergleichen. Doch wir können sicher sein, dass es nicht nur die dummen Yankees und Briten sind, die diese Fehler machen; in Ihrem Land wird es genauso sein.

Die Bank von Mama und Papa

Die Entscheidung, Kinder haben zu wollen, ist eine der teuersten Entscheidungen, die man in seinem Leben treffen kann. Aber kaum einer von uns wird mit einem Tabellenkalkulationsprogramm in diese Situation geraten. Es handelt sich vor allem um eine emotionale Berechnung, die nicht von den Kosten geleitet ist (und angesichts der sinkenden Fertilitätsraten in vielen Ländern, ist es eine gute Sache, dass wir da nichts zusammenrechnen). Aber es würde uns sehr viel helfen, wenn wir uns selbst zwingen würden, etwas mehr nachzudenken, nicht um unsere Entscheidungen danach auszurichten, sondern um uns auf die Konsequenzen vorzubereiten.

Welchen Betrag würden Sie schätzen, wenn man Sie fragen würde, wie viel es im Vereinigten Königreich und in den USA kostet, ein Kind von der Geburt bis zum Erwachsenenalter großzuziehen? Wenn es sich bei Ihnen so verhält wie in der allgemeinen Öffentlichkeit, dann lägen Sie mit ihren Schätzungen weit daneben. Die tatsächlichen Durchschnittskosten sind 229.000 £ im Vereinigten Königreich und 235.000 $ in den USA – das entspräche nach dem momentanen Kurs 263.000 € bzw. 217.000 €. Wenn wir uns die Schätzungen ansehen, werden unsere Leser im Vereinigten Königreich darüber verärgert sein – mit einer Reaktion wie „Abzocke bei uns" und „Warum müssen die Briten für dasselbe immer mehr zahlen als die Amerikaner?". Nicht nur, dass man in den USA iPhones für denselben Dollarbetrag bekommt wie bei uns in Pfund, es scheint auch mit den Kindern genauso zu sein.

Zweifellos steckt ein Körnchen Wahrheit darin, es gibt aber auch andere Erklärungen dafür – nicht unwichtig dabei ist, dass die Daten auf einer unterschiedlichen Definition des Erwachsenenalters beruhen. Die Zahl für die USA, die vom Landwirtschaftsministerium berechnet wurde (ich habe keine Ahnung, warum das so ist), umfasst nur ein Alter bis zu 17 Jahren, während die Variante für das Vereinigte Königreich (die von einem Versicherungsunternehmen berechnet wurde) 21 Jahre als Obergrenze hatte (womit wir in den Umfragen gearbeitet haben).

Wie auch immer, unser Interesse besteht darin, wie die Schätzungen mit dieser Realität übereinstimmen – und in beiden Ländern waren die Schätzungen viel zu niedrig. Im Vereinigten Königreich betrug die Schätzung der Befragten im Mittel 100.000 £, während es in den USA 150.000 $ waren (das entspräche 115.000 € bzw. 138.500 €). Damit läge die Schätzung im Vereinigten Königreich weit unter der Hälfte der tatsächlichen Kosten, während sie in den USA mit 60 % etwas besser war. Innerhalb dieses Rahmens gaben viele tatsächlich sehr geringe Schätzungen ab: Etwa ein Viertel der US-Amerikaner und ein Drittel der Briten dachte, dass die Kosten, die dafür anfallen, ein Kind großzuziehen, weniger als 50.000 $ oder 50.000 £ betrügen – das ist kaum genug, um vier Jahre der durchschnittlichen Lebenshaltungskosten eines Kindes abzudecken.

Es ist kein Wunder, dass so viele Eltern – und ich schließe mich da ein – überrascht darüber sind, wie arm sie sind; sie kratzen sich am Kopf und fragen sich, wohin ihr Geld jeden Monat hätte fließen können.

Das Hauptproblem besteht darin, dass wir nicht an die Gesamtkosten denken, die anfallen, um ein Kind großzuziehen. Die Studien, auf die die Schätzungen der tatsächlichen Kosten zurückgehen, listen die einzelnen Elemente auf – und es gibt da auf der Hand liegende Dinge wie Kinderbetreuung, Essen und Bildung (man sollte jedoch berücksichtigen, dass in den Zahlen *nicht* die Ausbildung an privaten Schulen enthalten ist, sondern nur die Kosten, die im Rahmen des staatlichen Bildungssystems anfallen). Aber es geht auch nicht um Möbel. Sicher war mir klar, dass ich für meine beiden Töchter Kinderbetten kaufen musste. Aber dann gab es da das Etagenbett, danach die getrennten Einzelbetten, als sie es nicht mehr aushalten konnten, zusammen im selben Zimmer zu schlafen (die Jüngere „schnarcht wie du, Papa"). Aus Gründen, über die ich jetzt wirklich nicht genauer nachdenken möchte, wird es, wenn Sie die späten Teenagerjahre erreichen, zweifellos Doppelbetten geben. Das macht bereits 3400 £ für dieses und für andere Möbelstücke.

Dann sind da noch die Urlaube. Alle Eltern kennen das tief sitzende Gefühl der Ungerechtigkeit, dass man für einen Platz im Flugzeug für jemanden bezahlen muss, der nach dem tollen Start nicht darin sitzen bleiben möchte, wenn Sie gerade, weil Ihnen das alles so peinlich ist, in Ihrem Sitz versinken möchten. Aber das zusammen ergibt im Durchschnitt 16.000 £ [3]. In den USA hebt der Bericht die Beförderungskosten hervor. Die Kleinen umherzufahren kostet etwa 35.000 $. Sogar die „sonstigen Kosten" – alles von Zahnbürsten und Haarschnitt über technische Geräte bis zu Zeitschriften – summieren sich auf weitere 17.000 $.

Natürlich handelt es sich um eine sehr schwierige und ungewohnte Berechnung – es ist nicht einfach, das im Kopf zu machen. Die Gesamtkosten für Kinder über 21 oder 17 Jahre hinweg aufzusummieren ist eine sehr große Herausforderung für „System 2" (unsere langsamere, analytischere Basis beim Treffen von Entscheidungen), wie es Kahneman charakterisieren würde. In Umfragen wie diesen steht wenig Zeit zur Verfügung, oder man bekommt wenig Anreize dafür, das wirklich ernst zu nehmen.

Es gibt jedoch keinen Hinweis darauf, dass wir so etwas im realen Leben stärker berücksichtigen oder wir sogar aus Erfahrung lernen. Bei einer früheren Studie, die wir nur im Vereinigten Königreich durchgeführt haben, gaben die Eltern, die die Kosten um 20 % geringer einschätzten, tatsächlich *schlechtere* Schätzungen ab als der durchschnittliche Befragte [4].

Eine unserer hauptsächlichen kognitiven Verzerrungen bei Finanzfragen ist unsere Tendenz, uns auf das Kurzfristige zu konzentrieren und den Einfluss unserer Entscheidungen auf die Zukunft als geringfügig abzutun. Daran etwas zu ändern, wäre einer der Schlüssel für bessere Entscheidungen in Finanzfragen. Wenn man Kinder haben will, ist ein Blick auf die fernere Zukunft von immer größerer Bedeutung. Denn die Kosten werden sich jetzt höchstwahrscheinlich weit über die „Kinder"-Jahre hinaus erhöhen, wo doch heute in stärkerem Maße als in der letzten Generation der jungen Leute viele am Ende bis weit ins Erwachsenenalter hinein von ihren Eltern abhängig bleiben werden.

Nesthocker

Der Kampf um Unabhängigkeit, dem viele in dieser momentanen Generation junger Leute ausgesetzt sind, ist ein Problem, das mir sehr am Herzen liegt, weil die Unterschiede zwischen den Generationen ein weiteres meiner Hauptforschungsgebiete ist. Dabei geht es speziell darum, dass diese Generation junger Erwachsener, die (mehr oder minder verunglimpfend) als „Millennials" etikettiert worden sind, in großen Teilen der westlichen Welt finanziell böse auf die Nase gefallen sind.

Eine Studie nach der anderen zeigt, dass vor allem bei den Jüngeren die Gehälter stagniert haben, dass ihr Schuldenniveau zugenommen hat, dass der Reichtum auf die ältere Generation übergegangen ist und dass der Arbeitsmarkt für die Jugendlichen prekärer geworden ist. Ganz sicher haben sie auch von einer explosiven Entwicklung der technologischen und kommunikativen Möglichkeiten profitiert, aber Snapshot und Netflix sind ein armseliger Ausgleich für die Nöte, mit denen sie konfrontiert sind, und für die nachteiligen Folgen, die bei so vielen zum Teil ihres Lebens geworden sind.

Dazu gehört auch, dass man in der Lage ist, das Elternhaus ganz zu verlassen. Was meinen Sie also, welcher Prozentsatz der jungen Erwachsenen zwischen 25 und 34 Jahren in Ihrem Land immer noch zu Hause bei seinen Eltern wohnt? Ihre Antwort hängt wahrscheinlich in starkem Maße davon ab, wo Sie leben – die realen Antworten zeigen weltweit eine enorme Streubreite von Wohnformen (Abb. 3.1). In Norwegen und Schweden wohnen nur 4 % dieser jungen Erwachsenen im Elternhaus, während es in Italien 49 % sind. Dies ist Ausdruck recht unterschiedlicher sozialer Normen unter dem Einfluss sich verändernder Kulturen und Volkswirtschaften. Doch in jedem Land, in dem wir diese Frage gestellt haben, wurde überschätzt, wie

Frage: Was glauben Sie, wie viel Prozent der jungen Leute zwischen 25 und 34 Jahren bei ihren Eltern leben?

Abb. 3.1 In allen Ländern wurde der Anteil der 25- bis 34-Jährigen überschätzt, die bei ihren Eltern leben

viele junge Leute immer noch im Elternhaus leben, und in einigen Ländern geschah das in signifikanter Weise. Im Vereinigten Königreich war dies mit einer Schätzung von 43 % (!) am weitesten von der Wirklichkeit entfernt, wo doch die realen Zahlen bei 14 % liegen.

Warum sind wir mit unseren Schätzungen in derartig konsistenter Weise so wenig treffsicher? Es handelt sich wahrscheinlich zumindest teilweise um ein Beispiel für die „emotionale Rechenschwäche", die in der Einführung kurz angesprochen wurde. Der Mechanismus hinter diesem Effekt ist folgender: Ob wir uns dessen bewusst sind oder nicht, wenn wir solche Fragen beantworten, verfolgen wir zwei unterschiedliche Ziele. Zunächst einmal haben wir ein *Genauigkeit*sziel – wir möchten die richtige Antwort geben. Aber wir haben auch *Richtung*sziele, bei denen wir eine Botschaft darüber aussenden, was uns Sorgen bereitet, ob das nun bewusst geschieht oder nicht. Deshalb gehen Ursache und Wirkung in beide Richtungen: Wir überschätzen, was uns Sorgen bereitet, ebenso sehr, wie wir uns Sorgen machen über das, was wir überschätzen. Es gibt einige Belege dafür, dass die beiden Effekte vorhanden sind: Forscher haben herausgefunden, dass wir bei einigen Fragen treffsicherer sind, wenn wir einen Anreiz geboten bekommen, falls wir nahe an der Lösung sind. Damit wird das Genauigkeitsziel betont, das unsere Berechnung wieder ausbalanciert [5].

Wir wissen, dass es ein schwieriges Problem ist, wenn junge Leute nicht in der Lage sind, das Elternhaus zu verlassen – wir konnten Berichte über Hauspreise lesen, die außer Kontrolle geraten sind, über eine starke Überschuldung aufgrund von Bildungskosten und dass junge Leute über die Maßen von der „digitalen Arbeitswelt" in Mitleidenschaft gezogen werden (einem Arbeitsmarkt, der durch prekäre Arbeit, zeitlich befristete Stellen und Selbstständigkeit geprägt ist – und nicht durch Dauerstellen). Selbst meine einführenden Worte haben Sie möglicherweise dazu verleitet, Ihre Schätzung hoch anzusetzen. All die Argumente, die ich skizziert habe, treffen auf eine Reihe von Ländern völlig zu, aber sie führen zu einer emotionalen Reaktion und zu einer Überschätzung dessen, wie groß das Problem ist – unsere Besorgnis führt zur Übertreibung.

Unsere goldenen Jahre?

Eine gute Nachricht! Wenn Sie die hohen Kosten der Kindererziehung einigermaßen überstanden haben und Sie die jungen Erwachsenen am Ende aus dem Haus expediert haben (wahrscheinlich mit Ende 20), können Sie sich damit trösten, dass Sie im Ruhestand länger leben werden, als Sie erwartet hatten. Im Vereinigten Königreich beispielsweise schätzten die Befragten, dass eine Person, die 65 wird, im Schnitt weitere 19 Jahre leben wird – wo sie doch tatsächlich 23 weitere Jahre leben wird. Dies wirft ein Schlaglicht auf einen weiteren interessanten Aspekt dessen, wie das mit der Lebenserwartung funktioniert, wie wir die leicht verfügbaren, aber falschen Informationen sammeln und wie dies unsere Berechnungen durcheinanderbringen kann.

Die meisten Menschen werden sich vorstellen, dass die durchschnittliche Lebenserwartung im Vereinigten Königreich irgendwo im Bereich der frühen Achtziger liegt. Tatsächlich haben wir diese Frage bei einer anderen Umfrage in einer ganzen Reihe von Ländern gestellt; und die Befragten sind meist ganz gut darin, die Lebenserwartung bei der Geburt zu schätzen. Im Vereinigten Königreich beträgt die aktuelle Lebenserwartung für ein Kind, das im Jahr 2014 geboren wurde, 80 Jahre – und die Schätzung war 83. Und das weiß man nicht nur im Vereinigten Königreich; in den meisten Ländern ist dies allgemein bekannt, wobei etwa Australien mit einer durchschnittlichen Schätzung von 82 Jahren genau richtig lag. Es sind nur die Südkoreaner, die ihre Lebenserwartung signifikant überschätzen: Sie meinen im Schnitt, es seien 89 Jahre, wo es doch 80 Jahre sind; und es waren nur die Ungarn, die zu pessimistisch sind, weil sie glauben, es seien im Schnitt 68 Jahre, während es in Wirklichkeit 75 Jahre sind.

Selbstverständlich sprechen wir hier über die Lebenserwartung *bei der Geburt*. Die Glücklichen unter uns, die es bis 65 schaffen, werden im Schnitt länger leben, weil keiner von ihnen vorher gestorben sein wird: Die Zahl für die Lebenserwartung „bei der Geburt" wird durch frühe Tode niedriger. Dies bedeutet Folgendes: Wenn Sie es im Vereinigten Königreich bis zum Ruhestand gebracht haben, können Sie im Schnitt erwarten, dass Sie es bis zu Ihrem 88. Geburtstag schaffen.

Aber jetzt kommt die schlechte Botschaft. Dies bedeutet, dass wir sogar noch mehr Ersparnisse oder ein Einkommen für den Ruhestand aufbauen müssen, das vorhält – unter der Annahme, dass wir die 229.000 £ für jedes unserer Kinder, die es uns unerwarteterweise gekostet hat, sie großzuziehen, nicht zurückfordern können, indem wir bei ihnen einziehen oder einfach eine Rückvergütung verlangen.

Wenn man jemanden fragt, wie viel Geld er in Großbritannien in einer privaten Altersversorgung haben müsste, um ein jährliches Gesamteinkommen von etwa 25.000 £ zu bekommen, wenn er mit 65 aufhören würde zu arbeiten, gaben die Befragten jämmerlich falsche Schätzungen ab. Die diversen Antworten, die in der Umfrage gegeben wurden, waren besorgniserregend und deuteten darauf hin, dass die Befragten wirklich keine Ahnung hatten – vor allem die 30 % der Personen, die dachten, es seien 50.000 £ oder weniger!

Was wäre Ihre Schätzung (denken Sie daran, die staatliche Rente einzurechnen, die etwa 6000 bis 7000 £ von dieser Altersversorgung ausmachen würde)? Ich hoffe, Ihre Schätzung war besser als die durchschnittliche Schätzung im Vereinigten Königreich, die nur bei 124.000 £ lag. In der Realität hätte man zum Zeitpunkt, zu dem wir die Teilnehmer an der Studie befragt haben, nämlich 2015, etwa 315.000 £ gebraucht (und dies unter den großzügigsten Annahmen bei der Rentenberechnung), um die geringste erforderliche Altersversorgung zu bekommen. Weil die Gewinne aus den Investitionen des Rentenfonds nach unten gehen und die Lebenserwartung steigt, ändert sich diese Zahl natürlich ständig: Wenn ich jetzt versuche, dieselbe Berechnung noch einmal anzustellen, dann liegt das Ergebnis bereits bei 350.000 £. Wenn Sie dieses Buch lesen, wird es wahrscheinlich noch einmal nach oben gegangen sein.

Nur jene, die bereits *im* Ruhestand waren, kamen der Realität signifikant näher, indem sie dachten, sie bräuchten 250.000 £. Sogar die Gruppe der 50- bis 60-Jährigen, denen es sehr gut angestanden hätte, ihre Ruhestandsplanung sehr ernst zu nehmen, dachte, sie bräuchte nur 150.000 £; damit war sie nicht wesentlich besser informiert als der Durchschnitt der Gesamtstichprobe.

In vielen Ländern ist dies ein Grund zu großer Sorge. Regierungen überall auf der Welt sehen die Gruppe der 50- bis 60-Jährigen, die „vor dem Ruhestand" sind, als entscheidend an – das ist die Zeit, in der man zumindest etwas Veränderung bewirken kann, in der man sein Leben substanziell verbessern kann und in der man die Belastung des Staates verringern kann. Doch trotz aller Anstrengungen, die Menschen dafür zu gewinnen, wollen sie die Botschaft einfach nicht hören. Hier handelt es sich wirklich um eine globale „Zeitbombe": Die Lücke in der kombinierten Altersversorgung wird für nur acht Länder auf der Welt – für die USA, das Vereinigte Königreich, Japan, die Niederlande, Kanada, Australien, Indien und China – im Jahr 2050 etwa 400 Billionen $ betragen; und dies ist fünfmal mehr als die Höhe der momentanen Weltsozialprodukts [6].

Wie lassen sich diese beträchtlichen Unterschätzungen erklären? Natürlich wird es Verzerrungen und fehlerhafte Überschlagsrechnungen geben, aber, frank und frei, sind die Kosten für eine Rente etwas, was sich nicht eben mal so ausrechnen lässt – wir müssen uns hinsetzen und sie überprüfen.

Damit soll nicht gesagt werden, dass man nichts aus der Verhaltenswissenschaft lernen könnte, was uns dabei helfen könnte, finanziell bessergestellt zu sein – weit entfernt davon. Wie zuvor erwähnt sind die persönlichen Finanzen einer der Bereiche, in denen einige der größten Erfolge erzielt worden sind. Es handelte um ein Spezialgebiet von Richard Thaler, dem Nobelpreisträger für Wirtschaftswissenschaften im Jahr 2017, und einer Reihe seiner langjährigen Mitarbeiter einschließlich Cass Sunstein und Shlomo Benartzi. Sie hatten mithilfe ihres Plans „Save More Tomorrow" einen großen Einfluss auf die Altersversorgung in den USA.

Thaler und seine Kollegen untersuchten über viele Jahre hinweg die kognitiven Verzerrungen bei unseren Einstellungen und Verhaltensweisen in Bezug auf das Sparen und kamen zu der Schlussfolgerung, dass es dabei zwei hauptsächliche verhaltensbezogene Faktoren gab: einen Mangel an Willenskraft und Trägheit [7]. Zunächst einmal führt dieser Mangel an Willenskraft zu dem, was sie als „gegenwartsbezogene Verzerrung" bezeichnen; hier handelt es sich um unsere Tendenz, eine Befriedigung der unmittelbaren Bedürfnisse gegenüber langfristigen Belohnungen vorzuziehen. Sie beschreiben eine Studie aus den Neunzigerjahren, in der die Teilnehmer gebeten wurden, sich zwischen zwei Snacks zu entscheiden: für ein gesundes Fruchtstückchen oder für eine Schokolade, die in Bezug auf die Gesundheit weniger gut angesehen ist. Als die Befragten gebeten wurden, sich zu entscheiden, welchen Snack sie für die folgende Woche haben wollten, entschieden sich drei Viertel für die Frucht. Doch als sie gefragt wurden, welchen Snack sie jetzt sofort haben wollten, entschied sich derselbe Anteil für die Schokolade. Die gleiche Art kurzfristigen Denkens ist ein wichtiger Faktor bei vielen unserer schlechten Finanzentscheidungen.

Es kommt unsere Tendenz zur Trägheit hinzu, die Tendenz, am Status quo zu kleben, vor allem wenn es schwierig und kompliziert zu sein scheint, etwas zu ändern. Dies wird an einem Beispiel aus dem Vereinigten Königreich deutlich. Dort beschäftigten sich Forscher damit, welcher Anteil der Mitarbeiter bei 25 Modellen zur Altersversorgung mitmachte, bei der die Mitarbeiter *nichts* einzahlen mussten – es war im Wesentlichen nicht mit Kosten verbunden. Selbst unter diesen (meist heute nicht mehr verfügbaren) großzügigen Bedingungen nahm nur die Hälfte der Mitarbeiter die Zuzahlung in Anspruch!

Das Programm geht jede Einzelne dieser beiden Barrieren frontal an, indem es die Menschen am Arbeitsplatz automatisch zu Sparplänen anmeldet, um damit gegen die Trägheit anzukämpfen. Den Betreffenden steht es offensichtlich völlig frei, sich wieder abzumelden. Doch, wie der Mensch nun einmal ist, bleiben 90 % bei dem Sparplan, wobei die menschliche Trägheit nun eher für ihn als gegen ihn arbeitet. Mithilfe einer automatischen Gleitklausel werden dann die Beiträge erhöht, nicht sofort, aber mit der Zeit (immer ein bisschen mehr). Dies erregte die Zögerlichen in starkem Maße: Wenn man sie fragte, ob sie ihre Beiträge *jetzt* um fünf Prozentpunkte erhöhen würden, sagten die meisten nein (wir wollen die Schokolade jetzt haben). Wenn man sie jedoch fragte, ob sie sich darauf festlegen würden, *in Zukunft* mehr zu sparen, sagten 78 % ja.

Der Einfluss von „Save More Tomorrow" war substanziell. Vor dem Programm betrug die durchschnittliche Sparrate der Mitarbeiter in der Stichprobe 3,5 %, nach vier Jahren jedoch war sie fast um das Vierfache auf 13,6 % angestiegen. Und diese Vorgehensweise wurde nun durch eine Handlungsempfehlung der US-Regierung festgeschrieben, durch die etwa 15 Mio. US-Amerikaner unterstützt werden; ähnliche Ansätze gibt es überall auf der Welt.

Diese Pläne haben einen unglaublichen Einfluss und bieten Menschen praktische Hilfe an. Doch unsere stark ausgeprägten Fehlwahrnehmungen flüstern uns ein, dass wir uns auch der Fakten bewusst sein sollten. Es gibt immer noch viele, für die die Anmeldung bei diesen Sparplänen nicht automatisch erfolgt, beispielsweise für die Selbstständigen oder die befristet Beschäftigten. Allgemeiner ausgedrückt muss man unterschiedliche Ansätze bei unterschiedlichen Menschen einsetzen, und bei einigen wäre ein bewussterer Ansatz hilfreich.

Dies trifft vor allem auf Menschen zu, die sich in einem falschen Gefühl der Sicherheit zu wiegen scheinen, indem sie meinen, es sei die Norm, im Ruhestand nicht genügend Geld zu haben. Wir haben gesehen, dass unser Verständnis sozialer Normen einen starken Einfluss hat, weil wir es ähnlich machen wollen wie die Mehrheit oder weil wir das tun, was alle machen. Und es gibt Anzeichen dafür, dass dies beim Ansparen für die Altersversorgung ähnlich ist.

Bei einer anderen Studie, die über sechs Länder hinweg durchgeführt wurde, fragten wir die Menschen, ob sie das Gefühl hätten, dass sie zu wenig für ihren Ruhestand sparten, und baten sie, zu schätzen, auf wie viele andere Menschen dies auch zutreffen würde [8]. Ihre Schätzung in Bezug auf andere Menschen betrug 65 %; dies kam dem Anteil derer sehr nahe, die selbst zugaben, dass sie zu wenig ansparten, nämlich etwa 60 %. Deshalb glauben wir, dass es eine substanzielle Mehrheit ist, die zu wenig spart, und es macht uns nichts aus, dies auch selbst zuzugeben. Und das ist in fast allen Ländern, in denen wir Untersuchungen durchgeführt haben, genauso: In den USA, in Großbritannien, in Frankreich, Deutschland, Kanada und Australien sagten die Menschen, dass etwa zwei Drittel zu wenig ansparten; und dies glich dem, was sie über sich selbst sagten.

Was es nun bedeutet, zu wenig anzusparen, ist subjektiv; ob die Menschen also Recht haben oder nicht, ist schwer zu erfassen. Es hängt also davon ab, ob wir einmal die Woche Lotto spielen wollen oder ob wir einmal im Jahr einen Monat lang auf den Malediven mit einer Sauerstoffflasche tauchen wollen. Aber die britische Regierung verfügt über eine Definition, die auf der Rentenlücke beruht – welchen Anteil von unserem letzten Nettoeinkommen werden wir also im Ruhestand aufgrund unserer Altersversorgung haben können. Das ist kompliziert und hängt davon ab, wie viel man verdient, wenn man in den Ruhestand geht. Aber das Prinzip besteht darin, dass man einen ordentlichen Batzen von dem braucht, was man als Altersversorgung bekommt. Doch dies kann ein geringerer Anteil sein, wenn man an seiner letzten Arbeitsstelle ein besonders hohes Gehalt bekommen hat.

Nach den für das Vereinigte Königreich gültigen Zahlen sparen 43 % der Menschen zu wenig für ihren Ruhestand an. Hier handelt es sich um ein ungeheuer großes gesellschaftliches Problem, aber es ist nicht die Norm. Selbst für die USA deuten andere Schätzungen darauf hin, dass die Zahl etwas über der Hälfte liegt; das ist immer noch weit unterhalb der Schätzung durch die US-Amerikaner selbst. Natürlich ist das, was die Regierung oder die Forscher meinen, akzeptabel; und das, was wir für akzeptabel halten, könnte etwas anderes sein (das britische

Sozialministerium würde da beispielsweise nicht an die Malediven denken). Es lohnt sich, hier zwei Argumente im Hinterkopf zu behalten.

Erstens glauben wir, es sei normal, zu wenig anzusparen; wir meinen, zwei Drittel der Menschen machten es so. Hier handelt es sich um ein Risiko – wie wir bereits gesehen haben, neigen wir auch stark dazu, das zu tun, was alle machen.

Zweitens positionieren wir uns sehr nahe an der Norm – es gibt keine „Schamkluft" in Bezug auf die Altersversorgung. Das ist kein Problem, denn wir schieben es nur auf andere Leute und leugnen, dass es auf uns zutrifft. Wir zögern nicht, zuzugeben, dass wir nicht angemessen auf unser eigenes Alter vorbereitet sind. Hier handelt es sich um etwas ganz anderes als das, was wir beim Zuckerkonsum oder anderen mit Scham besetzten Verhaltensweisen wie etwa der Steuerhinterziehung beobachtet haben, nach denen wir die Menschen gefragt haben. Das ist jedoch gefährlich bei einem Problem wie den Ersparnissen für die Altersversorgung, bei der wohl viele von uns ein unsanftes Erwachen erwarten wird.

Wegen dieser Fehlwahrnehmung der Norm würde ich folgendermaßen argumentieren: Sieht man einmal von der Nutzung des starken Einflusses unserer unbewussten Verzerrungen ab, könnte etwas Faktenwissen hilfreich sein. Das Ziel muss es sein, eine einfache, einprägsame Methode zu finden, um den Menschen das bewusst zu machen – hier handelt es sich um das kommunikative Pendant dazu, dass wir fünfmal am Tag Obst oder Gemüse essen sollten. Die Komplexität der individuellen Situation im Hinblick auf die Bedürfnisse bezüglich der Altersversorgung erschwert dies auch; aber es handelt sich um ein wichtiges Problem, das wir besser angehen könnten. Wir haben gesehen, dass es eine große Wissenslücke zwischen dem gibt, was wir tun sollten, und dem, was wir tatsächlich tun (es reicht mir, wenn ich durchschnittlich dreimal am Tag Obst oder Gemüse esse); aber es liegt auf der Hand, dass wir bessere Chancen hätten, wenn zumindest einige Menschen so handelten, als wären sie sich des Problems stärker bewusst.

Es ist nicht so, dass wir völlig unfähig sind, uns an irgendwelche finanziellen Informationen zu erinnern. Wir haben uns darauf konzentriert, was die Leute missverstehen; aber es gibt eine einzelne Statistik aus dem Bereich der Finanzen, die die Menschen über die Länder hinweg konsistent richtig verstehen und die sich tief in unser Bewusstsein eingegraben hat. Und das sind die Hauspreise. Im Durchschnitt können die Menschen überall auf der Welt den Wert eines Grundstücks unglaublich gut schätzen, weil er zu ihrem Gefühl für Reichtum und Status ausgezeichnet passt; und das Thema wird in vielen Ländern regelmäßig in den Medien behandelt. Es wäre eine wirklich großartige Sache, wenn sich die Menschen in gleicher Weise dessen bewusst wären, was sie haben und was sie für den Ruhestand sparen müssen. Denn dies wird für sie ein genauso wichtiger Aktivposten werden.

Wenn Sie aufgrund der Lektüre dieses Buchs nur eines machen sollten, dann wäre es, Ihre Trägheit zu bekämpfen, sich mit der Rentenberechnung zu beschäftigen und zu überprüfen, was sie angespart haben.

Ungleiche Maße

Natürlich wird damit unterstellt, dass Sie sind wie ich und dass Sie sich Sorgen darüber machen müssen, was für die Rente bleibt. Aber Sie könnten einer der Superreichen dieser Welt sein; dann gäbe es jemanden, der sich für Sie darum kümmern würde – und Sie würden sich wahrscheinlich sowieso nicht viel Sorgen machen müssen, weil Sie nur reicher würden.

Im Jahr 2017 besaßen die reichsten 1 % der Menschen auf der Welt mehr als der Rest der Bevölkerung zusammen. Dies ist das erste Mal, dass wir das beobachten konnten, zumindest seit der industriellen Revolution und seit einer zuverlässigen Messung des Reichtums; und damit setzt sich der neuere Trend in Richtung auf eine unglaubliche Konzentration des globalen Reichtums fort [9].

Am anderen Ende der Reichtumspyramide machten diejenigen, die netto weniger als 10.000 $ hatten, 73 % der Weltbevölkerung aus, aber sie verfügten nur über 2,4 % des Reichtums auf der Welt. Von ihnen sind es 9 % der Weltbevölkerung, die tatsächlich „Nettoschuldner" sind (sie haben mehr Schulden, als sie besitzen). Es ist also kein Wunder, dass man sich in den letzten Jahren so sehr mit der Ungleichheit in Bezug auf Einkommen und Reichtum beschäftigt hat und dass eine ganze Reihe von Büchern dazu herausgekommen ist, von *Gleichheit ist Glück* bis *Kapital und Ideologie* und bis zu Diskussionen in diesem Bollwerk der Elite namens Davos.

Einige von Ihnen, die dies lesen, haben vielleicht das Glück, zu den oberen 1 % der reichsten Menschen weltweit zu gehören, was bei einem Cutoff-Wert von etwa 744.000 $ an Reinvermögen der Fall ist. Die Chancen dafür werden stark davon abhängen, woher Sie kommen. Beispielsweise leben 7 % der oberen 1 % auf der Welt im Vereinigten Königreich und 5 % in Deutschland – doch dies wird völlig in den Schatten gestellt durch die 37 %, die in den USA leben. Und es sagt auch durchaus einiges über die unglaubliche Konzentration des Reichtums in Russland aus (womit wir uns gleich beschäftigen werden), dass trotz der Größe seiner Volkswirtschaft nur 0,2 % der reichsten Menschen der Welt dort ansässig sind.

Sie haben sich vielleicht Gedanken gemacht über den Schwellenwert für die oberen 1 %. Sicherlich sind eine drei Viertel Million Dollar eine ganze Menge Geld, aber es ruft in Ihnen nicht notwendigerweise das Gefühl hervor, dass sie zur Weltelite gehörten, mit einem Privatjet und einem goldenen Aufzug, eine Person, die von den 99 % gehasst würde. Natürlich liegt dies daran, dass es auf einem globalen Niveau sehr viele Menschen gibt, die mit sehr wenig oder überhaupt keinem Reichtum leben.

Sie haben vielleicht Zahlen dazu gesehen, was einen Menschen für die oberen 1 % in Ihrem eigenen Land qualifiziert – und wenn es sich um ein entwickelteres Land handelt, werden die Zahlen sehr viel höher sein. In den USA sind es über 7 Mio. $ [10], in der Schweiz liegt die Zahl über 5 Mio. $ [11]; und in Vereinigten Königreich liegt sie bei etwa 4 Mio. $ [12]. Wenn man sie für Europa als Ganzes berechnet, sind es 1,5 Mio. $ [13]. (Ich würde schätzen, dass eine Menge von Ihnen aus diesem 1 % herausgefallen ist!).

Wir haben die Menschen in unserer Studie zum Reichtum der oberen 1 % in ihrem individuellen Land befragt. Wegen der schiefen Verteilung des Reichtums auf der Welt ist der Anteil am nationalen Gesamtreichtum, den die oberen 21 % besitzen, in jedem individuellen Land, wie wir sehen werden, sehr viel niedriger als 50 %. Aber dies gibt Ihnen vielleicht einen Anhaltspunkt – bevor Sie nachsehen, welchen Prozentsatz des Gesamtreichtums der Haushalte Ihrer Meinung nach die reichsten 1 % in Ihrem eigenen Land ausmachen. Die Fakten und die Schätzungen sind in Abb. 3.2 dargestellt. Das allgemeine Bild bestand darin, dass sich die Menschen in den meisten Ländern stark verschätzten.

Die Briten und die Franzosen waren die Schlechtesten beim Schätzen. Der tatsächliche Anteil am Reichtum, den die oberen 1 % besitzen, ist in beiden Ländern der gleiche; er liegt bei 23 %. Doch die Briten dachten, die oberen 1 % besäßen 59 % des Reichtums, während die Franzosen meinten, es wären 56 %.

Menschen in einigen Ländern unterschätzten diese Konzentration des Reichtums tatsächlich, und das traf am ehesten auf die Russen zu. Die durchschnittliche Schätzung dort betrug 53 %, was sich in der Tat gar nicht so sehr von der Schätzung im Vereinigten Königreich und Frankreich unterscheidet – doch die oberen 1 % in Russland besitzen in Wirklichkeit außerordentliche 70 % des Reichtums im Land – das ist das Dreifache der Konzentration des Reichtums im Vergleich zum Vereinigten Königreich und zu Frankreich.

Die USA stechen auch unter den entwickelten Nationen in der Studie als eines der ungleichsten Länder in Bezug auf die Reichtumsverteilung

3 Über das Geld?

Frage. Welchen Anteil am Gesamtvermögen der Haushalte besitzen Ihrer Meinung nach die reichsten 1 Prozent?

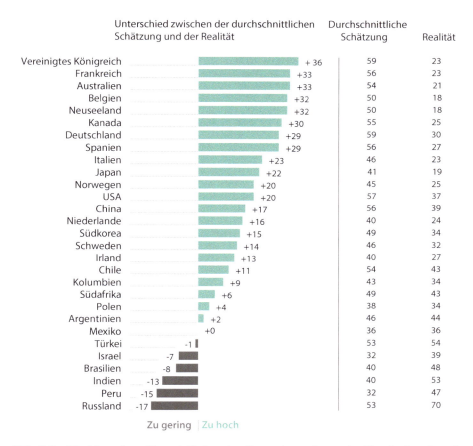

Abb. 3.2 Die Menschen überschätzten das Gesamtvermögen der Haushalte, den die reichsten 1 % in ihrem Land besitzen

hervor; die oberen 1 % besitzen 37 % des Reichtums im Land, doch die Schätzungen ähnelten mit 57 % denen in Frankreich und im Vereinigten Königreich.

Wodurch lässt sich die Überschätzung bei uns erklären? Es kann durchaus der Fall sein, dass manche Menschen vage etwas von den globalen Zahlen gehört haben – und viele der Durchschnittswerte liegen im Bereich um 50 %. Wie bei anderen Fragen kann es sein, dass wir eine andere Frage beantworten als die, die uns tatsächlich gestellt wurde. Es liegt jedoch nicht nur an unserer vagen Erinnerung an Geschichten über den globalen

Reichtum, die den Effekt haben, dass wir meist zu Überschätzungen neigen. Die Wahrscheinlichkeit scheint hoch zu sein, dass es sich zumindest teilweise um ein weiteres Beispiel für eine „emotionale Rechenschwäche" handelt: Wir wissen, dass die Ungleichheit ein großes und wachsendes Problem ist, und wir hören regelmäßig lebhafte Anekdoten zu übermäßigem Reichtum zusammen mit Geschichten von einem Mangel an Ressourcen für die vielen. Deswegen sind unsere Schätzungen übertrieben. Wir senden teilweise eine Botschaft aus, dass dies ein großes und besorgniserregendes Problem ist und dass es reale politische Auswirkungen haben kann. Eine Studie von russischen und US-amerikanischen Wissenschaftlern zeigte, dass das Gefühl der Spannung zwischen den sozialen Schichten und die Aufforderung an Regierungen, den Reichtum neu zu verteilen, nur recht wenig mit der tatsächlichen Ungleichheit zusammenhing – aber der Zusammenhang mit der wahrgenommenen Ungleichheit war etwa dreimal größer [14]. Dies sollte uns nicht überraschen: Unsere Sicht auf die Realität wird ebenso sehr von unseren Sorgen bestimmt wie unsere Sorgen von der Sicht auf die Realität.

Wenn wir uns die folgende Frage ansehen, wird nachvollziehbar, wie wichtig es ist, zu erkennen und zu verstehen, dass es in unserem Verständnis dieser Realität ein emotionales Element gibt: Was meinen die Menschen, was die oberen 1 Prozent besitzen *sollten*. Es scheint lohnenswert zu sein, diese Frage zu stellen – es handelt sich um ein Thema, das für die Umverteilungsbemühungen der Regierung relevant ist, und es gibt offenkundig keine richtige Antwort. Die Menschen haben unterschiedliche Auffassungen über das angemessene Niveau der Gleichheit, das wir anstreben sollten, und die Ansichten waren über die Länder hinweg in der Tat *sehr* unterschiedlich: Der geringste Anteil, der dafür vorgeschlagen wurde, was die oberen 1 % besitzen sollten, war mit 14 % in Israel zu finden und der höchste mit 33 % in Brasilien; der Durchschnitt über alle 33 Länder hinweg betrug 22 %. Insgesamt sind die Menschen somit nicht auf eine vollständige Gleichverteilung des Reichtums aus.

In welchem Land wollten Ihrer Meinung nach die meisten Menschen die Gleichverteilung des Reichtums haben? Tatsächlich war es Großbritannien; hier sagten 19 % der Briten, die oberen 1 % sollten nur 1 % haben. Gleich danach kam Russland, wo 18 % sagten, diese Gruppe sollte nur 1 % haben. Das ist eine interessante Mischung, wobei wir das für Russland angesichts seiner kommunistischen Vergangenheit eher vorhergesagt hätten als für das Vereinigte Königreich. Die USA waren nicht so sehr auf die Gleichverteilung des Reichtums aus, was möglicherweise angesichts des nationalen Fokus darauf, das „Land der Möglichkeiten" zu sein, keine große Überraschung ist; nur 9 % sagten, dass die 1 % 1 % haben sollten. Aber sie waren am wenigsten darauf fokussiert, dass dies das Resultat sein sollte – das war jedoch in den ambitionierten Ländern Indien und China der Fall, in denen nur 3 % die Gleichverteilung des Reichtums haben wollten.

Wenn wir zurückkommen auf die Durchschnittswerte dessen, was unseren Worten nach Ungleichheit sein könnte, und dies mit unseren Schätzungen dazu vergleichen, wie es wirklich ist, sticht etwas unmittelbar hervor – dass die Menschen oberflächlich betrachtet in vielen Ländern mit dem momentanen Zustand der ungleichen Verteilung des Reichtums ganz zufrieden zu sein scheinen. Beispielsweise sagten die Franzosen, die oberen 1 % sollten 27 % besitzen, obwohl sie tatsächlich momentan „nur" 23 % besitzen. Eine vereinfachte Interpretation dieses Ergebnisses besteht darin, dass die Franzosen – ein Land, in dem *„egalité"* zur Staatsräson gehört – in der Tat sagen, dass man den Reichsten etwas mehr geben sollte. Natürlich handelt es sich hier um eine völlig falsche Interpretation. Aufgrund unserer Frage danach, wie die Menschen momentan die „Realität" sehen, wissen wir nämlich, dass die Franzosen meinten, die oberen 1 % besäßen aktuell 56 % des Reichtums im Land. Sie sagen also eigentlich, dass die Konzentration des Reichtums auf die oberen 1 % etwa halb so groß sein sollte, wie sie es jetzt ist.

Es gibt zwei Argumente, die man daraus entnehmen kann. Erstens, dass die Menschen bei dieser Art von Fragen nicht präzise denken, sondern ordinal – es geht nur um die Auffassung, was „die Reichen" machen und haben sollten. Zweitens besagen ihre Antworten im Grunde genommen Folgendes: Sie erkennen, dass die Reichen momentan „eine Menge Geld" haben und weniger haben sollten, tatsächlich etwa die Hälfte dessen, was sie momentan haben [15].

Hier handelt es sich um den wesentlichen Nutzen von Fragen zu Fehlwahrnehmungen: Wir müssen wissen, wie die momentane Situation nach Auffassung der Menschen ist, bevor wir sie fragen, wie sie ihrer Meinung nach sein sollte. Oder andersherum: Wenn wir nicht wissen, wie falsch wir die Realitäten einschätzen, kann uns das zu ganz falschen Schlussfolgerungen im Hinblick darauf verleiten, was wir tun sollten.

*

Wenn wir wissen, wie wir denken, können wir in Bezug auf unser eigenes Denken bei Finanzangelegenheiten aus diesem Kapitel sehr viel lernen. Aufgrund von Erkenntnissen der Verhaltenswissenschaft gab es insofern einen großen Fortschritt, als sie uns zu besseren Handlungsmöglichkeiten führen und unsere kognitiven Verzerrungen, durch die wir nur an unseren eigenen Vorteil denken, für uns nutzbar machen. Aber das wird nicht die Antwort auf alles sein, weil es praktisch und ethisch unmöglich ist, ähnliche Ansätze für alle Aspekte im Finanzleben eines jeden Menschen zu nutzen. Wir brauchen eine Vielfalt von Handlungen, und dazu gehört auch Hilfe dabei, dass wir „System 2" aktiv werden lassen, unsere langsamere, analytischere Basis für das Fällen von Entscheidungen.

Dies kommt im Begriff der „finanziellen Fähigkeiten" zum Ausdruck, den Regierungen überall auf der Welt übernommen haben, um die Unterstützung für ihre Bürger zu gestalten; in ihm werden drei Schlüsselfaktoren identifiziert, die wir benötigen, um bessere Entscheidungen zu fällen. Erstens brauchen wir ein Mindestmaß von *Wissen und Fertigkeiten* – wir müssen einfach bestimmte Dinge wie die Höhe der Ruhestandsbezüge, die wir brauchen, kennen und wissen, wie wir die Art von Berechnungen bewältigen, die zum Umgang mit Finanzen benötigt werden. *Einstellungen und Motivation* sind ebenfalls wichtig: Die Regierungen haben erkannt, dass unsere kognitiven Verzerrungen, Heuristiken und allgemeinen Ansichten zum Geld von zentraler Bedeutung sind. Wir brauchen auch *Gelegenheiten* – Zugang zu einer Finanzberatung und die Befähigung dazu, genügend Zeit und Gedanken für die Entscheidungen aufwenden zu können. Das ist leichter gesagt als getan, weil die kognitiven Verzerrungen, die unsere Finanzentscheidungen beeinflussen, immens sind, und keine noch so großen Fähigkeiten oder eine noch so große Motivation können mehr Geld für diejenigen herbeizaubern, die gerade nur so herumkommen. Aber für viele von uns, die diese Mosaiksteine klarer vor Augen haben, wenn wir über unsere eigenen Finanzen nachdenken, kann dies hilfreich sein. Eine Studie zeigte, dass die Steigerung unserer finanziellen Fähigkeiten tatsächlich relativ wenig Einfluss auf die Finanzen der Menschen hatte. Aber sie verbesserte ihr psychisches Wohlbefinden in signifikanter Weise, weil sie in stärkerem Maße ein Gefühl der Kontrolle hatten und sie belastbarer für Erschütterungen waren [16].

Es geht nicht um leidenschaftslose, rationale Berechnungen, und wir sollten unsere emotionalen Reaktionen nicht ignorieren. Für Regierungen etwa sind unsere Fehlwahrnehmungen ein wirklicher Schlüssel zu unserer Besorgnis im Hinblick auf zwei immer wichtigere Phänomene: die Konzentration des Reichtums an der Spitze und der (teilweise damit zusammenhängende) Druck, den unsere jungen Leute empfinden, und die Konsequenzen, die dies auf die Lebensweise hat. Es gibt klare Hinweise darauf, dass es sich hier für viele Menschen in vielen Ländern um sehr emotionsgeladene Themen handelt, und wir sollten nicht überrascht sein vom zunehmenden politischen Druck, gegen beides anzugehen.

Literatur

1. Duffy, B., Hall, S., & Shrimpton, H. (2015). On the Money? Misperceptions and Personal Finance. London. Retrieved April 11, 2018, from https://www.ipsos.com/ipsos-mori/en-uk/money-misperceptions-and-personal-finance
2. Duffy, B. (2013c). Public Understanding of Statistics Topline Results. London. Retrieved April 11, 2018, from https://www.ipsos.com/sites/default/files/migrations/en-uk/files/Assets/Docs/Polls/rss-kings-ipsos-mori-trust-in-statistics-topline.pdf
3. Liverpool Victoria. (2016). Raising a Child More Expensive Than Buying a House. Retrieved February 1, 2018, from https://www.lv.com/about-us/press/cost-of-a-child-2016
4. Duffy, B., Hall, S., & Shrimpton, H. (2015). On the Money? Misperceptions and Personal Finance. London. Retrieved April 11, 2018, from https://www.ipsos.com/ipsos-mori/en-uk/money-misperceptions-and-personal-finance
5. Bullock, J. G., Gerber, A. S., Hill, S. J., & Huber, G. A. (2015). Partisan Bias in Factual Beliefs about Politics. *Quarterly Journal of Political Science, 10*, 519–578; Prior, M., Sood, G., & Khanna, K. (2015). You Cannot be Serious: The Impact of Accuracy Incentives on Partisan Bias in Reports of Economic Perceptions. *Quarterly Journal of Political Science, 10*(4), 489–518.
6. Vanham, P. (2017). Global Pension Timebomb: Funding Gap Set to Dwarf World GDP. Retrieved April 11, 2018, from https://www.weforum.org/press/2017/05/global-pension-timebomb-funding-gap-set-to-dwarf-world-gdp
7. Jolls, C., Sunstein, C. R., & Thaler, R. (1998). A Behavioral Approach to Law and Economics. *Faculty Scholarship Series, Paper 1765*, 1471–1498 (part I).
8. Ipsos MORI. (2015). Major Survey Shows Britons Overestimate the Bad Behaviour of Other People. Retrieved April 11, 2018, from https://www.ipsos.com/ipsos-mori/en-uk/major-survey-shows-britons-overestimate-bad-behaviour-other-people
9. Credit Suisse Research Institute. (2016). Global Wealth Report 2016. Retrieved April 11, 2018, from https://www.credit-suisse.com/corporate/en/research/research-institute/global-wealth-report
10. Kurt, D. (2018). Are You in the Top One Percent of the World? Retrieved April 11, 2018, from https://www.investopedia.com/articles/personal-finance/050615/are-you-top-one-percent-world.asp
11. Credit Suisse Research Institute. (2017). Global Wealth Report 2017. Retrieved April 11, 2018, from http://publications.credit-suisse.com/tasks/render/file/index.cfm?fileid=12DFFD63-07D1-EC63-A3D5F67356880EF3
12. Ponting, G. (2017). How Rich Are You? Retrieved April 16, 2018, from https://www.clearwaterwealth.co.uk/blog/2017/11/7/how-rich-are-you

13. Credit Suisse Research Institute. (2017). Global Wealth Report 2017. Retrieved April 11, 2018, from http://publications.credit-suisse.com/tasks/render/file/index.cfm?fileid=12DFFD63-07D1-EC63-A3D5F67356880EF3
14. Gimpelson, V., & Treisman, D. (2017). Misperceiving Inequality. *Economics and Politics, 30*(1), 27–54. https://doi.org/10.1111/ecpo.12103
15. Ariely, D., Loewenstein, G., & Prelec, D. (2003). 'Coherent Arbitrariness': Stable Demand Curves Without Stable Preferences. *The Quarterly Journal of Economics, 118*(1), 73–106. https://doi.org/10.1162/00335530360535153
16. Citizens Advice. (2015). Financial Capability: A Review of the Latest Evidence. Retrieved April 11, 2018, from https://www.citizensadvice.org.uk/Global/Public/Impact/Financial%20Capability%20Literature%20Review.pdf

4

Drinnen und draußen: Immigration und Religion

In der heutigen Welt sind Immigration und Religion zwei der vorrangigsten Fragen. Die Emotionen schaukeln sich auf, und unsere Fehlwahrnehmungen nicht nur zum Ausmaß der Einwanderung, sondern auch zur Eigenart der Bevölkerungsteile mit Migrationshintergrund oder der religiösen Minderheiten sind erschreckend.

Zahlreiche Studien – und dazu gehören auch unsere eigenen – zeigen, dass die Besorgnisse über die Immigration einer der Schlüsselfaktoren im britischen Referendum darüber waren, ob man die EU verlassen soll. Und sie bleiben ein zentrales politisches Thema in einem Großteil Europas, wobei die Besorgnis in nahezu allen Ländern hoch ist und zunimmt. Während die extreme Rechte nicht den Erfolg bei den Wahlen hatte, den viele nach dem Brexit befürchtet hatten, so hat doch die Unruhe über die Immigration, die Religion und die Integration dazu beigetragen, die politische Debatte in jeder einzelnen neueren Wahl in Europa zu formen, von der französischen Präsidentschaftswahl im Jahr 2017 bis zu den allgemeinen Wahlen in Italien im Jahr 2018. Nahezu in jedem Land Europas gibt es mindestens eine extreme politische Partei, die in den Medien eine große Beachtung findet und für die Immigration und weitergehende kulturelle Besorgnisse im Zentrum ihrer Themen steht, von der AfD in Deutschland bis zur PVV in den Niederlanden. Unsere Analyse von Donald Trumps Erfolg in den USA zeigte, dass die Begünstigung der Einheimischen vor den Immigranten – das Gefühl, dass die eigenen Leute, diejenigen, die im Land geboren sind, Vorrang haben sollten – die Unterstützung für den Präsidenten viel stärker vorantrieb als irgendein anderer einzelner Faktor.

Innerhalb dieser Themen gab es auch einen Fokus auf der Religion und besonders auf dem muslimischen Teil der Bevölkerung, wobei die Diskussion über den Islam mit sehr emotionsgeladenen Debatten über den Terrorismus und ein Gefühl der kulturellen Bedrohung verbunden wurde – dies war in allen europäischen Ländern und in den USA der Fall. Die Menschen sind allgemeiner betrachtet in Fragen der Religion gespalten: Genau die Hälfte der Weltbevölkerung ist nach unseren Umfragen der Auffassung, dass die Religion mehr Schaden anrichtet, als dass sie Gutes tut.

Sowohl bei Menschen innerhalb als auch bei jenen außerhalb jeder Einzelnen dieser beiden Identitätsgruppen sind Unwissen und Fehlwahrnehmungen reichlich vorhanden. Ein Großteil unserer Angst wird nicht nur durch das Unbekannte angefacht, sondern auch durch ein offensichtliches Missverstehen der Fakten. Aber selbstverständlich ist das alles gar nicht so einfach.

Immigration in der Vorstellung

Die Menschen zu bitten, den Anteil der Immigranten an der Bevölkerung eines Landes zu schätzen, ist eine der am häufigsten gestellten und analysierten Variationen von Fragen zu Fehlwahrnehmungen. Das immer wiederkehrende Muster über all diese Studien hinweg ist, dass die Befragten Prozentsätze angeben, die weit über den tatsächlichen Anteilen liegen (Abb. 4.1). Das trifft auf ganz Europa und die USA zu – doch die obersten Plätze in dieser Rangliste nahmen in unserer neuesten Studie Argentinien, Brasilien und Südafrika ein, in denen die Anzahl der Immigranten gewaltig überschätzt wurde. (Nur die Menschen in Israel und in Saudi-Arabien unterschätzten die Anzahl der Immigranten in ihrem Land.)

Die Befragten in den USA gaben an, dass 33 % ihrer Bevölkerung Immigranten seien, obwohl es tatsächlich nur 14 % sind. In Frankreich und Deutschland gab es identische Zahlen, sowohl was die Schätzungen betraf als auch was den tatsächlichen Anteil anging – man dachte, es seien 36 %, obwohl es tatsächlich nur 12 % waren.

Wie kommt es in den meisten Ländern in konsistenter Weise zu so hohen Schätzungen? Die am häufigsten angegebenen Erklärungen, die wir über die wissenschaftlichen und die anderen Studien hinweg finden können, sind solche, die uns bereits sehr vertraut sind: dass unsere Antworten auf emotionalen Reaktionen beruhen, die Ausdruck unserer Besorgnis sind, und dass sie teilweise auch durch eine verzerrte Darstellung in den Medien und in der politischen Diskussion beeinflusst werden [1].

4 Drinnen und draußen: Immigration und Religion

Frage. Welchen Anteil haben die Immigranten an der Bevölkerung in Ihrem Land?

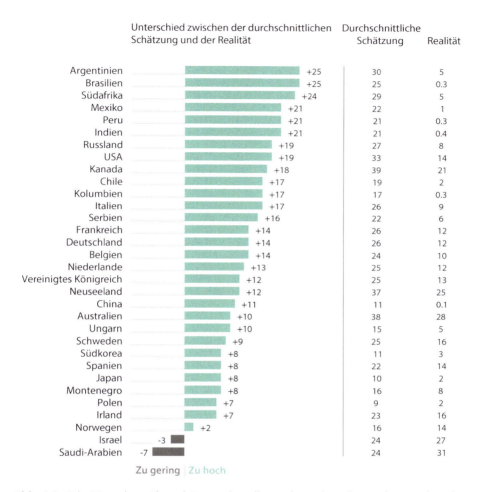

Abb. 4.1 Die Menschen überschätzten im Allgemeinen das Niveau der Immigration in ihrem Land

An lebhafte Anekdoten erinnern wir uns weitaus besser als an langweilige Statistiken. Und einige Geschichten sind für das menschliche Gehirn attraktiver als andere, vor allem diejenigen, die sich unsere Empfindlichkeit gegenüber Bedrohungen oder Gefahr zunutze machen – und genau so werden Diskussionen über Immigration in den Medien und der Politik oft formuliert.

Unsere Fehlwahrnehmungen sind wichtig, weil sie mit unseren umfassenderen Ansichten zur Immigration und mit unseren politischen Vorlieben zusammenhängen: Diejenigen, die das Ausmaß der Immigration überschätzen, neigen dazu, negative Ansichten über ihre Auswirkung zu haben; und es gibt einen eindeutigen Zusammenhang zwischen der Vorliebe für eine politische Partei und der eigenen Schätzung, welchen Anteil die Immigranten an der Bevölkerung ausmachen. Im Vereinigten Königreich schätzen die Anhänger der UKIP, einer Partei, die einen Großteil ihrer Botschaften um eine stärkere Kontrolle der Immigration herum aufbaut, den Anteil der Migranten auf etwa 25 %, während auf dem anderen Ende der Skala die Unterstützer von Parteien, die für die Immigration sind, wie die Liberaldemokraten und die SNP mit 16 % viel näher an der Realität sind. Dieses Muster wiederholt sich in allen anderen Ländern bei Anhängern von Parteien, die ausdrücklich gegen die Immigration sind, von der Front National in Frankreich bis zur Lega Nord in Italien, die die Immigration immer überschätzen. Internationale Studien über viele Länder hinweg zeigen auch, dass das Eintreten für eine Beschränkung der Immigration bei Menschen stärker ausgeprägt ist, die die Zahl der Immigranten überschätzen [2].

Fehlwahrnehmungen zur Immigration gingen weit über einfache Schätzungen im Hinblick darauf hinaus, wie viele Immigranten es gibt. Auch unser mentales Bild vom typischen „Immigranten" ist ziemlich falsch. Wenn wir im Vereinigten Königreich gefragt werden, was uns durch den Kopf geht, wenn wir an einen „Immigranten" denken, dann werden viel häufiger „Flüchtlinge" und „Asylsuchende" erwähnt, als dies tatsächlich in der Zusammensetzung der Gruppe der Immigranten zum Ausdruck kommt. Zum jetzigen Zeitpunkt machen im Vereinigten Königreich Flüchtlinge und Asylsuchende etwa 10 % des Bevölkerungsanteils der Immigranten aus. Doch wenn wir die Menschen fragten, was ihnen durch den Kopf geht (nicht nur wenn wir sie baten, die Zahl zu schätzen), lag der Anteil derjenigen, die in diesem Zusammenhang Flüchtlinge und Asylsuchende erwähnten, bei einem Drittel. Sie waren die am meisten erwähnte Art von Immigranten, mehr als diejenigen, die wegen Arbeit, Studium oder aus familiären Gründen gekommen waren – obwohl die Flüchtlinge die kleinste dieser vier Gruppen von Immigranten sind.

Hier handelt es sich um lebendige Bilder und emotionale Geschichten, an die sich die Menschen erinnern – sie verdrängen unser mentales Bild der viel größeren, aber weniger Aufmerksamkeit erheischenden Gruppen. Scott Blinder von der University of Oxford bezeichnet diese Art von Effekt als unsere „Immigration in der Vorstellung" [3].

Dies bringt uns zu einem weiteren, momentan diskutierten Aspekt unserer Fehlwahrnehmungen. Was geschieht, wenn man den Menschen von den wirklichen Zahlen erzählt, beispielsweise vom tatsächlichen Anteil, den die Immigranten an der Gesamtbevölkerung ausmachen? Ändert dies etwas an unseren Schätzungen oder an unseren politischen Vorlieben? Bei den Dutzenden von Gruppen, auf die wir uns konzentriert haben, haben wir über viele Länder hinweg die Einstellungen zur Immigration abgefragt; und auch in den groß angelegten Umfragen verteidigen die Menschen ihre Schätzungen. Wir haben sie in 14 Ländern gebeten, die Immigration zu schätzen, und haben denjenigen, die die tatsächliche Zahl in ihrem Land um mindestens 10 Prozentpunkte überschätzt hatten, eine Folgefrage gestellt (Abb. 4.2). Lassen Sie uns Italien als Beispiel heranziehen. Immigranten machen 9 % der italienischen Bevölkerung aus; deswegen teilten wir denjenigen, die 19 % und mehr geschätzt hatten, mit: „Ihre nationale Statistikbehörde sagt, dass die Immigration in Wirklichkeit nur 9 % beträgt. Doch Sie sagen, es seien viel mehr – warum sind Sie dieser Auffassung?"

Selbst nachdem man die Personen darauf hingewiesen hatte, dass die Zahlen viel kleiner waren, als sie geschätzt hatten, *beharrten* sie darauf, dass ihre Schätzung zutreffend sei. Als wir sie fragten, warum ihrer Meinung nach ihre Zahlen genauer seien als die Statistiken der Regierung, waren die beiden häufigsten Antworten: Die Zahlen der Regierung sind falsch, weil in

Die Menschen kommen illegal ins Land; deswegen werden sie nicht gezählt.	47%
Ich glaube dennoch, dass der Anteil viel höher ist.	45%
Es ist das, was ich in meinem lokalen Bereich sehe.	37%
Es ist das, was ich sehe, wenn ich andere Orte/Städte besuchen.	30%
Ich habe nur geraten.	26%
Informationen, die man im Fernsehen sehen kann.	11%
Die Erlebnisse von Freunden und Familie.	11%
Informationen, die man in Zeitungen lesen kann.	8%
Andere (bitte angeben).	3%
Ich weiß es nicht.	3%
Ich habe die Frage missverstanden.	2%

Abb. 4.2 Die Menschen dachten immer noch, dass ihre (unrichtigen) Schätzungen der Immigration richtig seien, selbst wenn man ihnen die korrekten Zahlen vorlegte. Wir fragten sie nach dem Grund dafür. Die oben aufgeführten Aussagen stellen die Hauptgründe, die angegeben wurden, kurz dar. Die Prozentsätze weisen den Anteil der Befragten hin, die die jeweilige Antwort gegeben hatten

ihnen die illegale Immigration nicht enthalten ist – oder „Ich glaube Ihnen einfach nicht".

Die Menschen haben in hoffnungsloser Weise unrecht, wenn sie meinen, dass ihre Schätzungen der illegalen Immigration irgendwo in der Nähe der Wirklichkeit liegen könnten. Selbst die vollmundigsten Schätzungen der illegalen Immigration ins Vereinigte Königreich (wie sie von einer Gruppe angegeben werden, die sich für eine stärkere Kontrolle der Immigration einsetzt) würden beispielsweise weniger als einen Prozentpunkt zusätzlich zum Anteil der Immigranten an der Bevölkerung ergeben [4].

Man hat schon seit langer Zeit zu überprüfen versucht, ob sich die Wahrnehmungen der Menschen ändern lassen, wenn man ihnen die Wahrheit über etwas sagt: Dies machte man sowohl im Bereich der Forschung als auch im Bereich von Kampagnen, aber die Resultate bleiben uneinheitlich und uneindeutig. Einige Studien belegen, dass es bei uns überhaupt keinen Einfluss auf die Wahrnehmungen hat, wenn man uns die korrekten Zahlen nennt, während sich mithilfe anderer Untersuchungen eine gewisse Einwirkung auf bestimmte Überzeugungen nachweisen lässt, aber nicht auf andere [5]. Und einige belegen deutlichere Veränderungen. Bei einem hoffnungsvolleren neueren Beispiel aus einer Studie in 13 Ländern teilten die Forscher die Gruppe der Befragten in zwei Gruppen auf [6]. Einer Hälfte nannten sie einige Fakten zum tatsächlichen Immigrationsniveau, und der anderen Hälfte sagten sie nichts. Diejenigen, denen man korrekte Informationen vorgelegt hatte, sagten mit geringerer Wahrscheinlichkeit, dass es zu viele Immigranten gäbe. Andererseits jedoch veränderten sie ihre politischen Vorlieben nicht: Sie waren nicht in stärkerem Maße bereit, dafür einzutreten, dass die illegale Immigration erleichtert wird. Als die Forscher dieselbe Gruppe vier Wochen später noch einmal aufsuchten, waren die Informationen größtenteils noch vorhanden – aber auch die politischen Vorlieben. Dies passt zu den schon seit Langem bekannten Theorien, dass Fakten darum kämpfen, eine Schneise in unsere Überzeugungen zu den Parteien oder in unseren „Wahrnehmungsschutzschirm" zu treiben, wie dies Angus Campbell und seine Mitarbeiter in ihrem klassischen Buch *The American Voter* schon im Jahr 1960 skizziert haben [7].

Allgemeiner zeigen die Befunde aus Überblicksartikeln über umfassendere Politikbereiche, dass sich normalerweise bei einer von vier Studien ein signifikanter Einfluss auf unsere Überzeugungen nachweisen lässt, wenn man jemandem tatsächlich die Wahrheit sagt [8]. Hier handelt es sich um eine wesentliche Schlussfolgerung und um ein Argument, das man hervorheben sollte: Die Menschen verändern ihre Ansichten im Allgemeinen nicht so leicht, doch einige machen dies unter bestimmten Umständen, und Tatsachen können immer noch dazu beitragen, dies zu erreichen. Der zentrale Punkt ist, dass Tatsachen weiterhin wichtig sind. Aber sie sind nicht immer vollends effektiv, um unsere Ansichten zu verändern, und sie sind für sich genommen weit davon entfernt, alles zu erklären.

Bei einer anderen sehr lebendigen Debatte darüber, dass man Fakten einsetzt, um Menschen zu „überzeugen", geht es darum, ob die Konfrontation von Menschen mit korrekten Fakten tatsächlich dazu führen kann, dass „die Sache nach hinten losgeht". In einigen Studien wurde darauf hingewiesen, dass die Korrektur von Fehlwahrnehmungen tatsächlich zu Folgendem führen kann: Die Menschen behalten eine unrichtige Auffassung bei, die zu ihren ideologischen Ansichten passt. Als man einigen Personen faktische Informationen darüber vorlegte, dass im Irak keine Massenvernichtungswaffen vorhanden waren, festigte sich ihre Überzeugung, dass derartige Waffen tatsächlich gefunden worden sind. Dies hat sich auch bei anderen Themen bestätigt, beginnend mit der Frage, ob Impfstoffe für Kinder sicher sind, bis zum vom Menschen gemachten Klimawandel [9]. In jedem Fall verfestigten sich die Fehlwahrnehmungen bei vielen von denjenigen, die zur gegenteiligen Ansicht neigten, durch Belege für die der Wahrheit entsprechenden Position.

Bedeutsame neuere Forschungsarbeiten haben jedoch infrage gestellt, ob dieses Risiko, dass „die Sache nach hinten losgeht", so groß ist, wie wir vielleicht meinen. Thomas Wood von der Ohio State University und Ethan Porter von der George Washington University beschäftigten sich in einer Experimentalreihe mit 36 unterschiedlichen Themen und konnten keine akzeptablen Belege dafür finden, dass die Menschen tatsächlich auf die korrekte faktische Information reagierten, indem ihnen klarer geworden war, dass sie einen Fehler gemacht hatten [10]. Damit soll wirklich nicht gesagt werden, dass die Menschen nicht weiterhin mit größerer Wahrscheinlichkeit an Fakten glaubten, die zu ihrer Sicht der Welt passten – das machten sie klar und eindeutig. Tatsächlich belegt die Studie eine sehr signifikante Parteinahme für Überzeugungen im Hinblick auf alles, von Veränderungen in Bezug auf Abtreibungsraten bis zur Kriminalität unter Immigranten. Es ist nur so, dass die Menschen nicht aktiv gegen die richtigen Informationen angingen: Diese machten es nicht schlimmer.

In Bezug auf das, was wir dazu beobachtet haben, wie Menschen denken, ist dies sowohl ermutigend als auch glaubwürdig. Ebenso wie wir nicht versuchen sollten, die Auffassungen von Menschen zu verändern, indem wir mit Daten auf sie einprügeln, die besagen, dass sie nicht recht haben, sollten wir nicht zögern, Fakten einzusetzen. Wir sollten die Betreffenden mit

Geschichten und Erklärungen für etwas einnehmen, aber Fakten sollten ein Bestandteil dieses Rezepts sein.

Selbstverständlich sollten wir auch vereinfachende Interpretationen dessen vermeiden, was die Menschen über eine so große und diverse Gruppe wie Immigranten denken: Es gibt eine viel größere Nuanciertheit und Widersprüchlichkeit in der öffentlichen Wahrnehmung, als dies manchmal vermittelt wird. Wir können dies an der bemerkenswerten Tatsache erkennen, dass viele von denselben Befragten in derselben Umfrage den beiden folgenden Aussagen zustimmen werden: „Immigranten nehmen der einheimischen Bevölkerung Jobs weg" und „Immigranten schaffen dadurch Jobs, dass sie Geschäfte eröffnen". Versuchen Sie es selbst einmal – stellen Sie sich beide Fragen, und die Chance ist groß, dass einige von Ihnen beidem zustimmen werden, weil die Art und Weise, wie die Fragen formuliert wurden, die Menschen zu unterschiedlichen mentalen Bildern veranlasst, obwohl sie offenkundig zur selben Bevölkerungsgruppe befragt werden.

Beides *ist* zumindest in einem bestimmten Grade und in speziellen Fällen richtig. Es gibt eine ziemlich einseitige Debatte darüber, ob die Immigranten zusammengenommen der einheimischen Bevölkerung Jobs wegnehmen, wobei nahezu alle Wirtschaftswissenschaftler anderer Meinung sind – die Auffassung, dass es eine „feste Menge von Arbeit" gibt, ist in der Tat ein Denkfehler. Im Hinblick auf den Arbeitsmarkt gibt es kein Nullsummenspiel – also ist die Theorie nicht richtig, dass der Gewinn einer Person ein Verlust bei einer anderen bedeutet. Immigration erzeugt insgesamt Jobs, und wenn ein Immigrant einen Job übernimmt, ist es einfach nicht so, dass im Land ein Job weniger zur Verfügung steht. Es gibt jedoch Belege für die Ersetzung von Arbeitern in bestimmten Sektoren (vor allem in weniger qualifizierten Bereichen) – einige Personen können gerechtfertigterweise das Gefühl haben, ihre Stelle sei ihnen weggenommen worden [11]. Dies ist eine der zentralen Fragen bei den wirtschaftswissenschaftlichen Argumenten im Zusammenhang mit dem Nutzen von Immigration und warum dieser die Menschen kalt lässt. Es trifft zu, dass Immigration auf einem nationalen Makroniveau der Wirtschaft mehr einbringt, als sie etwas aus ihr entnimmt. Aber die Menschen sehen die landesweiten Auswirkungen nicht – das erhöhte Steueraufkommen oder die erhöhten Geldausgaben der Konsumenten. Die Menschen leben in ihren lokalen Mikrogemeinschaften, in denen sie einen individuellen Wettbewerb um Jobs beobachten und mehr Menschen sehen, die im Wartezimmer eines Arztes sitzen oder vor ihnen bei der Bewerbung um eine Sozialwohnung in der Schlange stehen.

4 Drinnen und draußen: Immigration und Religion

Selbstverständlich spielen die politischen Diskussionen in den Medien eindeutig eine Rolle dabei, diese negativen Bilder aufzubauen. Doch es ist wirklich der falsche Ansatz, die Besorgnisse im Zusammenhang mit der Immigration vollständig als einen Medieneffekt abzutun; und dies zeigen unsere historischen Daten für das Vereinigte Königreich.

Die Besorgnisse im Zusammenhang mit der Immigration waren über die Achtziger- und Neunzigerjahre hinweg recht gering. Aber dann stieg die Nettomigration ins Vereinigte Königreich während der späten Neunzigerjahre mit der Erweiterung der Europäischen Union signifikant an. Wie Abb. 4.3 zeigt, handelt es sich um eine klare Folge dieser Ereignisse. Zunächst gehen die Zahlen für die Migration nach oben. Die Medien bemerken dies eine Weile lang nicht, es gibt eine Verzögerung, bevor die Erwähnung der Migration in den Nachrichten zunimmt. Dann steigt das Niveau der Besorgnis in der Öffentlichkeit an. Die Behandlung in den Medien war ein Transmissionsmechanismus für eine Realität, die bereits eingetreten war. Die Medien haben die steil nach oben gehenden Zahlen für die Nettomigration nicht *erzeugt*, auch wenn Teile der Medien die Ängste in einer Weise angefacht haben, die weit über das hinausging, was sich rechtfertigen ließe. Die Datenauswertung von Ipsos in Italien zeigt ein recht ähnliches Muster für den Zusammenhang zwischen der Anzahl der

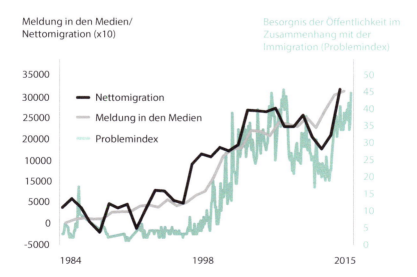

Abb. 4.3 Der Zusammenhang zwischen den Besorgnissen der Öffentlichkeit im Zusammenhang mit der Immigration, der Nettomigration und der Behandlung des Themas in den Medien: Die Immigrationszahlen steigen vor der Meldung in den Medien und dann der öffentlichen Bekanntgabe an

Flüchtlinge, die im Land ankamen, der Behandlung in den Medien und den Besorgnissen [12].

Wenn die Medien nicht der einzige Faktor beim Entstehen von Besorgnissen im Hinblick auf Immigration sind, ist die Auswahl der Medienquellen durch die Menschen ein wirklich ausgezeichneter Prädiktor dafür, wie besorgt sie sein werden. Wie Abb. 4.4 zeigt, dachten im Vereinigten Königreich etwa 55 % der Leser der *Daily Mail* (einer rechtslastigen Zeitung), dass die Immigration eine der wichtigsten Fragen sei, mit denen Großbritannien im Jahr 2014 konfrontiert ist, verglichen mit nur 15 % der liberaleren Leser des *Guardian*. Hier handelt es sich um einen der am stärksten differenzierenden Faktoren, die wir finden können – obwohl dies natürlich nicht bedeutet, dass Ihre Zeitungslektüre die Ursache Ihrer Ansichten ist; denn die Menschen wählen sich Medien aus, die zum Ausdruck bringen, was sie bereits denken. Es ist nicht möglich, hier Ursache und Wirkung vollständig voneinander zu trennen. Aber es scheint sinnvoll zu sein, anzunehmen, dass es in diesem Zusammenhang Elemente von beidem gibt.

Es gibt zwei wichtige Punkte, die man hier zur Kenntnis nehmen sollte. Erstens: Für die Leser der *Daily Mail* war die Immigration kein Grund zur Besorgnis, als das Niveau der Immigration noch gering war: Die Leser sind, was Immigranten angeht, sicher nicht mit Schaum vor dem Mund auf die

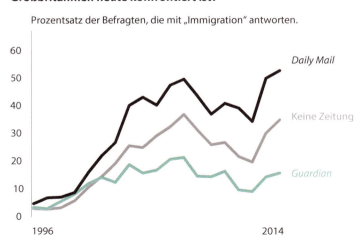

Abb. 4.4 Die Einstellungen zur Immigration waren je nach der Vorliebe der Befragten für bestimmte Medien sehr unterschiedlich

Welt gekommen. Zu der explosiven Entwicklung, durch die die Ansichten immer weiter auseinanderklafften, kam es erst, nachdem die Immigration zugenommen hatte. Zweitens: Die Leser des *Guardian* sind in der einen Richtung so weit entfernt vom Durchschnitt wie die Leser der *Mail* in der anderen Richtung.

Einer der Einflussfaktoren auf die Sorgen über die Immigration, die manchmal von Teilen der Medien geschürt werden, ist die Wahrnehmung, dass Immigranten mehr Straftaten begehen als andere Gruppen. Die tatsächliche Befundlage ist jedoch kompliziert und uneinheitlich.

Gefängnisinsassen und Immigranten

In einem Überblicksartikel aus dem Vereinigten Königreich fand man keinen Zusammenhang zwischen Gewaltkriminalität und Immigration, einen schwachen Zusammenhang zwischen dem Bevölkerungsanteil von Asylsuchenden und der Zunahme von Eigentumskriminalität, aber eine Abnahme der Eigentumskriminalität im Zusammenhang mit einer umfassenderen Immigration [13]. Bei Untersuchungen in Italien fand man heraus, dass es alles in allem keinen Effekt von Immigranten auf Gewaltkriminalität oder Eigentumskriminalität gab. Eine US-Studie hat gezeigt, dass keine Belege für einen Kausalzusammenhang zwischen Immigranten und Gewaltkriminalität vorliegen, auch wenn sie darauf verweist, dass es einen signifikanten Zusammenhang mit Eigentumsdelikten gibt [14]. Es lässt sich leicht nachvollziehen, warum es sich um eine komplexe Angelegenheit handelt. Denn Kriminalitätsraten hängen stark mit anderen Faktoren zusammen, vor allem mit Armut. Und angesichts der Tatsache, dass die Migranten in der Regel ärmer sind, wird es schwierig sein, Ursache und Wirkung voneinander zu trennen. Kriminalitätsraten verändern sich auch ständig wegen anderer Faktoren, angefangen mit wirtschaftlichen Bedingungen bis hin zu technologischen Fortschritten. Die meisten Überblicksartikel kommen zu der Schlussfolgerung, dass es einen schwachen Zusammenhang gibt und dass sich die Kriminalität, wenn überhaupt, mit erhöhter Immigration verringert. Es gibt auch in einer Reihe von Ländern, einschließlich den USA, klare Belege dafür, dass Immigranten selbst mit geringerer Wahrscheinlichkeit Straftaten begehen.

Bei vielen Menschen ist jedoch sicherlich die Wahrnehmung stark verbreitet, dass kriminelles Verhalten unter Immigranten häufiger vorkommt. Wenn wir Menschen fragen, warum sie wollen, dass die Immigration eingeschränkt wird, ist die Kriminalität nicht das zentrale Thema, aber sie ist schon einer der Gründe, die häufig dafür angegeben werden. Der Zusammenhang mit der terroristischen Bedrohung wird besonders in einem Teil der Öffentlichkeit angeführt. Allgemeine Befragungen zeigen Folgendes: 60 % der Menschen glauben, dass die Terroristen vorgeben, Flüchtlinge zu sein, um ins Land zu kommen; in Frankreich meinen das sogar 70 % und in Deutschland und Italien 80 %.

Kommt also diese Fehlwahrnehmung darin zum Ausdruck, dass der Anteil der Immigranten überschätzt wird, die Gefängnisinsassen sind? Ja, das ist so. Nahezu in jedem Land glaubt man, dass die Immigranten einen weitaus größeren Anteil an der Population der Gefängnisinsassen haben, als es tatsächlich der Fall ist: Wir stellten diese Frage in 37 Ländern, und die durchschnittliche Schätzung war, dass 30 % der Gefängnisinsassen Immigranten sind, obwohl der tatsächliche Prozentsatz nur halb so groß ist; er liegt bei 15 %.

Am wenigsten treffsicher war man in den Niederlanden, wo man schätzte, dass die Hälfte der Population der Gefängnisinsassen Immigranten seien, obwohl der tatsächliche Anteil nur 20 % beträgt. Es mag ein ganz besonderes und ungewöhnliches Muster geben, das einen gewissen Teil dieser Fehlwahrnehmung erklärt. Hier kann es sich um den Erfolg des Strafvollzugssystems in den Niederlanden handeln, die tatsächlich Kapazitätsüberschüsse in den Gefängnissen haben. Das ist ein sehr ungewöhnlicher Gedanke für jemanden, der im Vereinigten Königreich wohnt, wo die Überbelegung der Gefängnisse besonders besorgniserregend ist. Die Niederlande haben Gefängnisse geschlossen, aber man hat auch Gefängnisinsassen aus Norwegen importiert. Dies führte zu einer landesweiten Diskussion in den Niederlanden und kann zum Teil der Grund für die Überschätzung sein – es hat also weniger mit Angst vor Immigranten als mit dem Erfolg des Strafvollzugssystems zu tun.

Viele andere Länder, die sicherlich nicht die Kapazitäten für ein erfolgreiches Geschäft mit dem Import von Gefängnisinsassen haben, waren ebenfalls weit davon entfernt – beispielsweise Südafrika, Frankreich und die USA. Es ist wahrscheinlich auch kein Zufall, dass diese Länder oft ganz oben auf der Liste stehen, was die Besorgnis über Immigration und die Überschätzung der Immigrantenanteils an der Bevölkerung insgesamt angeht.

Wie bei vielen anderen Fragen ist es lohnenswert, darüber nachzudenken, wie unglaublich vielfältig die Realität in unterschiedlichen Ländern auf der ganzen Welt ist. Gehen wir auf drei Beispiele mit einer ähnlichen Immigrantenpopulation ein: Belgien hat eine tatsächliche Immigrantenpopulation von 10 %. Im Vereinigten Königreich sind es 13 % und in den

USA 14 %. Aber der Anteil der Immigranten an den Gefängnisinsassen ist in jedem einzelnen Land sehr unterschiedlich. In Belgien ist der Anteil der Immigranten an der Gefängnispopulation mit 45 % wesentlich höher als ihr Anteil an der Bevölkerung. Im Vereinigten Königreich sind die Zahlen mit 12 % in etwa gleich, und in den USA liegen sie mit 5 % weit darunter.

Insofern haben die Immigranten in Belgien einen neunmal so hohen Anteil an der Gefängnispopulation wie in den USA, obwohl sie einen leicht geringeren Anteil an der Gesamtbevölkerung haben. Die Gründe für diese großen Variationen werden in einem komplexen Netz aus historischen, kulturellen und wirtschaftlichen Faktoren zu suchen sein, die Ausdruck der unterschiedlichen Art der Immigration in diesen beiden Ländern ist. Belgische Gefängnisse sind in den Mittelpunkt einer besonderen Besorgnis über islamische Radikalisierung gerückt, wobei 24 % der Gefängnispopulation Muslime sind, obwohl Muslime nur 6 % der Bevölkerung ausmachen. Die Gefängnispopulation in den USA wird zum anderen durch im Land geborene Afroamerikaner dominiert: Etwa 40 % der Gefängnisinsassen in den USA sind schwarz, obwohl sie nur 13 % der erwachsenen Bevölkerung ausmachen.

Aber unser Hauptthema ist das folgende: Warum neigt man in den meisten Ländern dazu, den Anteil der Gefängnisinsassen, die Immigranten sind, signifikant zu überschätzen, zumindest bei diesen groben Schätzungen. Wir können verstehen, warum hier die Medien und die politische Rhetorik vielleicht eine Rolle spielen, vor allem weil Kriminalität und Immigration individuell einen Nerv treffen und stärker noch, wenn man sie zusammen betrachtet. Nehmen Sie zum Beispiel die folgende Überschrift aus der britischen *Daily Mail* im Jahre 2012:

> Warnung vor einer „Kriminalitätswelle durch Immigranten": Ausländische Staatsangehörige waren bei einem VIERTEL aller Straftaten in London die Angeklagten [15]

Hier handelt es sich nicht um „Fake News"; die Zahlen sind korrekt und den Statistiken der Metropolitan Police über die Nationalität derjenigen entnommen, gegen die man gerichtlich vorgegangen war, entweder als Beschuldigte oder als Angeklagte, mit Geldstrafe oder mit Verwarnung. Nach dieser Überschrift, die die Aufmerksamkeit auf sich lenken sollte, folgte nach ein paar Sätzen die kurze Beschreibung einer Fallstudie von einem besonders schrecklichen Verbrechen, das von Immigranten begangen worden war. Nirgendwo im Artikel wurde jedoch die Tatsache erwähnt, dass

Ausländer etwa 40 % der Bevölkerung Londons ausmachen und deswegen in dieser Kriminalitätsstatistik signifikant unterrepräsentiert sind.

Psychische Zustände beim Thema Islam

„Wie viele von 100 Menschen in Ihrem Land sind Muslime?" Nachdem Sie nun bereits mit den Mustern in früher erhobenen Daten vertraut sind, sind Sie wahrscheinlich schon darin geschult, mit geringen Erwartungen an diese Art von Fragen heranzugehen. Das war bei der Öffentlichkeit aber nicht der Fall. Wiederum wurde in nahezu jedem Land massiv überschätzt, welcher Anteil der Bevölkerung des Landes aus Muslimen besteht. Nur in mehrheitlich muslimischen Ländern wie in Indonesien und in der Türkei wurden die Zahlen unterschätzt (Abb. 4.5).

Und da gab es einige wirklich irrsinnige Schätzungen. Frankreich ragt durch seine mittlere Schätzung heraus, dass 31 % aller Franzosen Muslime sind, verglichen mit der tatsächlichen Zahl von 7,5 %. Diese Zahl beruht auf einer Schätzung des Pew Research Center und nicht auf einer amtlichen Erhebung oder Zahlen aus Regierungsstatistiken. Denn in Frankreich ist es bei amtlichen Erhebungen nicht erlaubt, Fragen zur Religion zu stellen. Das könnte in diesem Land zum Teil die Kluft in der Wahrnehmung erklären: nicht dass die tatsächlichen Zahlen falsch sind, sondern dass der Mangel an Diskussionen über den Anteil bestimmter Religionsgruppen an der Bevölkerung zu Unsicherheit und zu Fehlwahrnehmungen beitragen könnte.

Zusätzlich zu dieser statischen Sicht auf muslimische Bevölkerungsgruppen wollten wir ein Gefühl dafür bekommen, was die Menschen meinten, wie sich ihr Bevölkerungsanteil verändert. Denn bei einem Großteil der Rhetorik geht es um die Geschwindigkeit des Wachstums, um das Gefühl, wie sehr Länder einer „Islamifizierung" ausgesetzt sind – zum Teil durch die bloße Höhe der ansteigenden Zahlen.

Deshalb gingen wir einen Schritt weiter und baten die Menschen, die Zahlen für 2020 hochzurechnen und uns zu sagen, wie groß ihrer Meinung nach der muslimische Bevölkerungsanteil dann sein würde. Es ist wichtig, festzuhalten, dass 2020 die zeitliche Distanz nur vier Jahre betrug, als wir 2016 diese Frage stellten – wir baten sie nicht um eine Vorhersage für irgendeine ferne Zukunft. Aber es ist kaum vorstellbar, welches Ausmaß der Veränderung die Befragten angesichts eines relativ nahen Zeithorizontes erwarteten (Abb. 4.6).

Wenn man erneut Frankreich als das extremste Beispiel heranzieht, ist die aktuelle Vorhersage von Pew, dass der muslimische Bevölkerungsanteil von

4 Drinnen und draußen: Immigration und Religion

Frage: Ungefähr wie viel Prozent in Ihrem Land sind Muslime?

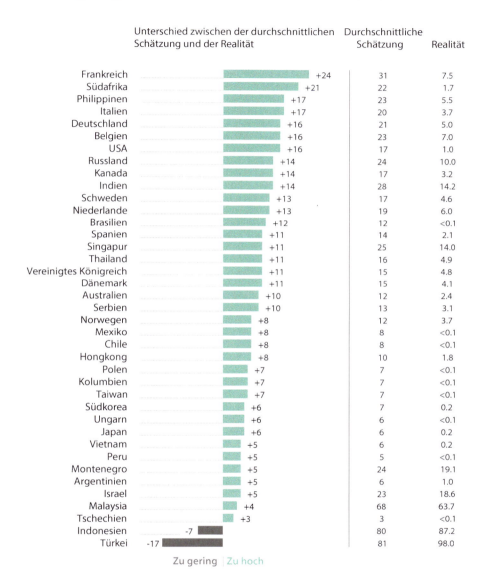

	Unterschied zwischen der durchschnittlichen Schätzung und der Realität	Durchschnittliche Schätzung	Realität
Frankreich	+24	31	7.5
Südafrika	+21	22	1.7
Philippinen	+17	23	5.5
Italien	+17	20	3.7
Deutschland	+16	21	5.0
Belgien	+16	23	7.0
USA	+16	17	1.0
Russland	+14	24	10.0
Kanada	+14	17	3.2
Indien	+14	28	14.2
Schweden	+13	17	4.6
Niederlande	+13	19	6.0
Brasilien	+12	12	<0.1
Spanien	+11	14	2.1
Singapur	+11	25	14.0
Thailand	+11	16	4.9
Vereinigtes Königreich	+11	15	4.8
Dänemark	+11	15	4.1
Australien	+10	12	2.4
Serbien	+10	13	3.1
Norwegen	+8	12	3.7
Mexiko	+8	8	<0.1
Chile	+8	8	<0.1
Hongkong	+8	10	1.8
Polen	+7	7	<0.1
Kolumbien	+7	7	<0.1
Taiwan	+7	7	<0.1
Südkorea	+6	7	0.2
Ungarn	+6	6	<0.1
Japan	+6	6	0.2
Vietnam	+5	6	0.2
Peru	+5	5	<0.1
Montenegro	+5	24	19.1
Argentinien	+5	6	1.0
Israel	+5	23	18.6
Malaysia	+4	68	63.7
Tschechien	+3	3	<0.1
Indonesien	-7	80	87.2
Türkei	-17	81	98.0

Zu gering | Zu hoch

Abb. 4.5 In nahezu allen Ländern wurde der muslimische Bevölkerungsanteil überschätzt

Frage: Was glauben Sie, wie viele Muslime werden im Jahr 2020 unter 100 Menschen in Ihrem Land sein?

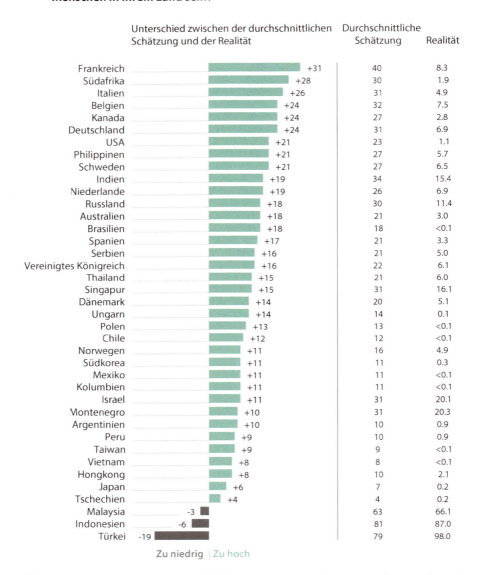

Abb. 4.6 In nahezu jedem Land dachten die Menschen, dass der muslimische Bevölkerungsanteil bei ihnen viel stärker anwachsen würde

7,5 auf 8,3 % ansteigen wird: ein ziemlich schnelles Wachstum in der Welt der Bevölkerungsveränderung (es handelt sich um eine Wachstumsrate von 11 %, und dies würde etwa 500.000 zusätzliche Muslime in nur vier Jahren bedeuten). Aber die französische Öffentlichkeit dachte, dass der Anteil von 31 % auf 40 % anwachsen würde. Im Durchschnitt dachte man, dass im Jahr 2020 vier von zehn Franzosen Muslime sein würden. Das ist so, als würde man sagen: Jeder erwachsene Mann in Frankreich wird ein Muslim sein. Und das entspricht einer Wachstumsrate von 29 % und ist also nahezu dreimal so viel, wie es aufgrund der realen Zahlen vorhergesagt wird.

Obwohl die Franzosen besonders hervorstachen, waren sie damit wirklich nicht alleine. Italien, Deutschland, Belgien und die USA, sie alle erwarteten Wachstumsraten, die weit über den realistischen Schätzungen lagen. In der Tat wurde dies wieder einmal in nahezu allen Ländern überschätzt.

Natürlich müssen wir zugeben, dass es sich hier nicht um eine Frage handelt, die von anderen Fragen unabhängig ist. Wir hatten unseren Befragten bereits unmittelbar vorher die Frage gestellt, wie groß ihrer Meinung nach der momentane Bevölkerungsanteil der Muslime sei, und in gewisser Weise hatten sie sich damit bereits selbst einen „Anker" gesetzt.

Nach den Forschungsarbeiten der Psychologen Kahneman und Tversky werden wir durch zuvor dargebotene Informationen beeinflusst. Und das kann eine große Wirkung auf uns haben, auch wenn diese Informationen irrelevant sind. Dies wurde in einem berühmten Experiment gezeigt, in dem die Forscher die Teilnehmer baten, den Prozentanteil der afrikanischen Länder an den Vereinten Nationen zu schätzen [16]. Bevor die Personen die Schätzung abgaben, wurde in ihrer Gegenwart durch Drehen eines „Glücksrads" ein Startwert zwischen 0 und 100 ausgewählt, wobei das Rad so gezinkt war, dass es nur entweder bei 10 oder bei 65 anhielt. Die Teilnehmer wurden dann gebeten, anzugeben, ob sie der Meinung seien, dass der Wert zu hoch oder zu gering sei; sie gaben ihre Schätzung ab, indem sie den Zeiger nach oben oder nach unten bewegten. Es gab einen deutlichen Effekt auf die Schätzungen – abhängig davon, was der vollständig willkürliche Startpunkt war. Wenn das Rad bei 10 anhielt, betrug die Schätzung der Teilnehmer im Median 22 %; und wenn es bei 65 stoppte, betrug die Schätzung im Median 45 %. Selbst wenn man eine Belohnung für Genauigkeit anbot, verringerte sich dieser Ankereffekt nicht.

Dan Ariely, ein Professor für Psychologie und Verhaltensökonomie an der Duke University, beschäftigte sich zusammen mit seinen Kollegen George Loewenstein und Drazen Prelec mit einem ähnlichen Effekt, den er als „willkürliche Kohärenz" bezeichnete. Dazu wiesen sie nach, dass der Geldbetrag, den Studierende bereit waren, für eine Reihe von Artikeln zu bezahlen – von Wein bis zu kabellosen Tastaturen und Schokoladenpackungen –, von den letzten beiden Ziffern der Nummer ihrer Sozialversicherung beeinflusst war, wenn man die Studierenden vor der Auktion im Vorlesungssaal gebeten hatte, sie niederzuschreiben. Diejenigen mit großen Ziffern zahlten mehr, und diejenigen mit geringen Ziffern zahlten weniger. Wenn zwei völlig zufällige Ziffern einen Einfluss darauf haben, was wir bereit sind, für einen Wein zu zahlen, dann verwundert es nicht, dass unsere eigenen Schätzungen einen festen Anker darstellen [17].

Natürlich brauchen wir bei unserer Frage nach dem künftigen Bevölkerungsanteil der Muslime einen Hinweis darauf, in welche Richtung ausgehend vom Ausgangswert wir unsere Schätzung anpassen sollen. Dies mag von unserer persönlichen Erfahrung beeinflusst sein, dass wir mehr Muslime in unserem Land bemerkt haben – der muslimische Bevölkerungsanteil steigt in vielen Ländern tatsächlich, aber nicht so stark, wie wir meinen.

Ebenso wie bei der Immigration im Allgemeinen kann hier auch die Behandlung in den Medien eine Rolle spielen, sowohl was das Ausmaß angeht als auch was die Sichtweise auf das betrifft, was uns gezeigt wird. Insbesondere wird das, was wir im Westen in den Medien über muslimische Bevölkerungsgruppen zu sehen bekommen, durch die negative Berichterstattung gewichtet. Wissenschaftliche Studien sowohl aus dem Vereinigten Königreich als auch aus den USA zeigen, dass 80 bis 90 % der Berichterstattung eine negative Sichtweise oder einen negativen Unterton aufwies[18]. Es wird sehr wenig über das normale Leben von Muslimen berichtet und über ihren positiven Einfluss auf lokale Gemeinschaften und auf das Land. Das ist überhaupt nicht überraschend, weil wir die lebendigen Anekdoten geliefert bekommen, die wir haben wollen; und negative Informationen ziehen unsere Aufmerksamkeit stärker an sich und lassen sie länger bestehen als positive Informationen. Dies ist eine Folge unserer evolutionären Vergangenheit, in der negative Informationen oft mehr Dringlichkeit hatten oder sogar lebensbedrohlich waren, sodass wir auf sie reagieren mussten: Wenn wir von den anderen Höhlenbewohnern gewarnt wurden, dass ein Säbelzahntiger in der Gegend herumschlich, mussten wir hinhören (und diejenigen, die das nicht taten, sind aus unserem Genpool verschwunden).

Unser Gehirn geht mit negativen Informationen anders um und speichert sie so, dass sie leichter abrufbar und leichter zugänglich sind. Geld zu verlieren, von Freunden verlassen zu werden und kritisiert zu werden, das alles hat einen größeren emotionalen Einfluss auf uns, als Geld zu erhalten, Freundschaft zu schließen oder Lob zu bekommen. Dies geht auf die

Grundlagen der Funktionsweise unseres Gehirns zurück. In einem Experiment zeigte der soziale Neurowissenschaftler John Cacioppo Menschen Bilder, von denen man weiß, dass sie positive Gefühle erzeugen, wie eine Pizza oder Ferraris, und auch solche, die negative Gefühle erregen, wie ein verschandeltes Gesicht oder eine tote Katze; und er zeichnete die elektrische Aktivität im Gehirn auf [19]. Er fand heraus, dass das Gehirn tatsächlich stärker auf negative Bilder reagiert. Weitere Studien anderer Wissenschaftler haben mithilfe der Magnetresonanztomografie bestätigt, dass negative Bilder mit einer anderen Intensität in anderen Teilen des Gehirns verarbeitet werden [20].

Dazu eine Nebenbemerkung: Weil die Gewichtung positiver und negativer Informationen durch uns unausgewogen ist, brauchen wir in erfolgreichen persönlichen Beziehungen mehr positive als negative Signale: 50 zu 50 funktioniert nicht. Das gilt aber auch für eine vollkommen positive Einstellung, die die ganze Zeit über andauert – nach der anfänglichen Zeit der Flitterwochen würde dies die meisten Menschen in den Wahnsinn treiben. Und tatsächlich haben Forscher zeigen können, dass das perfekte Verhältnis, das man in einer Partnerschaft braucht, um glücklich miteinander zu sein, 5 zu 1 beträgt – fünfmal so viele positive Gefühle und Interaktionen wie negative (ich muss an mehr Abenden mit meiner Frau ausgehen) [21].

Wir haben im Vereinigten Königreich eine Studie durchgeführt, an der wir auf einfache Weise unsere übermäßige Gewichtung des Negativen demonstrieren können. Wir baten die Teilnehmer, sich vorzustellen, dass sie eine lebensbedrohliche Krankheit hätten (das ist eine weitere unserer aufheiternden Studien) und dass Ihr Arzt ihnen mitgeteilt hätte, es sei eine Operation notwendig, um die Krankheit zu behandeln. Wir fragten die Teilnehmer dann, wie wahrscheinlich es sei, dass sie sich unter zwei Szenarien für die Operationen entscheiden würden. Das war die Stelle, an der wir die Stichprobe in zwei Hälften aufgespalten haben. Einer Hälfte sagten wir, dass ihr sehr offen mit ihnen redender Arzt ihnen erzählt hätte, dass 10 % der Patienten, bei denen die Operation gemacht worden wäre, innerhalb von fünf Jahren tot sein würden. Der anderen Hälfte der Stichprobe wurde mitgeteilt, dass 90 % fünf Jahre nach der Operation noch am Leben wären [22].

Diese beiden Aussagen waren vom statistischen Standpunkt aus völlig identisch, obwohl die Informationen auf unterschiedliche Weise dargestellt wurden: Bei einer Darstellung konzentrierte man sich auf das Positive und bei der anderen auf das Negative. 65 % der Stichprobe, der man mitgeteilt hatte, „90 % wären noch am Leben", sagten, sie würden sehr wahrscheinlich die Operation machen lassen, aber nur 39 % der Hälfte der Befragten, denen man gesagt hatte, „10 % würden tot sein". Der Fokus auf dem Tod ließ einige eine Pause einlegen, bevor sie ihre Antwort von „weiß nicht" zu „nein" änderten. Hier handelt es sich um genau das, was man aufgrund der Theorien erwarten würde: Unsere instinktive Reaktion ist, dass wir einer Sache mehr Aufmerksamkeit widmen müssen, wenn eine klare Bedrohung vorliegt.

Wir können daraus ablesen, wie wichtig es ist, was genau wir den Menschen sagen. Die negative Rahmung derselben Realität kann Anlass geben zu ganz anderen gedanklichen Prozessen; und dies lässt sich in gleicher Weise darauf anwenden, auf welche Weise wir soziale Realitäten oder ganze Gemeinschaften sehen, wie auf unsere eigenen Entscheidungen. Wir müssen uns jeglicher Stereotypisierung, die wir selbst machen, bewusst sein und dessen, wie sehr wir uns eher auf unmittelbare und leichter erinnerbare negative Informationen verlassen als auf eine faire Darstellung des Problems oder der Entscheidung.

Alles nur in unserem Kopf?

Es gibt eine weitere verblüffende mögliche Erklärung für viele der offensichtlichen Fehlwahrnehmungen, mit denen wir uns bisher beschäftigt haben; und die lässt sich aus dem Forschungsgebiet der „Psychophysik" ableiten. Bevor wir damit begannen, weltweit Fehlwahrnehmungen zu untersuchen, hatte ich noch nie etwas von der Psychophysik gehört – und Sie wahrscheinlich auch nicht. Ich schäme mich, sagen zu müssen, dass das Bild, das mir durch den Kopf schoss, das von verrückten Wissenschaftlern war, die Furcht einflößende, subatomare Experimente laufen ließen. Weit gefehlt, Psychophysiker erkunden und erfassen unsere psychische Reaktion auf physikalische Reize – wie wir also etwas wie Licht und Hitze wahrnehmen.

Die Psychophysik geht auf die wissenschaftlichen Untersuchungen von Gustav Fechner im 19. Jahrhundert zurück, und über Jahrzehnte der Forschung hinweg hat sie eine Anzahl faszinierender unterschiedlicher Muster ausgemacht [23]. Nach einem der zentralen Gesetze der Psychophysik beispielsweise, können wir, wenn wir in ein schummeriges Licht schauen, ein leichtes Gewicht in der Hand halten oder einem schwachen Ton lauschen, kleine Zunahmen der Intensität bemerken. Doch wenn das Licht hell ist, das Gewicht schwer und der Ton laut, brauchen wir eine stärkere Intensitätszunahme, um sie auf eine konstante, vorhersagbare Weise zu bemerken. Ein weiteres Gesetz der Psychophysik zeigt, dass die

Beziehungen zwischen unseren Schätzungen und der Realität von der Art des Reizes abhängt, mit dem wir konfrontiert sind: Wir nehmen beispielsweise die Zunahme eines elektrischen Stromstoßes viel bereitwilliger wahr und übertreiben wiederum auf vorhersagbare Weise das Ausmaß der Veränderung, wenn man es etwa mit der Zunahme der Helligkeit vergleicht.

Das Muster, das für uns am meisten Relevanz hat, ist, dass die Psychophysik Folgendes nahelegt: Wir neigen wiederum auf vorhersagbare Weise dazu, kleine Zahlen zu überschätzen und große Zahlen zu unterschätzen. Dahinter steckt eine Menge kluger Mathematik, aber auf einem (sehr) grundlegenden Niveau handelt es sich um einen Ausdruck unseres vernünftigen Umgangs mit Unsicherheit, bei dem wir unsere Antworten neu skalieren, indem wir in Richtung auf die Mitte der verfügbaren Optionen auf Nummer sicher gehen (auf 50 % in dem Fall, dass wir die Menschen nach den Prozentsätzen von Bevölkerungsgruppen fragen).

Die Psychophysik erklärt nicht alle unsere Fehler. Doch wenn Sie akzeptieren, dass sie uns einen nützlichen Einblick in unsere Reaktionen gibt (dieser Meinung bin ich), können wir „tatsächlich" im Hinblick auf eine andere Gruppe von Faktoren stärker unrecht haben, als wenn wir Schlussfolgerungen aus den Rohdaten gezogen hätten.

Diese Theorie deutet beispielsweise darauf hin, dass einige der Dinge, bei denen wir am meisten unrecht haben, diejenigen sind, mit denen wir uns bereits beschäftigt haben: Selbst wenn wir unsere Tendenz, auf Nummer sicher zu gehen, berücksichtigen, unterschätzen die Menschen überall auf der Welt die Übergewichtigkeit oft in signifikanter Weise, und wir unterschätzen *wirklich,* wie glücklich die Menschen sind [24]. Aber wenn wir uns viele Länder insgesamt ansehen, wird die Immigration tatsächlich *nicht* überschätzt, wenn wir unsere Tendenz einkalkulieren, auf Nummer sicher zu gehen.

Die Immigration wird in einigen Ländern überschätzt, wobei dies in den Ländern ganz oben auf der Liste am stärksten der Fall ist. Beispielsweise beträgt in Brasilien das tatsächliche Immigrationsniveau nur 0,3 % der Bevölkerung, doch die Schätzung liegt bei 45 %. Das Modell der Psychophysik berücksichtigt unsere uns innewohnende Tendenz, kleine Dinge zu überschätzen; aber selbst sie würde darauf hindeuten, dass eine unverzerrte Schätzung, die dies korrigiert, bei 9 % liegen würde – daher ist eine durchschnittliche Schätzung von einem Viertel der Bevölkerung immer noch viel zu hoch. Die Schätzung in den USA von 33 % liegt mehr oder weniger bei dem Wert, den das Modell aufgrund eines tatsächlichen Werts von 14 % vorhersagen würde. Und in Ländern wie Schweden würden wir erwarten, dass die Befragten sogar noch höhere Schätzungen abgeben, als sie es tatsächlich tun, nur wegen der Art und Weise, wie wir das Ausmaß schätzen. Immigranten machen tatsächlich 16 % der schwedischen Bevölkerung aus, und die Schätzung liegt bei 25 %. Doch das Modell deutet darauf hin, dass die Befragten bei 34 % auf Nummer sicher gehen sollten.

Die Psychophysik liefert faszinierende und extrem hilfreiche Erklärungen, und es handelt sich um eine wichtige Ergänzung für unser Verständnis unserer Fehlwahrnehmungen. Aber ich glaube auf der Basis einer Reihe von Gründen nicht, dass sie andere Erklärungen außer Kraft setzt (und die Forscher aus dem Bereich der Psychophysik glauben dies auch nicht). Am wichtigsten für mich ist, dass wir an diesem Punkt nicht wissen, ob unsere einfache Sicht der Dinge, die wir angeben, tatsächlich noch die psychologisch Bedeutsamste (die Salienteste, wie die Forscher sagen) dafür ist, wie wir über unsere Sicht auf die Immigration reden und darüber entscheiden. Im Unterschied zur Schätzung einer Temperatur ist unsere Einschätzung des Ausmaßes der Immigration etwas, was wir explizit mit den Menschen diskutieren und wo wir ihnen, wenn möglich, die „richtige" Antwort sagen. Unser explizites Gefühl dafür, wie viel Immigration wir haben, bildet auch einen Teil der politischen Debatte und der Versprechungen in Kampagnen.

*

Wie in einem Großteil des Buchs gibt das, was man aus unseren Studien über die Immigration lernen kann, mehr Anlass zu Hoffnung, als es vielleicht ursprünglich den Anschein hat. Erstens sind unsere Fehlwahrnehmungen beim Schätzen des Anteils einiger Bevölkerungsgruppen und bei anderen Themen wahrscheinlich teilweise eine Folge unserer fundamentalen „Tendenz, auf Nummer sicher zu gehen" angesichts von Unsicherheit. Dies erklärt nicht alle Fehler auf der Ebene eines Landes oder eines Individuums, und es hilft auch nicht bei unserer Tendenz, zu meinen, dass alles immer schlimmer wird (wie wir dies im nächsten Kapitel über Kriminalität sehen werden). Es ist auch nicht klar, ob die Tatsache, dass wir solche inkorrekten Ansichten haben, wirklich auf unsere umfassenderen Meinungen abfärbt und wie dies in der Öffentlichkeit und in der Politik diskutiert wird. Aber für mich trägt das dazu bei, die Hoffnungslosigkeit abzubauen, die die aberwitzigeren Durchschnittsschätzungen, die wir beobachtet haben, begünstigt – wenn zumindest ein Teil der Gründe dafür mechanischer ist als die Faktoren aufgrund einer unversöhnlich verzerrten Sicht auf die Welt, dann gibt es Hoffnung!

Vielleicht besteht die wichtigere und ermutigende Schlussfolgerung aus diesem Kapitel darin, dass die Macht der Fakten nicht vollkommen abgetan werden sollte – Fakten haben unter manchen Umständen immer noch einen gewissen Einfluss auf einige Menschen. In politischen Kreisen wurde gewöhnlich angenommen, dass man nur die Tatsachen auf den Tisch legen muss (beispielsweise über den Nettonutzen der Immigration für die Wirtschaft), und die Menschen würden dann schon zu „vernünftigen" Ansichten kommen. Dies wurde dann zu Recht in dem Maße in Misskredit gebracht, in dem die Kraft der Identität, der Ideologie und der Parteilichkeit in den Vordergrund trat.

Der Schwerpunkt verlagerte sich dann auf den Fokus und weniger auf die Fakten und stärker auf das Narrativ, das sich in den Menschen vermittelt über Geschichten und Emotionen festsetzt. Aber wir haben nun damit begonnen, den aufmerksamkeitserheischenden Befund infrage zu stellen, der zu zeigen scheint, dass sich die Menschen, wenn man ihnen die korrekten Fakten nennt, tatsächlich eher dazu veranlasst sehen, eine *gegenteilige* Sicht der Realität einzunehmen. Wir nähern uns einer ausgewogeneren Position, nach der sowohl eine Geschichte als auch die Fakten als wichtig für die Überzeugungen anerkannt werden, die die Menschen haben. Das ist eine gute Sache, nicht nur aus praktischen Gründen, sondern auch für die Art von Gesellschaft, die wir in Zukunft haben wollen: Ich stimme da mit Aldous Huxley überein, als er sagte: „Fakten hören nicht auf zu existieren, nur weil man sie ignoriert." [25] Auf lange Sicht tun wir niemandem einen Gefallen, wenn wir stillschweigend akzeptieren, dass es gut für die Menschen ist, die Realität einfach zu ignorieren oder zu verzerren.

Literatur

1. Citrin, J. & Sides, J. (2008). Immigration and the Imagined Community in Europe and the United States. *Political Studies, 56*(1), 33–56. Abgerufen am 29. April 2020 von https://doi.org/10.1111/j.1467-9248.2007.00716.x; Wong, C. J. (2007). „Little" and „Big" Pictures in our Heads Race, Local Context, and Innumeracy About Racial Groups in the United States. *Public Opinion Quarterly, 71*(3), 393–412. Abgerufen am 29. April 2020 von https://doi.org/10.1093/poq/nfm023
2. Hainmueller, J. & Hopkins, D. J. (2014). Public Attitudes Toward Immigration. *Annual Review of Political Science, 17*(1), 225–249. Abgerufen am 29. April 2020 von https://doi.org/10.1146/annurev-polisci-102512-194818

3. Blinder, S. (2015). Imagined Immigration: The Impact of Different Meanings of „Immigrants" in Public Opinion and Policy Debates in Britain. *Political Studies, 63*(1), 80–100. Abgerufen am 29. April 2020 von https://doi.org/10.1111/1467-9248.12053
4. Migration Watch UK (ohne Jahresangabe). An Independent and Non-political Think Tank Concerned About the Scale of Immigration into the UK. Abgerufen am 29. April 2020 von https://www.migrationwatchuk.org/
5. Citrin, J. & Sides, J. (2008). Immigration and the Imagined Community in Europe and the United States. *Political Studies, 56*(1), 33–56. Abgerufen am 29. April 2020 von https://doi.org/10.1111/j.1467-9248.2007.00716.x; Hainmueller, J. & Hopkins, D. J. (2014). Public Attitudes Toward Immigration. *Annual Review of Political Science, 17*(1), 225–249. Abgerufen am 29. April 2020 von https://doi.org/10.1146/annurev-polisci-102512-194818
6. Grigorieff, A., Roth, C. & Ubfal, D. (2016). Does Information Change Attitudes Towards Immigrants? Evidence from Survey Experiments. Abgerufen am 29. April 2020 von http://www.lse.ac.uk/iga/assets/documents/events/2016/does-information-change-attitudes-towards-immigrants.pdf
7. Campbell A., Converse P. E., Miller W. E. & Stokes, D. E. (1960). *The American Voter*. New York: John Wiley and Sons. Abgerufen am 29. April 2020 von https://doi.org/10.2307/1952653
8. Nyhan, B. & Reifler, J. (2010). When Corrections Fail: The Persistence of Political Misperceptions. *Political Behavior, 32*(2), 303–330. Abgerufen am 29. April 2020 von https://doi.org/10.1007/s11109-010-9112-2
9. Ebenda; Wood, T. & Porter, E. (2016). The Elusive Backfire Effect: Mass Attitudes' Steadfast Factual Adherence. *SSRN Electronic Journal*. Abgerufen am 29. April 2020 von https://doi.org/10.2139/ssrn.2819073
10. Ebenda
11. Duffy, B. & Frere-Smith, T. (2014). Perceptions and Reality: Public Attitudes to Immigration. London. Abgerufen am 29. April 2020 von https://www.ipsos.com/ipsos-mori/en-uk/perceptions-and-reality-public-attitudes-immigration
12. Ipsos MORI (2018). Attitudes to Immigration: National Issue or Global Challenge? Abgerufen am 29. April 2020 von https://www.slideshare.net/IpsosMORI/attitudes-to-immigration-national-issue-or-global-challenge
13. Bell, B. (2013). Immigration and Crime: Evidence for the UK and Other Countries. Abgerufen am 29. April 2020 von http://www.migrationobservatory.ox.ac.uk/resources/briefings/immigration-and-crime-evidence-for-the-uk-and-other-countries/
14. Ebenda
15. Doyle, J. & Wright, S. (2012). „Immigrant Crimewave" Warning: Foreign Nationals Were Accused of a QUARTER of All Crimes in London. Abgerufen am 29. April 2020 von http://www.dailymail.co.uk/news/article-2102895/Immigrant-crimewave-warning-Foreign-nationals-accused-QUARTER-crimes-London.html

16. Tversky, A. & Kahneman, D. (1974). Judgement Under Uncertainty: Heuristics and Biases. *Science, 185*(4157), 1124–1131. Abgerufen am 29. April 2020 von https://doi.org/10.1126/science.185.4157.1124
17. Ariely, D., Loewenstein, G. & Prelec, D. (2003). „Coherent Arbitrariness": Stable Demand Curves Without Stable Preferences. *The Quarterly Journal of Economics, 118*(1), 73–106. Abgerufen am 29. April 2020 von https://doi.org/10.1162/00335530360535153
18. Allen, C. (2012). Muslims & the Media: Headline Research Findings 2001–12. University of Birmingham. Abgerufen am 29. April 2020 von https://www.birmingham.ac.uk/Documents/college-social-sciences/social-policy/IASS/news-events/MEDIA-ChrisAllen-APPGEvidence-Oct2012.pdf
19. Ito, T. A., Larsen, J. T., Smith, N. K. & Cacioppo, J. T. (1998). Negative Information Weighs More Heavily on the Brain: The Negativity Bias in Evaluative Categorizations. *Journal of Personality and Social Psychology, 75*(4), 887–900. Abgerufen am 29. April 2020 von https://doi.org/10.1037/0022-3514.75.4.887; Ito, T. A. & Cacioppo, J. T. (2005). Variations on a Human Universal: Individual Differences in Positivity Offset and Negativity Bias. *Cognition and Emotion, 19*(1), 1–26. Abgerufen am 29. April 2020 von https://doi.org/10.1080/02699930441000120
20. Cao, Z., Zhao, Y., Tan, T., Chen, G., Ning, X., Zhan, L. & Yang, J. (2014). Distinct Brain Activity in Processing Negative Pictures of Animals and Objects – The Role of Human Contexts. *Neuroimage, 84*. Abgerufen am 29. April 2020 von http://doi.org/10.1016/j.neuroimage.2013.09.064
21. Benson, K. & Gottman, J. (2017). The Magic Relationship Ratio, According to Science. Abgerufen am 29. April 2020 von https://www.gottman.com/blog/the-magic-relationship-ratio-according-science/
22. Duffy, B. (2013c). Public Understanding of Statistics Topline Results. London. Abgerufen am 29. April 2020 von https://www.ipsos.com/sites/default/files/migrations/en-uk/files/Assets/Docs/Polls/rss-kings-ipsos-mori-trust-in-statistics-topline.pdf
23. Fechner, G. T. (1860). *Elemente der Psychophysik.* Leipzig: Breitkopf & Härtel.
24. Ebenda
25. Huxley, A. (1927). *Proper Studies.* Doubleday, Doran & Company. Auf Deutsch findet sich das Zitat unter dem folgenden Link (abgerufen am 17. April 2020): https://de.metapedia.org/wiki/Huxley,_Aldous?__cf_chl_jschl_tk__=bea3ccb820cc4bffcd746a7031425356dbbde6f5-1587137959-0-AZv63Uw3LF3CrQ8nVDG0Ti18LbZgopD974iUsSndDhZWIuApejYiublNvNfaus206XXKpNcGsmmR7445JX0RITySJTswC7GttipDWHvco6aoI8VDP5yEWUX_w8NC5kirt6nnstowDlSo2bkF4TLQnTuojaZR3YTLubpM9v1jKjzhkqXBkLDjes4-bq8-37zfysVqYg2PUU8jiKhCEgL9Dhl5HQD9Ab0AYK6yd0OshfnCOeGYjNIhd-UeVu6T1_FJELlKlQAy1kQ5_QXBPoDp2654veczUk_p2EaYJcFYp42f

5

Gefahrlos und sicher

„Fakten sprechen eine lautere Sprache als Statistiken."

Dieses Zitat aus dem Jahre 1950 von Richter Streatfield, einem britischen Richter, illustriert perfekt, wie wenig auch schon damals unsere Wahrnehmungen der Kriminalität und die realen Kriminalitätsstatistiken miteinander in Zusammenhang gebracht wurden. Dieses spezielle Zitat bezieht sich im Vereinigten Königreich auf den Ruf danach, wegen einer subjektiv wahrgenommenen Zunahme der Gewaltkriminalität die kurz vorher abgeschaffte körperliche Züchtigung (also die Auspeitschung von Menschen) wieder zuzulassen. Die sehr lebendige Debatte, die durch eine Reihe brutaler Überfälle aufkam, beschreibt der *Manchester Guardian* vom März 1950 [1]. Die Richter waren empört, dass sie den Straftätern nicht eine Dosis ihrer eigenen Medizin verabreichen konnten, und Richter Streatfield sagte:

> … das Ausmaß der Gewalt in diesen Fällen, sei es nun gegen Frauen oder gegen Männer, gegen alt oder gegen jung, ist heute brutaler und grausamer denn je. Unter solchen Umständen ist es kein Trost für die verletzten und in Schrecken versetzten Opfer von brutalsten und primitivsten Tätlichkeiten, dass man ihnen sagt, es gebe weniger Straftaten dieser Art als früher [2].

Der Richter erkannte zumindest an, dass die Anzahl der Straftaten abgenommen hatte, aber nicht jeder akzeptierte dies; und Parlamentsmitglieder sprachen offen über eine Zunahme der Kriminalität. Die tatsächlichen Zahlen zeigten eine signifikante Abnahme bei den gewaltsamen

Raubüberfällen in den Monaten seit der Abschaffung der körperlichen Züchtigung. Die Zeitung kommt zu dem Schluss:

> Es gibt einen Teil der öffentlichen Meinung in diesem Land, der sich gewohnheitsmäßig den neunschwänzigen Katzen zuwendet, wenn es eine starke Zunahme gut dokumentierter Straftaten gibt [3].

Keine Veränderung! In fast jedem Land überall auf der Welt kann man ohne viel Spürsinn dieselbe Verbindung zwischen sensationslüsternen Berichten über Kriminalität, tiefem Misstrauen gegenüber allen statistisch begründeten Behauptungen, dass die Kriminalität abnimmt, und Rufen nach härterem Durchgreifen finden. Angesichts der ganz anderen Medienlandschaft heute – im Vergleich zu den Fünfzigerjahren in Großbritannien – deutet dies darauf hin, dass wir uns genauer damit beschäftigen müssen, wie wir auf die Informationen reagieren, als einfach nur den Medien die Schuld zuzuschieben.

Die Kriminalität war einer der ersten Bereiche, die wir uns wegen der Fehlwahrnehmungen näher angesehen haben, besonders weil die Menschen viel pessimistischer und besorgter waren, als es aufgrund der Zahlen gerechtfertigt zu sein schien. Diese negative Sichtweise war ein besonderer Schwerpunkt der Regierung im Vereinigten Königreich unter Tony Blair. Denn sie hatte im Justizsystem hohe Investitionen getätigt, womit sie den Wählern viel von dem gab, was sie in Bezug auf mehr Polizei und mehr Geld haben wollten. Die Kriminalitätsraten waren zweifellos gefallen, wie auch immer man sie erfasst hatte. Aber die Menschen im Land bemerkten dies nicht, und die Kriminalität stand immer noch ganz oben auf der Liste der Dinge, die die Menschen am meisten mit Sorgen erfüllte. Blair setzte unter dem Vorsitz der (jetzigen) Dame Louise Casey eine Arbeitsgruppe ein, die sich näher damit beschäftigen sollte. Und wir führten im Auftrag der Regierung diverse Studien durch, um zu verstehen, wodurch sich die Menschen beruhigen ließen. Getrennt davon führten wir unsere eigenen Arbeiten zur Fehlwahrnehmung von Kriminalität weiter. Damit versuchten wir, alle vorliegenden Befunde zusammenzuführen und zu erklären, warum die große Mehrheit unrecht hatte und was wir dagegen tun könnten. Es handelte sich um eine so zentrale Frage, dass der damalige Innenminister bei der Vorstellung unseres Berichts dabei war.

Aufgrund der Lektüre der vorangehenden Kapitel können Sie sich wahrscheinlich vorstellen, warum es sich hier um einen Bereich der Fehlwahrnehmung handelt. Es ist ein Thema, das das Interesse der Medien erregt und zu lebhaften Anekdoten verleitet, die angsterregend sind. Sie liefern uns dann auch viele negative Informationen, auf die wir uns übermäßig stark konzentrieren. Alle diese Faktoren haben einen noch negativeren Einfluss, weil uns die Tendenz eigen ist, zu meinen, alles werde nur noch immer schlimmer.

Mehr Morde?

Das Thema Mord trifft bei den Menschen auf einen besonders starken emotionalen Widerhall. Es spielt eine große Rolle in den Zehn Geboten und in den Sieben Großen Sünden des Islam. Jemandem sein unschuldiges Leben zu nehmen, wird im Koran tatsächlich damit gleichgesetzt, dass man die ganze Menschheit tötet. Damit soll nicht gesagt werden, dass die sozialen Einstellungen gegenüber Mord über die Zeit hinweg gleich geblieben sind – in der Tat hat es große Veränderungen in Bezug auf die Art und Weise gegeben, wie wir ihn sehen: von der privaten Abrechnung bis zur Straftat als einem in der Öffentlichkeit diskutierten Gegenstand staatlichen Eingreifens. Pieter Spierenburg, Professor für historische Kriminologie an der Erasmus Universität in den Niederlanden, skizziert diese Veränderungen in seinem Buch *A History of Murder* und beschreibt, wie sie mit einer auf lange Sicht starken Abnahme der Mordraten einhergehen. Beispielsweise deuten seine Schätzungen darauf hin, dass es in Amsterdam im 15. Jahrhundert 47 Morde bezogen auf 100.000 Menschen gab und dass dies in neuerer Zeit auf unter 2 pro 100.000 Menschen zurückgegangen ist [4]. (In Deutschland gibt es ca. 400 Morde pro Jahr, also einen Mord auf 200.000 Menschen.).

Wir haben Personen zu ihrer Wahrnehmung dieser Trends befragt – aber bezogen auf einen Zeitraum, mit dem man eher umgehen kann! Als wir den Menschen über 30 Länder hinweg die Frage stellten, ob die Mordrate in den letzten 20 Jahren zugenommen hätte, gleichgeblieben sei oder sich verringert hätte, gab es die ziemlich eindeutige Wahrnehmung, dass die Mordrate zugenommen hätte oder zumindest gewiss nicht fiele. Insgesamt dachten etwa die Hälfte (46 %), sie habe seit dem Jahr 2000 zugenommen; nur 7 % meinten, sie habe abgenommen, und 30 % waren der Auffassung, sie sei in etwa gleichgeblieben (Abb. 5.1).

Die tatsächlichen Trends unterscheiden sich stark von diesen Wahrnehmungen. Faktisch war die Mordrate in 25 der 30 Länder geringer, und oft ist sie in signifikanter Weise zurückgegangen. Höher war sie eigentlich nur in drei Ländern – in Mexiko, Peru und Kanada –, und sie ist ungefähr gleichgeblieben in Brasilien und Schweden.

Die Südafrikaner gehörten zu denen, die sich am sichersten waren, dass die Mordrate höher ist – 85 % dachten, es sei so, obwohl sie in Wirklichkeit

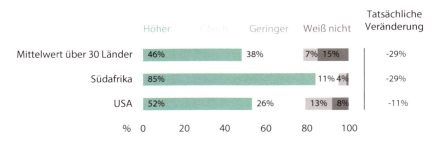

Abb. 5.1 Nur eine kleine Minderheit der Menschen dachte, dass die Mordrate in den letzten 20 Jahren abgenommen hätte, obwohl dies für die meisten Länder zutrifft

um 29 % *geringer* war. Und diese Art von Abnahme war nicht ungewöhnlich – die prozentuale Abnahme war in den meisten Ländern zweistellig. Beispielsweise meinten über die Hälfte der Menschen in den USA, die Mordrate sei höher, obwohl sie um 11 % niedriger ist. Dies findet sich auch in anderen US-amerikanischen Studien, bei denen es im Allgemeinen um Kriminalität mit Schusswaffen geht, einem Bereich, für den 2013 eine Umfrage von Pew Research zeigte, dass 56 % fälschlicherweise dachten, die Rate sei über den Zeitraum hinweg, zu dem sie befragt wurden, gestiegen [5].

Kein Land war besonders gut darin, den wirklichen Trend anzugeben, obwohl China als einziges Land hervorstach, in dem die Befragten mit größerer Wahrscheinlichkeit (korrekterweise) sagten, sie sei eher geringer als höher – wenn auch dort die Mehrheit sagte, sie sei höher oder gleichgeblieben, obwohl sie nach den amtlichen Zahlen tatsächlich um kolossale 65 % gesunken war.

In gewisser Weise können wir den Menschen Fehlwahrnehmungen bei dieser Frage eher vergeben als bei anderen. Wenn man die Befragten bittet, die heutigen Kriminalitätsraten mit denen von vor 20 Jahren zu vergleichen, dann handelt es sich um eine schwierige Aufgabe. Denn sie werden doch eher neuere Ereignisse im Kopf haben, und die Kriminalitätszahlen werden im Allgemeinen von einem Jahr zum nächsten verglichen. Es gibt auch zahlreiche Messverfahren, und diese werden häufig immer wieder in den Medien diskutiert: Wahrnehmungen werden oft beeinflusst durch subjektiv konstruierte Zusammenhänge zwischen Gewaltverbrechen bestimmter Arten (beispielsweise der Zunahme der Kriminalität mit Stichwaffen im Vereinigten Königreich) und Mord. Auch wenn man dies im Hinterkopf hat, besteht in den meisten Ländern der umfassende Trend darin, dass die Morde substanziell zurückgegangen sind, ganz gleich wie man dies erfasst – aber das ist nicht der allgemeine Eindruck, den die Menschen haben.

Schon zuvor in diesem Buch haben wir erfahren, dass unsere Antwort auf Fragen nach Fakten in der Tat ein Hinweis auf unsere Besorgnis sein kann. Indem wir sagen, dass die Morde zunehmen, wenn sie doch tatsächlich abnehmen, bringen wir teilweise unsere Sorgen über diese Bedrohung zum Ausdruck. Nach den Psychologen Natacha Deroost und Mieke Beckwé von der Freien Universität Brüssel verlieren wir einige Elemente der kognitiven Kontrolle, wenn wir uns Sorgen machen und über etwas ins Grübeln kommen [6]. Die Bedrohung nimmt subjektiv immer mehr zu.

In diesem Fall spielt jedoch noch ein weiterer Faktor eine Rolle. Weil wir die Befragten gebeten haben, einen *retrospektiven* Vergleich anzustellen, bei dem sie die Vergangenheit der Gegenwart gedanklich gegenüberstellen sollten, fühlt sich jedes neue Ereignis oder jede neue Serie von Straftaten bedrückender an als die in der Vergangenheit, wie dies ja auch schon im Zitat des Richters Streatfield zum Ausdruck kommt. Der Grund dafür ist, dass wir anfällig sind für ein Gefühl der „rosigen Retrospektion", einer Verzerrung, bei der Trends in der Vergangenheit besser erinnert werden als solche in der Gegenwart und man sie sozusagen durch eine rosa Brille blickt. Die Römer bezogen sich in der Antike auf dieses Phänomen mit dem Satz *„Memoria praeteritorum bonorum"*, der sich frei folgendermaßen übersetzen lässt: „Die Vergangenheit bleibt immer gut im Gedächtnis."

Terence Mitchell und seine Kollegen von der University of Washington überprüften im Jahre 1997, wie stark dieser Effekt ausgeprägt war, und zwar an einem viel positiveren Thema, nämlich wie wir unsere Erinnerungen an die Ferien verarbeiten [7]. In ihrer Studie wurden drei Gruppen, die auf unterschiedliche Weise Ferien machten, vor, während und nach diesem Ereignis interviewt. Die meisten hielten sich an das Muster der anfänglich positiven Vorwegnahme, auf die eine leichte Enttäuschung folgte (das ist uns allen schon passiert). Aber im Allgemeinen beurteilten die meisten Personen die Ereignisse, je weiter in der Vergangenheit sie lagen, im Rückblick positiver. Es handelt sich wieder nicht um einen dummen Fehler in unserem Gehirn – es könnte auch ganz klug sein, so etwas zu machen. Mitchell argumentiert, dass es bei uns zu einem Gefühl des Wohlbefindens und des Selbstwertgefühls beiträgt, wenn wir uns mit einem Leuchten in den Augen an etwas erinnern, dies aber vielleicht nicht ganz mit der Realität übereinstimmt.

Bei vielen anderen Experimenten zeigten sich in einer Vielfalt von Kontexten ähnliche Effekte. Können Sie sich beispielsweise daran erinnern, wie gut Sie in der Schule waren, speziell welche Noten Sie bekommen haben? Vielleicht nicht so gut, wie Sie meinen, wenn es sich so bei Ihnen verhält wie in einem Großteil der Bevölkerung: Wir neigen viel stärker dazu, zu glauben, dass wir viel bessere Leistungen gezeigt haben, als es tatsächlich der Fall war. In einer Studie wurden die Teilnehmer gebeten, sich an ihre Schulnoten zu erinnern; doch dann machten sich die Forscher daran, dies anhand der Akten in den Schulen zu überprüfen. 30 % der Personen erinnerten sich inkorrekt an ihre Schulnoten, und dies geschah nicht auf neutrale, zufällige Weise – es wurden viel mehr Noten nach oben als nach unten korrigiert. Einsen (in den USA die Note A) wurden zu 90 % korrekt erinnert, eine Fünf dagegen (in den USA in etwa die Note D) nur in 30 % der Fälle [8].

Angesichts der Seltenheit der extremsten Straftaten (beispielsweise gab es im Jahr 2015 in Australien, Dänemark, dem Vereinigten Königreich, Italien und Spanien „nur" einen Mord auf 100.000 Menschen) [9] und daher angesichts unserer sehr begrenzten unmittelbaren Erfahrung damit, sollte es in unseren Erklärungen eher um die Rolle der Medien und um die politischen Diskussionen gehen.

Journalisten haben sich immer schon ausführlich mit Straftaten beschäftigt – „Wenn es blutet, hat man damit Erfolg", so lautet aus gutem Grund ein oft wiederholtes Klischee. Je größer die Intensität der Straftat – je „grausamer" der Mord –, desto eher wird das Geschehen als Aufmacher auf der ersten Seite einer Zeitung auftauchen. Die medienwissenschaftlichen Experten Tony Harcup und Deirdre O'Neill fanden heraus, dass sich ein Drittel der Meldungen in den britischen Zeitungen auf etwas Negatives konzentrierte [10]. Natürlich ist dies nicht das einzige Kriterium, das darüber entscheidet, worauf die Medien in den Nachrichten ihren Schwerpunkt legen. Und viele Studien haben versucht, herauszufinden, wodurch sich Nachrichtenwürdigkeit definiert, oder das zu untersuchen, was Wissenschaftler oft als „Nachrichtenwert" bezeichnen. Eine bahnbrechende Studie aus Norwegen durch die Medienwissenschaftler Galtung und Ruge in den Sechzigerjahren machte zwölf Faktoren aus – so etwa, wie plötzlich oder unerwartet ein Ereignis auftritt, ob es dabei um Eliten geht, ob es mit unseren Erwartungen übereinstimmt, und natürlich, ob es negativ ist, wobei schlechte Botschaften immer einen größeren Nachrichtenwert haben als gute [11]. Viele Forscher haben dies inzwischen überprüft und aktualisiert (um Faktoren hinzuzufügen wie den, ob es um Prominente geht), aber Negativität ist eine konstant wichtiges Merkmal geblieben. Wie bereits im vorigen Kapitel betont, ergibt dies durchaus einen Sinn – wir sind im Allgemeinen neuronal so verschaltet, dass wir uns auf das

Negative konzentrieren, weil es sich hier oft um lebenswichtige, dringliche Informationen handelt.

Wir haben auch ein leidenschaftliches Interesse an Klatsch und speziell daran, wer die moralischen Standards der Gruppe aufrechterhält und wer nicht. Dies ist durch die Evolution in unserem Gehirn fest verankert. Unsere Vorfahren lebten in kleinen Gemeinschaften und mussten deshalb rasch verstehen, auf wen sie sich verlassen konnten und auf wen nicht. Unter diesen Bedingungen war ein starkes Interesse am privaten Verhalten und an Standards für das Benehmen anderer in aktiver Weise von Nutzen. Diejenigen, die besondere Fähigkeiten darin entwickelt haben, sich diese soziale Intelligenz nutzbar zu machen, waren am Ende erfolgreicher dabei, unsere menschlichen Klatschgene weiterzugeben, als diejenigen, die das nicht gemacht haben [12].

Unsere Ansichten zu sozialen Trends werden auch beeinflusst durch das, was uns die Medien und die Politiker sagen. Wie es ja auch bei anderen Aspekten der Medien und des politischen Diskurses ist, ziehen dramatische Veränderungen und etwas, was uneingeschränkt gültig zu sein scheint, die Aufmerksamkeit auf sich. Die Studie über den Nachrichtenwert von Harcup und O'Neill deutet auf Folgendes hin: Die Schlagzeilen heben darauf ab, dass eine bestimmte Untergruppe von Straftaten einen Höchststand erreicht und dass es keine allmähliche Abnahme der Kriminalität insgesamt gibt. Man bekommt einfach eine bessere Geschichte, wenn man es so macht. Straftaten sind auch ein zentrales politisches Thema. Politiker und die ihnen gegenüber freundlich gesonnenen Zeitungen beziehen sich oft auf so etwas, um Punkte zu machen.

In den USA liefert Donald Trump einige Beispiele dafür, wie man Straftaten politisieren kann. Im Jahr 2017 tweetete er eine Bemerkung über die Kriminalitätsraten im Vereinigten Königreich:

Gerade kam ein Bericht heraus: „Im Vereinigten Königreich stieg die jährliche Kriminalität inmitten der Ausbreitung des radikal-islamischen Terrors um 13 % an." Das ist nicht gut, wir müssen dafür sorgen, dass Amerika sicher bleibt! [13]

Hier handelt es sich um korrekt wiedergegebene Zahlen, und während der Anstieg teilweise darauf zurückgeht, dass man neue Kategorien für die Erfassung der Kriminalität geschaffen hatte, und auf eine höhere Genauigkeit, gab es eine dem zugrunde liegende Zunahme, die von einem Like zum nächsten größer wurde. Es gibt jedoch keinen erkennbaren Zusammenhang mit dem „radikal-islamischen Terror". Fraser Nelson, Herausgeber der Zeitschrift *Spectator*, antwortete:

„Inmitten" (englisch „amid") ist ein Lieblingswort von Internetseiten mit Fake News. Sie verfolgen damit die Absicht, Korrelation und Verursachung miteinander zu vermengen. Die Kriminalität im Vereinigten Königreich ist auch dabei, „inmitten" der Ausbreitung von Unruhestiftern zu sein [14].

Bei einem zweiten Beispiel aus derselben Quelle geht es auch um die Falschdarstellung der Zahlen, diesmal in den USA. Präsident Trump sagte in einer Rede im Weißen Haus vor der National Sheriff's Association (NSA) im Februar 2017:

> Die Mordrate in unserem Land ist die höchste, die es in den letzten 47 Jahren gegeben hat, oder etwa nicht? Wussten Sie das? 47 Jahre … die Presse beschreibt es nicht so, wie es ist. Es war nicht zu ihrem Vorteil, wenn sie das so sagt [15].

Es gab einen Grund dafür, dass die Presse das nicht sagte – weil es nicht wahr ist. Es ist wahr, dass die Mordrate in den *Städten* der USA in neuerer Zeit den *größten Zuwachs* seit 45 Jahren erlebt hatte – worauf Präsident Trump kürzlich hingewiesen hat. Weil er jedoch weggelassen hat, dass sich die korrekten Statistiken nur auf die Städte beziehen, ist die Art der Veränderung in seiner korrekten Aussage etwas ganz anderes als das, was er in seiner Rede vor der NSA gesagt hat. Die eigentliche Statistik bezieht sich auf eine Zunahme von einem Jahr auf das nächste, im Kontext der Mordraten waren diese konsistent über viele Jahre hinweg gesunken. Die berichteten Morde erreichten in den USA im Jahre 1993 mit etwa 24.500 einen Höhepunkt und hatten 2014 stark abgenommen auf etwa 14.000.

Es ist ebenfalls von Bedeutung, dass diese falsche Darstellung der Daten von Präsident Trump wiederholt angeführt wurde. Denn wir wissen, dass die schiere Wiederholung einer falschen Aussage die Wahrscheinlichkeit erhöht, dass sie geglaubt wird. Sozialpsychologen bezeichnen das als den „Effekt der trügerischen Wahrheit". Wie wir gesehen haben, neigen die Menschen dazu, etwas zu glauben, was mit dem bei ihnen vorhandenen Verständnis der Welt im Einklang steht. Sie neigen auch dazu, Informationen zu glauben, die ihnen einfach nur vertrauter vorkommen. Wenn wir etwas zum zweiten oder dritten Mal hören, reagiert unser Gehirn schneller darauf, und wir sehen diese „Geläufigkeit" als Zeichen dafür, dass es wahr ist. Bei Studien mit Studierenden fand man Folgendes heraus: Sie waren sich sicher, dass falsche Antworten auf Quizfragen – wie etwa, ob Basketball im Jahr 1925 eine olympische Sportart war – stimmen, wenn sie mit einem zeitlichen Abstand von einigen Wochen zum zweiten Mal vorgebracht werden [16].

Diese Verzerrung hat bei politischen Kampagnen einen toxischen Effekt, wenn falsche Behauptungen wiederholt angeführt werden. Denn die bloße Wiederholung hat zur Folge, dass schon irgendetwas im Gedächtnis haften bleiben wird. Dies bedeutet nicht, dass jeder Unsinn, wenn er nur genügend oft wiederholt wird, von jedem geglaubt wird. Aber wie wir sehen werden, wenn wir auf einige Aussagen im Zusammenhang mit dem Brexit und den selteneren Beispielen von wirklichen „Fake News" zurückkommen, halten sich einige oft wiederholte Unwahrheiten bemerkenswert hartnäckig.

Mehr Terror?

Wenn es ein Verbrechen gibt, das erschreckender als Mord ist, dann ist es Terrorismus. Dies ist genau das, was er erreichen soll: möglichst viel Aufmerksamkeit auf sich zu ziehen und Angst zu schüren, um einige umfassendere Ziele zu fördern. Er tritt zufällig und in alltäglichen Situationen auf, von denen wir uns alle leicht vorstellen können, uns in ihnen zu befinden – auf einem Pop-Konzert, in einem Flugzeug, in einem Restaurant oder in einer Kirche. Die Angst, die durch grauenerregende Ereignisse hervorgerufen wird, verleitet uns dazu, jegliches Augenmaß zu verlieren, die Risiken zu übertreiben, nicht nur ganz allgemein, sondern auch für uns individuell. Jennifer Lerner von der Harvard University skizziert die Ergebnisse einer Studie, die zeigte, dass US-Amerikaner unmittelbar nach den Anschlägen vom 9. September 2001 dachten, es gebe eine 30-prozentige Wahrscheinlichkeit, dass sie selbst in den nächsten zwölf Monaten Opfer eines Terroranschlags werden würden, obwohl doch die Wahrscheinlichkeit dafür noch nicht einmal in der Nähe dieses Werts lag [17].

Wie bei der Frage nach den Morden stellten wir den Menschen die Frage, ob sie dächten, dass sich der Terrorismus verändere, ob die Anzahl der Toten im Zusammenhang mit Terroranschlägen zunehme oder sich verringere, wenn man die 15 Jahre vor dem 11. September 2001 mit den 15 Jahren danach vergleiche. Wir wählten den 11. September als eine klare zeitliche Marke aus und um in den USA den Einfluss dieses schrecklichen Anschlags auf die Zahlen möglichst gering zu halten. Wenn man zwei recht lange Zeiträume der neueren Geschichte heranzieht, so trägt das auch dazu bei, den Einfluss dessen, was von Natur aus ein Null-oder-Eins-Ereignis ist, geringer werden zu lassen (Abb. 5.2). Die Tatsache, dass wir das Jahr der Studie (2017) nicht mit einbezogen hatten, bedeutete Folgendes: Sollte sich in zeitlicher Nähe zu unserem Interview irgendein tragisches Ereignis

Frage: Glauben Sie, dass es in Ihrem Land im Zeitraum von 15 Jahren nach den Anschlägen vom 11. September (2002–2016) weniger, mehr oder in etwa gleich viele Tode durch Terrorangriffe gab, verglichen mit dem Zeitraum von 15 Jahren vor den Anschlägen vom 11. September (1985–2000)? Denken Sie bitte beim Zeitraum von 15 Jahren nach dem 11. September daran, dass er nur die Jahre 2002 bis 2016 beinhaltet und nicht das Jahr 2017?

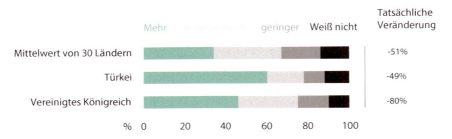

Abb. 5.2 Nur wenige Menschen dachten, dass die Anzahl der Toten aufgrund von Terroranschlägen in den letzten Jahren geringer geworden ist, obwohl dies in den meisten Ländern der Fall war

zugetragen haben, könnte dies keinen Einfluss auf unsere Schätzungen haben (obwohl man anerkennen sollte, dass die Menschen nicht immer die Frage beantworten, die ihnen gestellt wird, und neuere Ereignisse unvermeidlicherweise unsere Urteilskraft einschränken). Die Daten von 2017 standen zu dem Zeitpunkt, in dem dieses Buch abgefasst wurde, nicht zur Verfügung. Doch selbst wenn während des Jahres irgendein tragischer Anschlag, über den in der Öffentlichkeit viel diskutiert worden wäre, stattgefunden hätte, so hätte dies den Gesamttrend nicht verändert, der zwischen den beiden Zeiträumen eine recht signifikante Abnahme aufweist.

Man braucht eine gewisse Zeit, um an diese Art von Daten zu gelangen, weil es eine komplexe Angelegenheit ist, Tote durch terroristische Anschläge zu zählen – die Informationen müssen wie Mosaiksteine aus mehreren Quellen zusammengesetzt werden, und unvermeidlicherweise ist hier vieles subjektiv gefärbt. Wir sind jedoch in der wirklich glücklichen Lage, dass Forscher, die an der University of Maryland arbeiten, eine Globale Terrorismus-Datenbank (GTD) führen, die bis auf das Jahr 1970 zurückgeht. Sie bezieht alle verfügbaren Informationen aus öffentlichen Quellen mit ein, einschließlich Nachrichtenarchiven, vorhandenem Datenmaterial, Büchern, Zeitschriftenartikeln und gerichtlichen Dokumenten. Die Forscher versuchen, jeden einzelnen Mosaikstein von Informationen aus mehreren Quellen auf den Wahrheitsgehalt zu überprüfen, aber sie nehmen (korrekterweise) nicht für sich in Anspruch, dass sie jenseits dessen mit absoluter Genauigkeit arbeiten. Es handelt sich um eine unglaubliche Quelle, in der nicht nur die Anzahl der Toten (der Opfer und der Terroristen selbst) gezählt werden, sondern es gehören bis zu 120 andere Mosaiksteinchen von Informationen hinzu, einschließlich aller möglichen Aspekte von der Taktik bis zu den verwendeten Waffen derjenigen, die die Verantwortung übernommen hatten.

Vielleicht empfinden Sie den allgemeinen Trend als überraschend. Die Anzahl der Toten aufgrund von Terroranschlägen hatte in 25 von 34 Ländern abgenommen, in denen wir diese Frage gestellt haben; und über alle Länder hinweg war die Anzahl der Toten aufgrund von terroristischen Anschlägen etwa halb so groß wie zuvor.

Die Wahrnehmung war jedoch ganz anders: Insgesamt dachten nur 19 % der Öffentlichkeit, dass die Anzahl der Toten aufgrund von Terroranschlägen geringer war, 34 % dachten, sie sei höher, und 33 % dachten, sie sei gleichgeblieben. Innerhalb dieses zeitlichen Rahmens dominierten in einigen Ländern völlig falsche Schätzungen. Beispielsweise dachten 60 % unserer Befragten in der Türkei, dass die Anzahl der Toten aufgrund von Terrorismus über diesen Zeitraum hinweg zugenommen hätte, auch wenn sie sich tatsächlich halbiert hatte. Natürlich soll damit in keiner Weise die weiterhin bestehende Bedeutung der terroristischen Bedrohung in der Türkei heruntergespielt werden: Die Anzahl der Toten in der Türkei bleibt eine der höchsten in den Ländern, in denen wir diese Frage gestellt hatten: 2159 Tote über den Zeitraum der letzten 15 Jahre. Trotzdem handelt es sich um eine völlig falsche Auffassung im Hinblick auf das, was die Veränderung angeht.

In einigen Ländern wurden die Trends korrekt erkannt, gewöhnlich wenn die Lage schlimmer geworden war: Die Mehrheit unserer Befragten in Frankreich gab korrekterweise an, dass die Anzahl der Toten in ihrem Land zugenommen hatte. Doch einige waren sogar überaus optimistisch im Hinblick auf die neueren Veränderungen: Die Mehrheit der Befragten in Russland dachte, die Anzahl der Toten aufgrund von Terrorismus hätte entweder abgenommen oder sei in etwa gleichgeblieben, obwohl sie sich doch in Wirklichkeit verdoppelt hatte.

Großbritannien hat, vor allem infolge des Friedensprozesses in Nordirland und des Waffenstillstands, der 1997 vereinbart worden ist, die stärkste Abnahme der Getöteten aufgrund von terroristischen Anschlägen zu vermelden, wenn man diese Zeiträume miteinander vergleicht. Gemäß der Globalen Terrorismus-Datenbank gab es in den 15 Jahren vor 2001 311 Tote aufgrund von Terrorismus auf dem Festland von Großbritannien (wir schlossen Nordirland nicht mit ein, weil sich unsere Umfrage an Befragte in Großbritannien und weniger an solche im gesamten Vereinigten Königreich richtete), während es in den 15 Jahren nach 2001 62 waren (die Abnahme wäre sogar noch dramatischer gewesen, wenn wir die Toten in Nordirland einbezogen hätten). Das wurde jedoch in Großbritannien nicht so wahrgenommen: 47 % dachten, dass die Anzahl der Toten aufgrund von Terrorismus über diese beiden Zeiträume hinweg zugenommen hätte, 29 % dachten, sie sei gleichgeblieben, und nur 15 % dachten, sie hätte abgenommen.

Es wird Sie nicht überraschen, dass unsere Erklärung dafür, warum wir falsche Schätzungen abgeben, eine ähnliche ist wie die bei den Mordraten – unsere rosige Retrospektion lässt uns die Vergangenheit durch eine rosa Brille sehen. Und die Behandlung des Terrorismus in den Medien und die politische Rhetorik in diesem Zusammenhang verstärkt bei uns das Gefühl einer größeren Bedrohung. Tatsächlich sind Todesfälle aufgrund eines Terroranschlags definitionsgemäß extremer und ungewöhnlicher als Morde allgemein. Deswegen haben sie einen höheren „Nachrichtenwert", der darüber entscheidet, wie viel Aufmerksamkeit wir ihnen widmen. Und in gleicher Weise bedeutet ihr seltenes Vorkommen, dass wir kaum eine direkte Erfahrung damit haben, aus der wir schöpfen können.

Die Chancen, irgendwann im Leben an einem Terroranschlag zu sterben, sind verschwindend gering im Vergleich zu so alltäglichen Aktivitäten wie Baden, Autofahren oder Erklimmen einer Leiter [18]. Steven Pinker, Psychologieprofessor in Harvard, formuliert es so: „Unsere Intuitionen zum Risiko lassen sich nicht von Statistiken leiten, sondern von Bildern und Geschichten. Die Menschen schätzen Tornados (durch die Dutzende von US-Amerikanern pro Jahr getötet werden) als gefährlicher ein als Asthma (das Tausende umbringt), vermutlich weil Tornados bessere Bilder im Fernsehen liefern." [19]

*

Allgemeiner gesagt sind die Lektionen, die man aus diesem Kapitel lernen kann, wieder folgende: Wir sollten darin bestärkt werden, im Hinblick auf die Realitäten optimistischer zu sein, und vor allem in Bezug darauf, wie sich die Realitäten ändern. Uns ist nicht nur eine Verzerrung im Hinblick darauf eigen, uns auf das Negative zu konzentrieren, wir neigen auch dazu, zu meinen, dass in der Vergangenheit alles besser gewesen ist. Weder die eine noch die andere Tendenz deutet auf Dummheit hin, weil sie ihren Ursprung in unserem starken Gefühl der Selbsterhaltung haben; und dazu gehört auch, dass wir uns an unsere Vergangenheit liebevoller erinnern, als die Realität es rechtfertigt. Doch diese Tendenzen können uns auch in die Irre führen, und ein besserer Ausgangspunkt bei den meisten Themen in den meisten Ländern die meiste Zeit über besteht darin, dass die Lage nicht so schlimm ist, wie wir meinen – und sie wird besser.

In Steven Pinkers neuestem Buch *Aufklärung jetzt* zu dem Thema, warum wir eine positivere Einstellung gegenüber den Fortschritten haben sollten, die wir gemacht haben, und warum wir aufgrund eines falschen Realitätsgefühls und der Trends nicht das Erreichte in der Luft zerreißen sollten, zeigt Pinker ein Diagramm nach dem anderen mit guten Dingen, die (meist) an Häufigkeit zunehmen, und schlechten Dingen, die (meist) auf dem absteigenden Ast sind. Er zitiert Barack Obama, der unseren Verzerrungen die Grundlage entzieht, indem er betont, dass unsere Welt, wenn man der Sache auf den Grund geht, weit davon entfernt ist, perfekt zu sein, aber besser als die Vergangenheit:

Wenn man sich eine Zeit in der Geschichte aussuchen müsste, in der man gerne geboren werden würde, ohne vorher zu wissen, wer man sein wird, ob man in eine reiche oder arme Familie geboren wird, in welchem Land und ob man als Mann oder Frau zur Welt kommt – wenn man also blind eine Zeit auswählen müsste, dann würde man die heutige Zeit wählen [20].

Literatur

1. *The Guardian* (1950). From the Archive, 18 March 1950: The Flogging Debate. Abgerufen am 29. April 2020 von https://www.theguardian.com/theguardian/2011/mar/18/archive-flogging-debate-1950
2. Ebenda
3. Ebenda
4. Hanlon, G. (2014). Violence and Punishment: Civilizing the Body Through Time By Pieter Spierenburg (Review). *Journal of Interdisciplinary History, 44*(3), 379–381. Abgerufen am 29. April 2020 von https://muse.jhu.edu/article/526377/summary
5. Pew Research Center (2013). Gun Homicide Rate Down 49% Since 1993 Peak; Public Unaware. Abgerufen am 29. April 2020 von http://assets.pewresearch.org/wp-content/uploads/sites/3/2013/05/firearms_final_05-2013.pdf
6. Beckwé, M., Deroost, N., Koster, E. H. W., De Lissnyder, E. & De Raedt, R. (2014). Worrying and Rumination Are Both Associated With Reduced Cognitive Control. *Psychological Research, 78*(5), 651–660. Abgerufen am 29. April 2020 von https://doi.org/10.1007/s00426-013-0517-5
7. Mitchell, T. R., Thompson, L., Peterson, E. & Cronk, R. (1997). Temporal Adjustments in the Evaluation of Events: The „Rosy View". *Journal of Experimental Social Psychology, 33*(4), 421–448. Abgerufen am 29. April 2020 von https://doi.org/10.1006/JESP.1997.1333

8. Hallinan, J. T. (2010) *Errornomics: Why We Make Mistakes and What We Can Do To Avoid Them*. Random House.
9. Vollständige Liste der Studien zu den Tücken der Wahrnehmung auf S. 229.
10. Harcup, T. & O'Neill, D. (2001). What Is News? Galtung and Ruge Revisited. *Journalism Studies, 2*(2), 261–280. Abgerufen am 29. April 2020 von https://doi.org/10.1080/14616700118449
11. Ebenda
12. Dunbar, R. (1998). *Grooming, Gossip, and the Evolution of Language*. Cambridge: Harvard University Press.
13. Trump, D. J. (2017a). Just Out Report: „United Kingdom Crime Rises 13% Annually Amid Spread of Radical Islamic Terror". Not Good, We Must Keep America Safe! Abgerufen am 29. April 2020 von https://twitter.com/realdonaldtrump/status/921323063945453574?lang=en
14. Nelson, F. (2017). „Amid" is a Word Beloved by Fake News Websites, to Conflate Correlation and Causation. UK crime is Also Up „Amid" Spread of Fidget Spinners. Abgerufen am 29. April 2020 von https://twitter.com/frasernelson/status/921335089333723136?lang=en-gb
15. Trump, D. J. (2017b). Remarks by President Trump in Roundtable with County Sheriffs. Abgerufen am 29. April 2020 von https://www.whitehouse.gov/briefings-statements/remarks-president-trump-roundtable-county-sheriffs/
16. Ohne Autorenangabe (ohne Jahresangabe). Illusory Truth Effect. Abgerufen am 29. April 2020 von https://en.wikipedia.org/wiki/Illusory_truth_effect. Der deutsche Beitrag findet sich in Wikipedia unter https://de.wikipedia.org/wiki/Wahrheitseffekt_und_Wahrheitsurteile
17. Vedantam, S. (2015). How Emotional Responses to Terrorism Shape Attitudes Toward Policies. Abgerufen am 29. April 2020 von https://www.npr.org/2015/12/22/460656763/how-emotional-responses-to-terrorism-shape-attitudes-toward-policies
18. ul Hassan, Z. (2015). A Data Scientist Explains Odds of Dying in a Terrorist Attack. Abgerufen am 29. April 2020 von https://www.techjuice.pk/a-data-scientist-explains-odds-of-dying-in-a-terrorist-attack/
19. Pinker, S. (2018). The Disconnect Between Pessimism and Optimism – On Why We Refuse to See the Bright Side, Even Though We Should. Abgerufen am 29. April 2020 von http://time.com/5087384/harvard-professor-steven-pinker-on-why-we-refuse-to-see-the-bright-side/
20. The White House (2016). Remarks by President Obama at Stavros Niarchos Foundation Cultural Center in Athens, Greece. Abgerufen am 29. April 2020 von https://obamawhitehouse.archives.gov/the-press-office/2016/11/16/remarks-president-obama-stavros-niarchos-foundation-cultural-center. Auf Deutsch abgerufen am 2. April 2020 von https://de.usembassy.gov/de/rede-von-us-praesident-barack-obama-athen/

6

Politische Irreführung und Abgekoppeltheit von den Menschen

„Wissen Sie überhaupt, was ein Liter Milch kostet?"

Das war die Fangfrage, die der furchterregende Interviewer Jeremy Paxman dem damaligen Bürgermeister von London Boris Johnson stellte [1]. Paxman nahm Johnson wegen der von seiner Partei vorgeschlagenen Steuererleichterungen für die Reichen in die Mangel und fragte ihn nach den Kosten von einem halben Liter Milch. Damit wollte er demonstrieren, wie weit weg Johnson vom Leben der Menschen war, die er repräsentieren sollte. Als Johnson darauf hinwies, dass es 80 Pence seien, korrigierte ihn Paxman sofort: „Nein, es sind etwas mehr als 40." Johnson versuchte, sich polternd herauszuwinden, und sagte, dass er an eine dieser „großen Flaschen" gedacht hätte. Aber Paxman ging darauf nicht ein und schlug zurück mit: „Das ist so typisch für Boris. Er hat versucht, die Frage nachträglich zu ändern; ich habe nach einem *halben Liter* Milch gefragt." (Anm. d. Übers.: Im Originaltext steht *pint,* was etwas mehr als ein halber Liter ist.)

Offenbar sollten die Zuschauer zu Hause jenseits der Banalität des Wortgefechts eigentlich verstehen, dass Johnson nicht für Steuerpläne kämpfen sollte, mit denen die oberen Steuersätze gesenkt würden, wenn er keine Ahnung davon hätte, welche Kosten für eine gewöhnliche Familie anfielen, um die lebensnotwendigen Waren zu kaufen.

Am nächsten Tag wurde der damalige Premierminister David Cameron von einem anderen Reporter, nur um die Einkaufsliste ein wenig zu variieren, nach dem Preis von Brot gefragt. Cameron sagte: „Nun, mehr als ein Pfund." Und als ihm vom Moderator gesagt wurde, es seien nur 0,47 £ (was ziemlich falsch war, der Preis lag damals eher bei 1,20 £), polterte auch

Cameron los, dass er eine Brotbackmaschine habe und dass er es vorzöge, sein eigenes Brot zu backen; er verlor sich in Kleinigkeiten wie die Art des Mehls (Cotswold Crunch) und den Hersteller der von ihm verwendeten Brotbackmaschine (Panasonic).

Etwas später am selben Tag wurde Boris Johnson nach dem Brotpreis gefragt und bekam es sofort richtig hin. Eindeutig hatte es auf der höchsten Ebene der britischen Regierung eine kurze Einweisung in die Lebensmittelpreise gegeben. (Tatsächlich kam später heraus, dass David Cameron *wirklich* einen Spickzettel mit Fakten und Zahlen dabei hatte, die er pauken sollte, mit den entscheidenden wirtschaftlichen und politischen Daten wie den neuesten Wachstumsraten und dem Mindestlohn zusammen mit dem Preis für 20 Zigaretten in King-Size-Größe und einem halben Liter Lagerbier. Darauf war auch Brot mit einem Preis von 1,27 £ vermerkt; er erinnerte sich also ganz gut an seine Zahlen.)

Für jeden, der etwas mit dem politischen Geschäft zu tun hat, ist die Aneinanderreihung von Ereignissen wenig erquicklich. Aber sie wirft ein Schlaglicht darauf, wie sehr die Medien und andere darauf aus sind, fähige und gerissene Politiker auf nachprüfbare und verständliche Fakten festzunageln, auf etwas, von dem man erwarten kann, dass alle „gewöhnlichen Menschen" es wissen. Aber wissen gewöhnliche Menschen das wirklich?

Wir fragten die Öffentlichkeit in Großbritannien nach dem Preis eines halben Liters Milch; und es stellte sich heraus, dass es sich viele von uns nicht erlauben können, solche Urteile über andere zu fällen [2]. Es stimmt, dass die durchschnittliche Schätzung recht nahe an der (damaligen) Realität von 0,49 £ lag. Doch 20 % der Befragten sagten 0,80 £ und mehr (es muss sich also um dieselbe Art spezieller Yak-Milch handeln, die Boris Johnson trinkt), und 11 % sagten 0,29 £ oder weniger (Sie sollten sich um jede Art von Milch, die so wenig kostet, sorgenvolle Gedanken machen – erinnern Sie sich an die Episode bei den *Simpsons* über Fat Tony und seinen „Betrug mit Rattenmilch"?).

Zwei der zentralen Aufgaben von Politikern sind, mit der Realität „in Verbindung" zu bleiben und alle Bürger fair zu repräsentieren. Doch unser Eindruck ist zu oft, dass sie uns in die Irre führen oder schlichtweg lügen. Sie repräsentieren uns nicht, und das sieht man sogar an den grundlegenden Faktoren, beispielsweise daran, wie viele von ihnen Männer und Frauen sind; und sie nutzen anscheinend die Emotionen der Wähler eher für ihre eigenen Zwecke aus, als dass sie sich für die eigentlichen Anliegen einsetzen. Man stellt sich Politiker oft als an sich selbst interessierte, lebensfremde Eliten vor, die unsere Sorgen und Nöte nicht verstehen und nicht vorhaben, zu unserem Nutzen zu regieren.

Ein Demokratiedefizit

Es ist deshalb keine Überraschung, dass viele von uns dem ganzen politischen Prozess misstrauen. Einige von uns wenden sich deshalb völlig von der Politik ab. Aber wie es sich ergibt, lehnen es nicht so viele, wie wir meinen, ab zu wählen. Wenn man die Frage stellt, welcher Prozentsatz der wahlberechtigten Bevölkerung bei den letzten Parlaments- oder Präsidentenwahlen zur Wahl gegangen ist, wurde in jedem Land die Zahl unterschätzt und in einigen – wie in Frankreich, Italien und Großbritannien – sogar substanziell.

Auch dort, wo die durchschnittliche Schätzung nahe beim tatsächlichen Niveau lag, wie etwa in den USA, schätzten viele Menschen die Wahlbeteiligung entschieden geringer ein: Beispielsweise dachten ein Viertel der US-Amerikaner, dass 40 % oder weniger ihrer Mitbürger bei den Präsidentschaftswahlen im Jahr 2012 gewählt hätten.

Der Grund dafür, dass wir die Wahlbeteiligung unterschätzen, hängt sehr wahrscheinlich mit der weit verbreiteten Behandlung der geringeren Wahlbeteiligung in den Medien allgemein und speziell bei Wahlen zusammen. Dies erinnert an das, was wir im vorigen Kapitel über den Nachrichtenwert gesagt haben. Professor Mark Franklin fasst dies in seinem Buch über die Beteiligung an Wahlen folgendermaßen zusammen: „Eine stabile Beteiligung ist keine Nachricht. Eine leicht erhöhte Beteiligung ist keine Nachricht. Eine geringe oder abnehmende Beteiligung hat einen Nachrichtenwert." [3]. Damit hängt zusammen, dass die Wahlbeteiligung in vielen etablierten Demokratien in der Zeit nach dem Zweiten Weltkrieg tatsächlich abgenommen hat, obwohl die Situation häufig mehr Variationen aufweist und keine völlige Ablehnung von Wahlen bedeutet, wie man meinen könnte, wenn man sich die Behandlung des Themas in den Medien ansieht. Man kann aus Abb. 6.1 ersehen, dass es meistens immer noch der Norm entspricht zu wählen.

Aus unserer Fehlwahrnehmung der Wahlbeteiligung lassen sich wichtige Schlussfolgerungen im Hinblick auf die Gesellschaft ziehen. Wir haben es schon mehrfach gesehen: Wenn wir meinen, es entspreche der Norm, nicht auf eine bestimmte Weise zu handeln, ist die Wahrscheinlichkeit bei uns geringer, dass wir selbst so handeln. Und dies liegt an unserer Neigung, die Mehrheit zu imitieren und wie Schafe der Herde zu folgen. In diesem Fall ist unsere Auffassung von der Norm oft falsch; wie beim Konsum von Alkohol an der Princeton University könnte uns unser „pluralistisches Unwissen" zu der Auffassung verleiten, dass die aktive Ablehnung des Wählens die Mehrheitsmeinung sei. Und das könnte einen Einfluss auf unsere Neigung zu wählen haben.

Frage. Wie viel Prozent von allen Wahlberechtigten haben in Ihrem Land bei den letzten Wahlen gewählt?

	Unterschied zwischen der durchschnittlichen Schätzung und der Realität	Durchschnittliche Schätzung	Realität
Frankreich	-23	57	80
Italien	-21	54	75
Vereinigtes Königreich	-17	49	66
Ungarn	-17	47	64
Südkorea	-16	60	76
Japan	-16	43	59
Spanien	-14	55	69
Deutschland	-14	58	72
Schweden	-13	72	85
Kanada	-10	51	61
Australien	-9	84	93
Polen	-7	42	49
Belgien	-4	85	89
USA	-1	57	58

Zu gering

Abb. 6.1 In allen Ländern wurde der Anteil der Bevölkerung unterschätzt, der bei der letzten großen landesweiten Wahl gewählt hat

Wir müssen uns natürlich auch damit beschäftigen, ob eine abnehmende Wahlbeteiligung immer so etwas Schlechtes ist oder ob es sich dabei nicht um einen Fehler der Bürger selbst handelt. Wie Professor Franklin betont, gingen die Forscher in den frühen Tagen der Beschäftigung mit der Wahlbeteiligung in den Zwanzigerjahren davon aus, dass die Beteiligung an Wahlen, deren Ausgang nicht klar ist oder bei denen „Themen von vitaler Bedeutung behandelt werden", höher sein würde. Unter diesem Blickwinkel könnte eine geringere Wahlbeteiligung Ausdruck der Tatsache sein, dass Politiker und Parteien uns eigentlich keine richtige Wahl gelassen haben. In diesem Szenario kann allgemeiner gesagt unser Mangel an Interesse am Wählen oder an politischen Themen rational sein [4].

Der Wirtschaftswissenschaftler Anthony Downs hat in den Fünfzigerjahren in seinem Buch *Die Ökonomische Theorie der Demokratie* den Begriff „rationales Unwissen" geprägt [5]. Er führte das Argument an, dass es für uns völlig rational ist, über zentrale politische und soziale Realitäten schlecht informiert zu sein, weil es Zeit und Mühe kostet, informiert zu sein – und das ist sinnlos, wenn wir durch unsere Wahl sowieso nichts beeinflussen können. Individuelle Wahlentscheidungen haben keinen Einfluss; warum sollten wir uns also extra dafür anstrengen?

6 Politische Irreführung und Abgekoppeltheit von den Menschen

Es stimmt gewiss, dass die Chancen jeder einzelnen Person, den Ausgang einer Wahl zu beeinflussen, sehr gering sind. Für die früheren Präsidentschaftswahlen in den USA ist berechnet worden, dass die Chance irgendwo zwischen 1 zu einer Million und 1 zu einer Milliarde liegt, wenn man zufällig in einem der größeren Staaten der USA lebt – das ist mehrfach weniger als die Gewinnchance bei den meisten landesweiten Lotterien. Also im Endeffekt gleich Null.

Beim rationalen Unwissen handelt es sich um ein faszinierendes Forschungsgebiet. Und da es in den USA in den Vierziger-, Fünfziger- und Sechzigerjahren viel Aufmerksamkeit auf sich zog, stellt es uns heute einige der am längsten existierenden Maße für politisches Unwissen bereit, die zur Verfügung stehen. Diese Studien erfassten das Verständnis diverser „Fakten, die gelehrt werden" (wie eine Regierung funktioniert, die für etwas verantwortlich ist) und „Fakten zur Kontrolle der Macht" (Dinge, die wir auf dem aktuellen Stand halten müssen, wie etwa, welche Partei die Mehrheit im Parlament hat, die momentane Arbeitslosenrate etc.). Dieses Wissen – oder der Mangel daran – hat sich über die Jahrzehnte hinweg kaum verändert: Wir wissen heute genauso wenig wie schon immer. Beispielsweise zeigte eine Gallup-Umfrage, dass nur 55 % der Menschen sagen konnten, welche Partei die Mehrheit im Senat hat – und daran hat sich im Jahr 1989 praktisch nichts geändert, als nur 56 % der US-Amerikaner die richtige Antwort kannten [6].

Es gibt eine gewisse Kritik an der Theorie – vor allem daran, dass es sich bei der Art politischer Fakten, auf die man sich konzentriert, anscheinend um so etwas wie Alltäglichkeiten handelt. Das heißt, dass einige die Bedeutung der Theorie herunterspielen und folgendermaßen argumentieren: Wenn Menschen mit umfassenderen Konzepten umgehen können, vielleicht aber die wesentlichen Fakten nicht kennen, so ist das für ein gut funktionierendes politisches System nicht so wichtig. Doch das scheint ein wenig blasiert zu sein. Ilya Somin, Professor an der George Mason University, führt das Argument an, dass es schwierig ist, Regierungen zur Rechenschaft zu ziehen, wenn man nicht weiß, wer wofür verantwortlich ist [7].

Eine andere Kritik lautet, dass die Theorie anscheinend insgesamt *zu* rational ist. Dafür gibt es eine gewisse Berechtigung, wo wir doch bereits gesehen haben, wie emotional und instinktiv viele unserer gedanklichen Prozesse sind. Dies spricht jedoch nicht völlig gegen die Bedeutung der Theorie. Wie Somin und andere argumentieren, stellen wir vielleicht keine vollständige Berechnung an, ob es sich lohnt, informiert zu sein – ein nur vages Gefühl reicht uns aus –, und wir können dies wahrscheinlich bei vielen Menschen, die wir kennen, als Persönlichkeitsmerkmal feststellen.

Wir haben über eine so lange Zeit hinweg Umfragedaten erhoben, die zeigen, dass das politische Unwissen über die Zeit hinweg ziemlich stabil ist (und gewiss nicht abnimmt). Daraus können wir diese Schlussfolgerung ziehen: Es scheint sehr unwahrscheinlich zu sein, dass wir in der Zukunft irgendeine signifikante Zunahme an politischer Bewusstheit beobachten werden. Deshalb sollten wir vielleicht nicht versuchen, das Wissen zu vergrößern, sondern vielmehr den Einfluss des Unwissens zu verringern. Das wiederum – so lauten die Empfehlungen – wird vor allem dadurch erreicht, dass man die Regierung in ihrer Macht begrenzt und dezentralisiert, mehr Mittel in den privaten Sektor steckt und es den Menschen erlaubt, „mit den Füßen zu wählen" – also in eine Gegend zu ziehen, die besser zu ihren Vorlieben passen. Wenn Sie ein US-Amerikaner sind, der weniger Steuern zahlen möchte, dann können Sie nach Alaska oder nach Delaware umziehen, wo die Steuern des Bundesstaates mindestens 40 % geringer sind als im Schnitt der USA. Dies wirft klar und deutlich ein neues Licht auf einige der Probleme mit der Funktionsfähigkeit der „Kundenfrequenzdemokratie" – dass es hinter der Auswahl eines Wohnorts eine Vielfalt von Motivationen gibt. Einige Menschen werden eher darauf eingerichtet sein und stärker dazu neigen als andere, aus einem solchen System einen Vorteil zu ziehen.

Dennoch führt das rationale Unwissen zu einem wichtigen Punkt. Es zeigt, dass unser Mangel an politischem Wissen ein seit Langem bestehendes und sich nicht veränderndes Problem ist. Deswegen ist es nicht so sehr das Angebot an politischen Informationen, das fehlt, um zu einer Veränderung zu kommen – es sind massenweise gute und genaue Informationen vorhanden, wenn wir uns nur die Mühe machen, sie zu recherchieren. In gleichem Maße handelt es sich um ein Thema der Nachfrage, und die Bürger müssen sich auch aktiv darum kümmern.

Lassen Sie uns auf das zurückkommen, was wir zur Wahlbeteiligung gesagt haben. Manche argumentieren, dass das politische Unwissen in unseren Gesellschaften eine wichtige Realität ist. Einige von ihnen heben hervor, dass die Wahrscheinlichkeit, dass eine Person wählt, in hohem Maß damit zusammenhängt, über welches Niveau an politischem Wissen sie verfügt. Der Gedankengang geht daher so: Je mehr Menschen sich beteiligen, desto weniger gut ist der durchschnittliche Wähler informiert. Sollten wir uns also überhaupt so sehr darauf konzentrieren, eine starke Wahlbeteiligung zu erzielen? Wieder handelt es sich hier um einen relativ stichhaltigen Teil der Analyse, der so alt ist wie die Demokratie selbst. Im *Gorgias-Dialog* wies Plato darauf hin, dass die Demokratie fehlerbehaftet ist, weil sie sich aufgrund der Ansichten unwissender Massen für eine Politik entscheidet, und zwar auf Kosten der besser informierten und einfach weiseren Philosophen und Experten. Aristoteles war da optimistischer, indem er darauf hinwies, dass die Massen kollektiv mehr Informationen haben als irgendein Individuum – im Grunde genommen ist keiner von uns so weise wie wir alle. Aber die Sorge um das Unwissen hielt an; John Stuart Mill beispielsweise argumentierte, dass man dem Bessergebildeten und Kenntnisreicheren mehr Wählerstimmen geben sollte als dem weniger gut Gebildeten oder dem Unwissenden. Diese Auffassung verweist auch auf wichtige Fakten dazu, wie riskant beispielsweise Volksabstimmungen mit einer hohen Teilnehmerzahl (etwa das EU-Referendum im Vereinigten Königreich) sein können.

Mit dieser Argumentation verliert man aber auch stärker das Argument der Gleichberechtigung aus dem Blick. Es lautet, dass alle Bürger gleich viel zu sagen haben sollten, nicht nur diejenigen, von denen wir meinen, sie hätten genügend Fähigkeiten. Es wird leicht vergessen, dass in vielen Ländern Frauen bis zur Mitte des 20. Jahrhunderts oder später vom Wählen ausgeschlossen waren: Das vollständige Stimmrecht wurde ihnen erstmals in Frankreich im Jahre 1944 gewährt, dann in Italien im Jahr 1945, in Indien im Jahr 1950 und in der Schweiz (unglaublicherweise) im Jahr 1971. Diese Unterdrückung der politischen Rechte von Frauen zeigt auch heute noch eine deutliche Wirkung, und dazu gehört die beklagenswerte Unterrepräsentation von Frauen in Führungspositionen.

Eine Welt des Mannes?

Das Thema des Internationalen Frauentages 2018 war „#PressforProgress"; hier wurde betont, wie weit der Weg ist, den wir immer noch vor uns haben, um die Gleichberechtigung der Geschlechter zu erreichen. Dieses Thema wurde teilweise in Reaktion auf den 2017 Global Gender Gap Report des World Economic Forum ausgewählt. Hier wurde auf Folgendes hingewiesen: Sollte sich der Fortschritt mit der momentanen Geschwindigkeit weiterentwickeln, wird die Gleichstellung der Geschlechter auf der ganzen Welt erst in weiteren *217 Jahren* (!) erreicht werden, wenn man sie auf die vier zentralen Dimensionen bezieht: die wirtschaftlichen Möglichkeiten, die Bildungsabschlüsse, die gesundheitsbezogenen Resultate und die politische Handlungsfähigkeit [8].

Wir haben mit den Organisatorinnen und Organisatoren des Internationalen Frauentages zusammengearbeitet, um eine weltweite Umfrage über die Wahrnehmungen im Zusammenhang mit diesen schockierenden

Realitäten durchzuführen – und unsere Fehlwahrnehmungen waren bedeutsam. Die durchschnittliche Einschätzung war, dass die wirtschaftliche Gleichstellung der Geschlechter in etwa 40 Jahren erreicht werden würde, wobei etwa der durchschnittliche Kanadier dachte, es würde nur 25 Jahre dauern, der durchschnittliche Inder nur 20 Jahre und der durchschnittliche Mexikaner nur 15 Jahre. Unsere Fehlwahrnehmungen bringen unsere Selbstgefälligkeit über die Entfernung, die wir auf dieser Reise noch zurücklegen müssen, zum Ausdruck.

Diese Selbstgefälligkeit ist auch in unseren Fehlwahrnehmungen der beklagenswerten Realität, wie unterrepräsentiert Frauen in Führungsrollen sind, weltweit zu erkennen. Der Prozentsatz von Geschäftsführerinnen bei Fortune-500-Unternehmen liegt weltweit gerade einmal bei 3 %. Erneut meinen die Menschen, es sei alles gleicher, als es in Wirklichkeit ist [9]. Die durchschnittliche Einschätzung lautete, dass 20 % der Geschäftsführerinnen und Geschäftsführer in den größten Unternehmen der Welt Frauen seien.

Durch eine faire Repräsentation von Frauen wird nicht nur das Signal ausgesendet, dass die Hälfte der Weltbevölkerung ein gleichwertiger Teil der Gesellschaft ist. Auf diese Weise wird auch die Politik und die Praxis im Geschäftsleben und in Regierungen dadurch verändert, dass bei Entscheidungen die oft unbewusste Verzerrung bezogen auf das Geschlecht aufgedeckt wird.

Betrachten wir einmal ein Beispiel aus einer Provinzregierung in Schweden. In diesem Land schneit es sehr viel, und der Schnee geräumt wird, hat einen bedeutsamen Einfluss auf das Leben der Menschen. Sie könnten vielleicht einwenden: Was hat das mit der Gleichheit der Geschlechter zu tun? Nun, durch die Art und Weise, wie der Schnee traditionell geräumt worden ist, hat man zunächst den Ringstraßen um die Städte Priorität eingeräumt, dann den Hauptstraßen und erst danach den kleineren Straßen, Radwegen und Bürgersteigen. Die Gebiete, die als Erstes geräumt wurden, waren auch gewöhnlich die Bereiche der von Männern dominierten Arbeitsplätze in Finanzdistrikten und dergleichen.

Im Schnitt fahren Frauen weniger Auto, sie gehen mehr zu Fuß, fahren öfter Fahrrad und benutzen häufiger öffentliche Verkehrsmittel. Und der Schnee hat einen großen Einfluss auf Fußgänger und Fahrradfahrer, wobei für sie kleinere umgeräumte Bereiche schlimmer und gefährlicher sind als für Autofahrer. Dies hatte einen unmittelbaren Einfluss auf die Ausgewogenheit bei den Verletzungen und Unfällen, wenn man es nach den Geschlechtern aufschlüsselt: Tatsächlich war in Schweden die Wahrscheinlichkeit für Fußgänger, an Unfällen beteiligt zu sein und sich Verletzungen zuzuziehen, die etwas mit Schnee zu tun hatten, viel höher als für Autofahrer; und die meisten Fußgänger waren Frauen [10].

In den Jahrzehnten, in denen Politiker und Amtspersonen (großenteils Männer) Ansätze zur Schneeräumung entwickelt hatten, hatte man, ohne sich dessen bewusst zu sein, die Ungleichheit der Geschlechter gefördert. Seitdem hat eine Reihe von schwedischen Gemeinden ihren Ansatz völlig umgestellt. Die Fußwege und die Radwege wurden zuerst geräumt. Dann die Wege zu den Kindergärten und Kindertagesstätten, weil die Eltern (beiderlei Geschlechts) auf ihrem Weg zur Arbeit zunächst dorthin fahren. Als Nächstes bekamen größere Arbeitsstätten Vorrang, wobei dies von Frauen dominierte Arbeitsstätten wie etwa Krankenhäuser und Gemeindeeinrichtungen einschloss. Erst wenn dieser Teil des Straßennetzes geräumt war, wurden die übrigen Straßen vom Schnee befreit. Wenn man mit dieser neuen Prioritätenliste arbeitet, so kostet das nicht mehr, aber die Ressourcen werden fairer aufgeteilt; infolgedessen sind die Unfallraten nach unten gegangen, und weniger Mitarbeiter kommen zu spät zur Arbeit, was mit umfassenderen ökonomischen Vorteilen verbunden ist.

Schweden hat sich in besonderem Maße auf die Gleichstellung der Geschlechter hinsichtlich der politischen Repräsentation konzentriert, wobei 44 % der Parlamentsabgeordneten Frauen sind. Am nächstbesten sind Südafrika und Mexiko, wo der Anteil der Frauen 42 % beträgt. Beide Länder sind auch Beispiele dafür, wie die Legislative im Land und das Engagement in politischen Parteien die Repräsentation signifikant verändern können. Im Februar 2014 verabschiedete Mexiko nach Jahren der Lobbyarbeit einen zusätzlichen Artikel für seine bundesstaatliche Verfassung, der die politischen Parteien dazu verpflichtet, „… Regeln zu entwickeln, um die Gleichstellung der Geschlechter bei der Nominierung von Kandidaten bei bundesweiten und kommunalen Kongresswahlen zu gewährleisten"; und dies führte zu Rekordzahlen von weiblichen Abgeordneten. In Südafrika gibt es keine so geartete nationale Gesetzgebung, aber es gibt ein bedeutendes freiwilliges Engagement vonseiten der politischen Parteien, vor allem vonseiten des ANC, der über mehr als 60 % der Sitze verfügt. Wieder hat das Drängen nach Gleichstellung der Geschlechter im ANC eine lange und faszinierende Geschichte; und im Jahr 2006 verabschiedete das Parlament ein Gesetz, das eine 50-prozentige Geschlechterquote bei den Kommunalwahlen sichern sollte, und weitete dies dann im Jahr 2009 auf die landesweiten Wahlen aus [11].

Traurigerweise sind diese Länder eindeutig die Ausnahme, und der Durchschnitt über die 32 Länder hinweg, die sich an der Studie beteiligten, ist mit nur etwa 25 % viel deprimierender. In vielen dieser Länder ist der

Anteil unglaublich gering: Nur 10 % der Parlamentsabgeordneten in Brasilien, Ungarn und Japan sind Frauen.

Als wir die Personen befragten, welcher Prozentsatz der Parlamentsabgeordneten in ihrem Land Frauen seien, waren die Schätzungen so weit von der Wirklichkeit entfernt wie bei den meisten Themen. Tatsächlich betrug über alle Länder hinweg die durchschnittliche Schätzung 23 %, wo doch der Durchschnitt in Wirklichkeit bei 26 % lag (Abb. 6.2). Aber dadurch bleibt ein Muster verborgen, bei dem die einzelnen Länder in beiderlei Hinsicht ziemlich unrecht hatten. Das Land, das sich im Hinblick auf die politische Gleichstellung der Geschlechter am stärksten selbst etwas vormachte, war Russland, wo man dachte, dass 31 % der Abgeordneten im nationalen Parlament Frauen seien, obwohl es doch nur 14 % sind. Aber interessanterweise erweisen sich die Schätzungen der Mexikaner auch nicht als besonders gut, und sie waren sich nicht bewusst, wie progressiv sie waren – ihre Schätzungen lagen bei 26 %. Doch in Wirklichkeit liegt der Anteil, wie wir bereits gesehen haben, bei 42 %.

Wir sollten eigentlich kein besonders gutes Gefühl dabei haben, wenn wir in der einen oder anderen Richtung falsche Schätzungen abgegeben haben. Wenn man das Ausmaß eines Problems (oder dass es überhaupt ein Problem ist) in Ländern wie Russland nicht erkennt, wird dies bedeuten, dass man sich weniger auf das Problem konzentriert und es weniger Druck gibt, um die Veränderungen zu erreichen, die in anderen Ländern erfolgt sind. Wenn man nicht erkennt, dass ein Fortschritt erreicht worden ist, etwa in Ländern wie Spanien und Mexiko, kann dies andere Frauen entmutigen, sich in gleicher Weise zu engagieren oder auf die Legitimität politischer Entscheidungen zu vertrauen; und dies vermittelt das falsche Gefühl, dass man nichts machen kann. Wie wir gesehen haben, sind wir soziale Wesen und imitieren die Mehrheit, nicht die unterrepräsentierte Minderheit.

Eine Mehrheit der Öffentlichkeit erkennt, welche Vorteile es hat, wenn es mehr Gleichheit in Bezug auf die Repräsentation gibt: 61 % der Befragten in 27 Ländern stimmten der Aussage zu, dass alles besser funktionieren würde, wenn Frauen verantwortlichere Positionen in der Regierung und im Geschäftsleben einnehmen würden. Dies ist sogar die Ansicht einer Mehrheit der Männer, obwohl das eine der wenigen Fragen war, bei denen Männer und Frauen eine bemerkenswert unterschiedliche Sichtweise hatten, wobei nur 53 % der Männer der Aussage zustimmten – gegenüber 68 % der Frauen. In vielen Ländern einschließlich Deutschland, Japan, Südkorea und am deutlichsten Russland (wo nur 26 % der Männer dieser Meinung waren) war es nur eine Minderheit der Männer, die hier zustimmten. In diesem

6 Politische Irreführung und Abgekoppeltheit von den Menschen

Frage: Was meinen Sie, welcher Prozentsatz der Politikerinnen und Politiker in Ihrem Land Frauen sind?

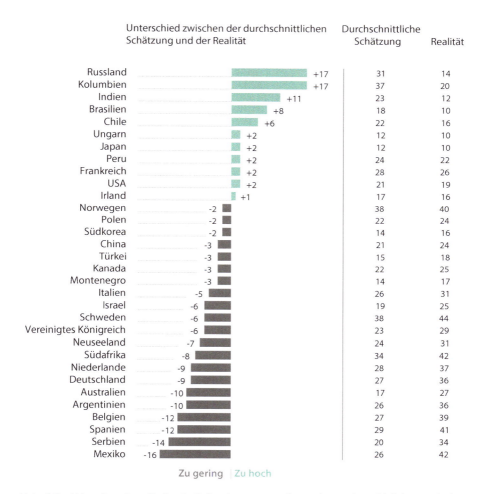

Abb. 6.2 Was den Anteil der Politikerinnen angeht, gab es ein wirklich gemischtes Ergebnis in Bezug auf die Treffsicherheit: Eine Reihe von Ländern waren ausgesprochen treffsicher, während in anderen Ländern der Prozentsatz signifikant über- bzw. unterschätzt wurde

Kontext wird vielleicht deutlich, warum (meist männliche) Politiker in einer ganzen Anzahl von Ländern keine massiveren Maßnahmen für die gleiche Repräsentation beider Geschlechter ergreifen.

Die Abgehängten

Donald Trump kam während seiner Wahlkampagne für die Präsidentschaft immer wieder auf die Arbeitslosenzahlen in den USA zurück und behauptete, sie seien um etwa 42 % gestiegen, was den amtlichen Zahlen widersprach, die zu diesem Zeitpunkt bei etwa 5 % lagen; dies brachte ihm viel Spott von Personen ein, die die Zahlen kannten. Er bekam „vier Pinocchios" vom Faktenchecker der *Washington Post;* das ist der wichtigste Preis, den die Zeitung zu vergeben hat, und lässt sich auf deren Skala als „Mordsding" übersetzen [12]. „Glauben Sie diese gefälschten Zahlen einfach nicht", sagte Trump zu seinen Unterstützern. Die Zahl ist wahrscheinlich „28, 29 oder sogar 35 [Prozent]. Tatsächlich habe ich neulich sogar von 42 [Prozent] gehört." [13].

> Die Arbeitslosenzahl ist, wie Sie wissen, völlig fiktiv. Wenn Sie sechs Monate lang nach einem Job suchen und Sie dann aufgeben, hält man Sie für jemanden, der aufgibt [sic]. Sie geben einfach auf. Sie gehen nach Hause. Sie sagen: „Liebling, ich kann einfach keinen Job bekommen." Statistisch werden Sie als berufstätig angesehen. So ist es aber nicht. Doch machen Sie sich keine Sorgen darüber; denn es wird sich ziemlich schnell von selbst erledigen [14].

Die Zahlen können vielleicht keine faktische Grundlage haben, aber die *Bedeutung* der Aussage – das, was Trump zu sagen versucht – ist klar; nämlich, dass *sie sich von Ihnen distanzieren.* Sie sind durch die Ritzen gefallen, weil das System schlechte Nachrichten zu verbergen versucht. Trump arbeitet mit einer Emotion, und es ist nicht das einzige Mal, dass er das gemacht hat, und zwar bei einer Reihe von Themen. So wurde er zum Beispiel von David Muir, dem Moderator des Programms *ABC's World News Tonight,* gefragt: „Sind Sie der Meinung, dass es für dieses Land gefährlich ist, über Millionen illegaler Wählerstimmen zu sprechen, ohne Belege dafür vorzulegen?" Trump erwiderte: „Nein, überhaupt nicht! Überhaupt nicht – weil viele Menschen dasselbe Gefühl haben wie ich." [15]. Gegenüber der Emotion ist die Realität etwas Sekundäres. Oder wie es der britische Kolumnist Matthew d'Ancona formuliert: „Er brachte eine brutale Empathie gegenüber [seinen Unterstützern] herüber, die ihren Ursprung nicht in Statistiken, empirischen Belegen oder minutiös gesammelten Informationen hat, sondern in einem ungehemmten Talent zu Wut, Ungeduld und Schuldzuteilung." [16]

Selbstverständlich gibt es viele Indikatoren für Arbeitslosigkeit und Unterbeschäftigung, die von den nationalen Statistikämtern der USA oder anderer Länder überprüft werden. Die Schlagzeile, die Trump als Fälschung thematisiert, entspricht einem international anerkannten Standard, und der wird von den Regierungen überall auf der Welt am häufigsten verwendet. Er ist so konstruiert, dass er eher eine Vorstellung von aktiver Jobsuche vermittelt als von Unterbeschäftigung; und er ist nützlich für internationale Vergleiche, weil sich die meisten Länder auf ein ähnliches Maß konzentrieren.

Doch die anderen akzeptierten Definitionen enthalten gewiss viele Indikatoren, die ein umfassenderes Verständnis der Arbeitslosigkeit beinhalten und die den Prozentsatz daher höher ansetzen. Beispielsweise beziehen einige Indikatoren Menschen mit ein, die eine Vollzeitarbeitsstelle bevorzugen würden, die sich aber gezwungen sehen, sich mit einer Teilzeitarbeit zufriedenzugeben. Doch keiner dieser Indikatoren käme auch nur in die Nähe der Art von Zahlen, über die Trump gesprochen hat.

Tatsächlich gäbe es nur eine Methode, in den USA auf 42 % zu kommen; und die bestünde darin, alle Personen, die mit Kinderbetreuung zu tun haben, alle Studierenden und alle Ruheständler mit einzubeziehen. Das wäre eindeutig kein brauchbares Maß. Aber natürlich denkt Trump nicht an den Indikator selbst, sondern eher an die Bedeutung, die die Menschen seiner Aussage entnehmen.

Was meinte denn nun die Öffentlichkeit, wie hoch das Arbeitslosigkeitsniveau in ihrem Land war? Interessanterweise lagen die Antworten über 14 Länder hinweg oft viel näher an der von Donald Trump als an der Realität! Die Menschen entschieden sich in jedem einzelnen Land für eine durchschnittliche Schätzung, die viel höher war als die realen Zahlen – selbst in Deutschland, dem treffsichersten Land, in dem man 20 % sagte, obwohl die amtliche Zahl zu dem Zeitpunkt bei 6 % lag (Abb. 6.3).

Italien irrte sich am stärksten – die Italiener dachten, dass 49 % der Bevölkerung in Italien arbeitslos seien und nach Arbeit suchten, während die tatsächliche Arbeitslosenrate zu dem Zeitpunkt bei 12 % lag. Hier handelt es sich um ein sehr hohes Niveau der realen Arbeitslosigkeit, es war aber nicht die Hälfte der Bevölkerung im arbeitsfähigen Alter. Die Befragten in den USA befanden sich mit 32 % in der Nähe von einigen der (vielen) Zahlen, die Trump vorgelegt hatte – und diese Umfrage wurde lange vor dem Präsidentschaftswahlkampf durchgeführt.

Natürlich könnten unsere Schätzungen zur Arbeitslosigkeit – wie bei allen Fragen, bei denen man Menschen bittet, eine Zahl auszuwählen – von der Neuskalierung beeinflusst sein, die wir im Kopf durchführen. Dabei gehen wir auf Nummer sicher und bewegen uns auf die Mitte der Streubreite zu. Selbst wenn wir die Effekte der Psychophysik berücksichtigen, waren Italien und Südkorea weit von dem entfernt, was wir erwarten würden. Sogar in

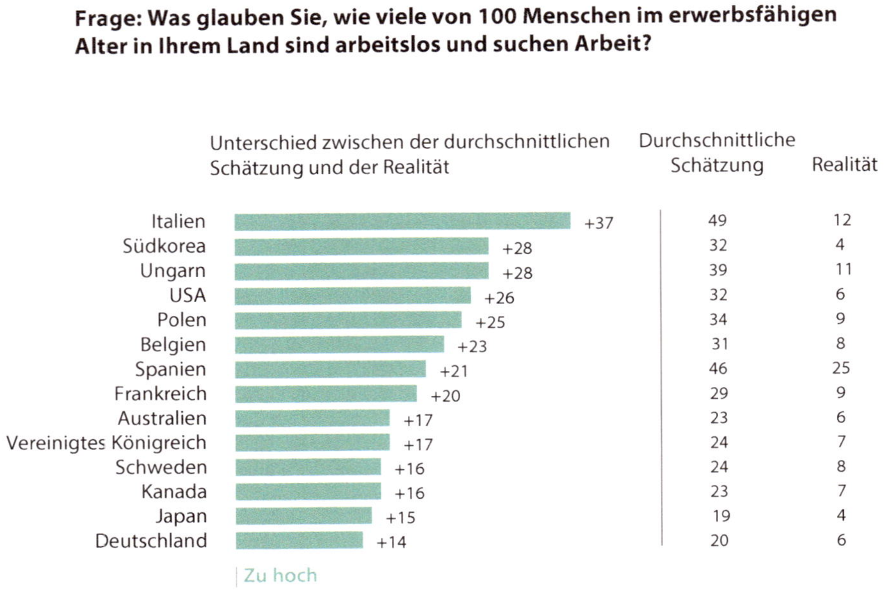

Frage: Was glauben Sie, wie viele von 100 Menschen im erwerbsfähigen Alter in Ihrem Land sind arbeitslos und suchen Arbeit?

Land	Unterschied zwischen der durchschnittlichen Schätzung und der Realität	Durchschnittliche Schätzung	Realität
Italien	+37	49	12
Südkorea	+28	32	4
Ungarn	+28	39	11
USA	+26	32	6
Polen	+25	34	9
Belgien	+23	31	8
Spanien	+21	46	25
Frankreich	+20	29	9
Australien	+17	23	6
Vereinigtes Königreich	+17	24	7
Schweden	+16	24	8
Kanada	+16	23	7
Japan	+15	19	4
Deutschland	+14	20	6

| Zu hoch

Abb. 6.3 Das Niveau der Arbeitslosigkeit wird in jedem Land stark überschätzt

den USA, für die das psychophysische Modell vorschlagen würde, dass unsere angepassten Schätzungen nur etwas größer sind als das, was wir erwarten sollten, wichen zahlreiche Menschen viel stärker davon ab. Beispielsweise dachten 20 % der US-Amerikaner, dass 61 % ihrer Bevölkerung oder mehr arbeitslos sind!

Es scheint dann nahezuliegen, dass unsere emotionalen Reaktionen immer noch eine große Rolle spielen, wobei einige Personen etwas überschätzen, worüber sie sich Sorgen machen. Und wir wissen, dass Arbeitslosigkeit für die Menschen ein realer Grund zur Sorge ist. Arbeitslosigkeit ist bei unserer länderübergreifenden Meinungsumfrage in den 26 Ländern, die wir jeden Monat dazu befragen, worüber sie sich am meisten Sorgen machen, das alles überragende Thema. Sie liegt noch vor allen anderen Themen, und das ist seit der Finanzkrise im Jahr 2008 so gewesen. In einigen Ländern wie etwa Italien und Spanien sagen zwei Drittel der Bevölkerung, Arbeitslosigkeit sei das wichtigste Thema, mit dem das Land konfrontiert ist.

Katie Cramer, Professorin für Politikwissenschaft an der University of Wisconsin-Madison, ist Autorin des Buchs *The Politics of Resentment*, das auf Interviews mit Wählern im ländlichen Wisconsin beruht und im Jahr 2016 veröffentlicht wurde, bevor viele der Trends, die sie ausmachte, weithin diskutiert wurden. Cramer fand für die USA drei zentrale Dimensionen der politischen Verärgerung, die sich in gleicher Weise auf Teile der Bevölkerung in vielen Ländern anwenden lassen. Ein bedeutsamer Teil der Menschen in diesen wirtschaftlich prekären Gemeinschaften ist nicht der Meinung, dass sie einen fairen Anteil an der Macht zur Entscheidungsbildung, an den Ressourcen oder am Respekt bekommen (damit ist gemeint, dass die Herausforderungen, denen sie sich gegenübersehen, und der Beitrag, den sie leisten, nicht genügend anerkannt wird).

Bevor das Ergebnis der Präsidentschaftswahl im Jahre 2016 bekannt war, betonte Cramer in einem Interview der *Washington Post*, dass aufgrund ihrer Forschung Fakten und Politik weniger wichtig waren als das Gefühl, dass die Sorgen als solche anerkannt werden:

> Ich glaube, dass wir alle zu viel Energie darauf verwenden, herauszufinden, welchen Standpunkt die Menschen gegenüber einer bestimmten Politik haben. Ich glaube, es ist wichtiger, Energie darauf zu verwenden, dass wir die Art und Weise verstehen, wie sie die Welt und ihre Stellung darin sehen – dies bringt uns so viel weiter, um zu verstehen, wie sie wählen werden oder welche Kandidaten einen gewissen Reiz auf sie ausüben werden… Ich glaube nicht, dass es bei dem, was man machen muss, darum geht, Menschen mehr Informationen zu geben. Denn sie werden sie aus der Perspektive interpretieren, die sie bereits einnehmen. Die Menschen werden nur Fakten aufnehmen, wenn sie aus einer Quelle kommen, vor der sie Respekt haben [17].

Cramer beschreibt das richtungsabhängige motivierte Schlussfolgern, das mit der Bestätigungsverzerrung und der Widerlegungsverzerrung zusammenhängt, womit wir uns ja bereits im gesamten Buch beschäftigt haben. Aus anderen politischen Analysen gibt es seit Langem Belege dafür, dass Führung für die Menschen wichtiger sein kann als die politischen Positionen von Politikern: Wir ändern unsere Ansichten, wenn die von uns präferierten Politiker dies tun; und wir wählen nicht stattdessen einen anderen präferierten Politiker aus [18]. Es ist ein wenig so wie mit unserer Beziehung zu Marken: Es ist zu zeitraubend und zu kostspielig, sie immer wieder zu überprüfen und zu wechseln.

Obwohl diese Beobachtungen grundlegend sind und man noch häufig über sie hinweggeht, fehlt es hier an Relativierung, wenn man darauf hinweist, dass die Identität der Menschen (ihre Aufspaltung in ideologische Blöcke) so festgelegt und übermächtig ist, dass es zwecklos ist, ihnen weitere Informationen zu geben. Die Menschen bringen ihre Ansichten über Politiker und politische Parteien zweifellos auf den neuesten Stand, und zwar angesichts dessen, was sie sehen und hören. Unsere Vorlieben werden gebildet durch einen Abgleich zwischen Informationen und Überzeugungen; und dies kommt in unseren Einstellungen zu empirischen Befunden und zu einer Überzeugung zum Ausdruck.

Wir haben Personen in Großbritannien gefragt, wie sie und andere Menschen ihrer Meinung nach zu Entscheidungen über unterschiedliche politische Ansätze kommen, die von politischen Parteien vertreten werden. Beruhen ihre Ansichten hauptsächlich auf wissenschaftlichen Befunden oder stärker darauf, was man ihrer Meinung nach tun sollte, oder ist es eine Mischung aus beidem? Wir fragten die Menschen danach, was sie und andere ihrer Meinung nach tatsächlich machten, und dann, wie sie ihrer Meinung nach Entscheidungen fällen *sollten*. Natürlich handelt es sich hier um eine sehr vereinfachende Darstellung einer komplexen Interaktion, aber wir waren an allgemeinen Wahrnehmungen der Ausgewogenheit interessiert. Das Muster war ziemlich eindeutig: Wir neigen stärker dazu, zu meinen, dass andere Menschen aus dem Bauch heraus entscheiden, während wir selbst ausgewogen sind und versuchen, sowohl wissenschaftliche Befunde als auch unsere Überzeugung zu berücksichtigen. Dies ist auch das, was unserer Meinung nach das Ideal sein sollte: 41 % sagten, dass Entscheidungen sowohl auf Befunden beruhen sollten als auch auf dem, was unserer Meinung nach richtig ist; 26 % meinten, dass wir uns stärker auf Befunde verlassen sollten, und nur 13 %, dass es stärker um unsere Instinkte dafür gehen sollte, was richtig ist [19].

Wir setzten unsere Arbeit damit fort, dass wir dieselbe Art von Fragen über Politiker stellten. Und die Ansichten gruppierten sich zu ziemlich gleichen Teilen in zwei Typen – wir meinen nicht alle, dass alle Politiker Ideologen sind, die nur anstreben, was angesichts aller vorliegenden Befunde richtig ist. Unsere ideale Ansicht darüber, wie Politiker handeln sollten, ähnelt recht stark unserer Auffassung von uns selbst: Es wird deutlicher betont, dass Entscheidungen auf Fakten und nicht so sehr auf Überzeugungen beruhen sollten, aber trotzdem erkennen wir an, dass es ein Gleichgewicht geben muss.

Ob es sich hier um die Art und Weise handelt, wie wir *tatsächlich* zu Urteilen kommen, ist in der Tat viel umstrittener. Aber es ist ein ganz vernünftiger Ansatz, den man verfolgen sollte: Wir müssen besser darin werden, die Bedeutung unserer Identität bei der Herausbildung der Art und Weise anzuerkennen, wie wir die Realität und unsere politischen Vorlieben sehen. Doch dadurch bleibt die Bedeutung von wissenschaftlichen Befunden und Fakten nicht vollkommen unberücksichtigt.

Bei der Diskussion über den gefährlichen Zustand der Politik während der letzten Jahre ging es oft darum, dass dieses Gleichgewicht verloren-

6 Politische Irreführung und Abgekoppeltheit von den Menschen

gegangen ist, dass wir uns auf die zunehmende Bedeutung einer Politik, die den Begriff der Identität aus der Zugehörigkeit zu einer Gruppe ableitet, konzentrieren und dass wir immer stärker in Gruppen polarisiert sind, die blind sind für die Schwächen der von uns gewählten Parteien und Politiker. Es ist jedoch wichtig, zu erkennen, dass wir in Wirklichkeit *nicht* immer stärker eine andauernde Beziehung zu Blöcken von politischen Parteien eingehen. Dies kann man unten in Abb. 6.4 erkennen, die auf Trenddaten aus den Niederlanden beruht. Es wird die Frage gestellt, ob sich die Menschen an eine bestimmte politische Partei gebunden fühlen – nicht ob sie an Politik insgesamt interessiert sind oder sich an Wahlen beteiligen, sondern nur, ob sie eine starke Bindung an nur eine Partei empfinden. Wir haben die Antworten nach unterschiedlichen Generationen aufgeschlüsselt, indem wir uns nicht auf Altersgruppen konzentrierten, sondern auf Kohorten – wir machten die Menschen aufgrund des Geburtsdatums ausfindig. Hier handelt es sich um eine wirklich nützliche Methode, um vorherzusagen, wie die Zukunft aussehen könnte: Die Ausgewogenheit der Bevölkerung verändert sich langsam von einer ständig älter werdenden (und sterbenden) ältesten Kohorte ganz oben bis zur jüngsten Kohorte ganz unten.

Das Muster könnte nicht eindeutiger sein: Die jüngeren Generationen neigten weniger dazu, zu sagen, dass sie sich an eine politische Partei gebunden fühlten. Mehr noch: Diese Entwicklung entlang der Generationen

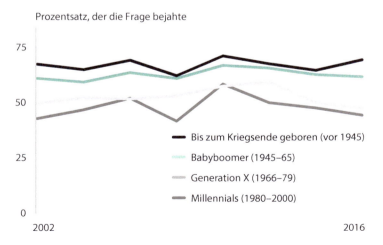

Abb. 6.4 Bei den jüngeren Generationen in den Niederlanden ist es weniger wahrscheinlich, dass sie sich an eine bestimmte politische Partei gebunden fühlen

verläuft ziemlich flach. Das deutet darauf hin, dass es sich hier um eine Einstellung handelt, zu der wir in einem jungen Alter durch Sozialisation kommen und die wir beibehalten. Wenn wir tatsächlich nach einer Zeit suchen sollten, in der die Menschen auf ihrem politischen Weg festgelegt waren und in der sie unerschütterlich in ihrer Unterstützung ihrer eigenen Partei waren, dann wäre das in der Vergangenheit, als diese älteren Kohorten einen größeren Anteil an der Bevölkerung einnahmen. Die momentane und die künftige Kohorte sieht flexibler aus.

Natürlich soll damit nicht gesagt werden, dass die Politik, die Identität über die Zughörigkeit zu einer Volksgruppe definiert, nicht an Bedeutung gewinnt oder nicht wichtig ist. Aber das heißt, dass Parteien nicht in gleichem Maße auf die unhinterfragte Unterstützung durch die Öffentlichkeit zählen können, wie es einst der Fall war. Das Beschäftigungssystem und die sozialen Strukturen wie die Gewerkschaften und religiöse Gemeinschaften, die einmal die politische Zugehörigkeit zu einer einfachen Entscheidung machten, lösen sich auf oder verändern sich. Und deshalb sind jüngere Generationen freier darin, sich aktiv für etwas zu entscheiden. Nicht nur in den Niederlanden können wir dieses Muster erkennen; nahezu in allen Länder, die wir uns über Europa hinweg und in einem weiteren Bereich angesehen haben, findet sich in unterschiedlichem Maße ein ähnliches Muster. Statt einer Zukunft mit unüberbrückbaren Aufteilungen zwischen Identitätsgruppen können wir tatsächlich mehr Bewegung erkennen, eine stärkere Ausdifferenzierung und Neuformung politischer Gefolgschaft als in der Vergangenheit.

*

Emotion und Identität sind von vitaler Bedeutung dafür, wie wir politische Realitäten und wie wir Politiker sehen. Dies wurde bis zu einem gewissen Grade in einigen Diskussionen über die Politik zu wenig gewürdigt. Hier stellte man es sich so vor, dass die Menschen politische Vorlieben gelassen gegeneinander abwägen, bevor sie sich für Parteien und Politiker entscheiden; und es ist richtig, dass wir das wieder ausgewogener sehen. So wird das Ausmaß betont, in dem Politiker an unsere Emotionen appellieren können und es auch tun. Sie beziehen sich da wenig auf Realitäten und nehmen eine schwere Irreführung bewusst in Kauf. Dies bedeutet nicht, dass wissenschaftliche Belege völlig ignoriert werden. Fakten haben immer noch eine gewisse Bedeutung, und wir ändern unsere Meinung.

Die Dinge ändern sich auch nicht so sehr, wie einige es darstellen oder wir es uns vorstellen. Wir verabschieden uns nicht so schnell von der Politik, wie wir meinen. Wir sind in politischen Fragen nicht dümmer, als wir es in der Vergangenheit waren; und wir erstarren nicht in stärkerem Maße in große ideologische Blöcke, als wir es in der Vergangenheit gemacht haben.

Aber wir machen auch nicht so schnelle Fortschritte bei der Gleichberechtigung, wie wir meinen. Dass Frauen immer noch über eine große Vielfalt von Ländern hinweg durchschnittlich ein Viertel in unseren politischen Vertretungen ausmachen, ist schockierend. Die Vielgestaltigkeit der Situationen in unterschiedlichen Ländern trägt aber auch dazu bei, uns zu überraschen, sowohl darüber, wie aberwitzig gering die Vertretung von Frauen in einigen Parlamenten ist, als auch darüber (und das ist ermutigend), wie stark und wie schnell sich das ändern kann, wenn man sich nur darauf konzentriert und handelt. Wir müssen Vorkehrungen gegen die Gleichgültigkeit treffen, damit die gleiche Repräsentation und die Gleichstellung der Geschlechter schneller erreicht werden, als es im Moment den Anschein hat – Wissen ist unerlässlich, wenn wir verstehen wollen, wie weit wir noch gehen müssen und was erreichbar ist.

Literatur

1. BBC News & Paxman, J. (2013). Boris Johnson's *Newsnight* Interview. Abgerufen am 29. April 2020 von http://www.bbc.co.uk/news/av/uk-politics-24343570/boris-johnson-s-newsnight-interview-in-full
2. Duffy, B., Hall, S. & Shrimpton, H. (2015). On the Money? Misperceptions and Personal Finance. London. Abgerufen am 29. April 2020 von https://www.ipsos.com/ipsos-mori/en-uk/money-misperceptions-and-personal-finance
3. Franklin, M. N. (2004). Voter Turnout and the Dynamics of Electoral Competition in Established Democracies Since 1945. Abgerufen am 29. April 2020 von https://doi.org/10.1017/CBO9780511616884
4. Ebenda
5. Downs, A. (1957). An Economic Theory of Political Action in a Democracy. *The Journal of Political Economy, 65*(2), 135–150. Abgerufen am 19. Juni 2020 von https://msuweb.montclair.edu/~lebelp/DownsEcThDemocJPE1957.pdf
6. Delli Carpini, M. X. & Keeter, S. (1991). Stability and Change in the U.S. Public's Knowledge of Politics. *Public Opinion Quarterly, 55*(4), 583–612. Abgerufen am 29. April 2020 von https://doi.org/10.1086/269283
7. Somin, I. (2016). *Democracy and Political Ignorance: Why Smaller Government Is Smarter*. Stanford: Stanford University Press.
8. World Economic Forum (2017). The Global Gender Gap Report 2017. Abgerufen am 29. April 2020 von http://www3.weforum.org/docs/WEF_GGGR_2017.pdf
9. Kaur-Ballagan, K. & Stannard, J. (2018). International Women's Day: Global Misperceptions of Equality and the Need to Press for Progress. London. Abgerufen am 29. April 2020 von https://www.ipsos.com/ipsos-mori/en-uk/

international-womens-day-global-misperceptions-equality-and-need-press-progress
10. SKL Jämställdhet (2014). Sustainable Gender Equality – A Film About Gender Mainstreaming In Practice. Abgerufen am 29. April 2020 von https://www.youtube.com/watch?v=udSjBbGwJEg
11. International IDEA (ohne Jahresangabe). Gender Quotas Database – Mexico. Abgerufen am 29. April 2020 von https://www.idea.int/data-tools/data/gender-quotas/country-view/220/35; International IDEA. (ohne Jahresangabe). Gender Quotas Database – Voluntary Political Party Quotas. Abgerufen am 29. April 2020 von https://www.idea.int/data-tools/data/gender-quotas/voluntary-overview
12. Kessler, G. (2016). Donald Trump Still Does Not Understand the Unemployment Rate. Abgerufen am 29. April 2020 von https://www.washingtonpost.com/news/fact-checker/wp/2016/12/12/donald-trump-still-does-not-understand-the-unemployment-rate/?utm_term=.ec1d66e9a8d7
13. Horsley, S. (2017). Donald Trump Says „Real" Unemployment Higher Than Government Figures Show. Abgerufen am 29. April 2020 von https://www.npr.org/2017/01/29/511493685/ahead-of-trumps-first-jobs-report-a-look-at-his-remarks-on-the-numbers; Kessler, G. (ohne Jahresangabe). Fact Checker. Abgerufen am 29. April 2020 von https://www.washingtonpost.com/news/fact-checker/?utm_term=.a54148f4ef99
14. Trump, D. J. (2016). President Elect Donald Trump Holds Rally Des Moines, Iowa, Dec 8 2016. Abgerufen am 29. April 2020 von https://www.c-span.org/video/?419792-1/president-elect-donald-trump-holds-rally-des-moines-iowa
15. ABC News. (2017). Transcript: ABC News Anchor David Muir Interviews President Trump. Abgerufen am 29. April 2020 von http://abcnews.go.com/Politics/transcript-abc-news-anchor-david-muir-interviews-president/story?id=45047602
16. d'Ancona, M. (2017). *Post-Truth: The New War on Truth and How to Fight Back.* Ebury Press.
17. Guo, J. & Cramer, K. (2016). A New Theory for Why Trump Voters are So Angry. Abgerufen am 29. April 2020 von https://www.washingtonpost.com/news/wonk/wp/2016/11/08/a-new-theory-for-why-trump-voters-are-so-angry-that-actually-makes-sense/?utm_term=.4cf2a7a177ea
18. Lenz, G. S. (2012). *Follow the Leader?: How Voters Respond to Politicians' Policies And Performance.* The University of Chicago Press Books.
19. Duffy, B. (2013b). In An Age of Big Data and Focus on Economic Issues, Trust in the Use of Statistics Remains Low. London. Abgerufen am 29. April 2020 von https://www.ipsos.com/ipsos-mori/en-uk/age-big-data-and-focus-economic-issues-trust-use-statistics-remains-low

7

Brexit und Trump: Wunschdenken und ungerechtfertigtes Denken

Die Volksabstimmung über die EU und die Kampagne zur Präsidentschaftswahl in den USA im Jahr 2016 werden zweifellos für jeden nahe an der Spitze der Liste von Ereignissen stehen, die man mit Irreführung und Fehlwahrnehmungen assoziiert. Es hat zahllose Studien darüber gegeben, was wahr oder falsch war, was vernünftig oder irreführend war, und es wird in den nächsten Jahren viele weitere geben.

In diesem Kapitel werden wir uns als Nächstes damit befassen, ob sich „Fake News" durchgesetzt haben und ob wir in einem „postfaktischen" Zeitalter leben – oder ob dies im stärkerem Maße zutrifft, als wir je gedacht hätten. Der Journalist und Autor Matthew d'Ancona trägt in seinem Buch über die Politik nach der Wahrheit (bzw. die postfaktische Politik) leidenschaftlich Belege dafür zusammen, dass heute etwas anders ist als früher. Er argumentiert, dass es bei der Veränderung nicht so sehr um das Verhalten der Politiker geht, sondern eher um unsere Reaktion darauf: „Was neu ist, ist nicht die Verlogenheit der Politiker, sondern die Reaktion der Öffentlichkeit darauf. Wut geht in Gleichgültigkeit über und am Ende in ein verstecktes Einverständnis." [1].

Ich bin mir da nicht so sicher, ob wir vernünftige Belege dafür haben, dass unsere Reaktionen heute qualitativ anders sind und dass wir schneller zu Wut und zum Handeln neigen als in der Vergangenheit – diese Sichtweise deutet auf „rosige Retrospektion" hin. Damit soll nicht gesagt werden, dass sich nichts geändert hat oder dass diese beiden seismischen politischen Ereignisse nicht als entscheidende Fallstudien gelten können, wenn wir unsere Fehlwahrnehmungen verstehen wollen und in welchem Maße sie durch unsere vorher bestehenden Überzeugungen und durch Wunschdenken geleitet sind.

Das EU-Referen-dumm

„Wer zahlt am meisten in den Etat der EU ein: das Vereinigte Königreich, Deutschland, Frankreich oder Italien?" Ich hätte gewettet, dass nur sehr wenige von Ihnen meinen, es sei das Vereinigte Königreich. Immer wenn ich diese Befunde vorstelle, treffe ich höchstens auf ein paar Personen, die sich für das Vereinigte Königreich entscheiden, wahrscheinlich weil sie die Frage falsch verstanden haben.

In der britischen Öffentlichkeit insgesamt jedoch sagte nahezu ein Viertel (23 %), dass man gedacht hätte, das Vereinigte Königreich zahle am meisten ein. Sie hatten natürlich unrecht, und die richtige Antwort ist Deutschland, das zweimal so viel beiträgt, wie das Vereinigte Königreich einzahlt. Tatsächlich steht das Vereinigte Königreich an letzter Stelle, wobei auch Frankreich und Italien mehr einzahlen. Das lässt sich auch nicht dadurch erklären, dass man die Frage (die offensichtlich komplex ist) inhaltlich falsch verstanden hat. Wie immer man die Frage verkürzt – sogar durch einen vorherigen Rabatt (das Vereinigte Königreich erhält jedes Jahr von der EU einen Rabatt, der von Margaret Thatcher im Jahr 1985 ausgehandelt worden war) –, selbst wenn man ihn als Pro-Kopf-Betrag darstellt oder ihn als Nettobeitrag betrachtet, bei jeder Betrachtungsweise liegt das Vereinigte Königreich in Bezug auf das, was es einzahlt, meilenweit hinter Deutschland.

„Geben Sie uns nur die Fakten, und wir werden entscheiden" war der Ruf der allgemeinen Öffentlichkeit zu Beginn der Kampagne zum EU-Referendum. Wir fragten die Menschen in Umfragen, ob sie mit dieser Aussage übereinstimmten. Und weil wir uns gerne als rational Handelnde sehen, sagten sie, dass dies der Fall sei [2]. Doch unabhängig von unserer Meinung über das Ergebnis versagten die Befürworter eindeutig darin, die Fakten vorzulegen; und das trifft insbesondere auf das zentrale Thema der Zahlungen des Vereinigten Königreichs an die EU zu. Und diese standen immer ganz oben auf der Liste der Aspekte im Hinblick auf die Zugehörigkeit zur EU, die die Menschen in Großbritannien am meisten verärgerten.

Natürlich ist die Vorstellung, dass es bei der Entscheidung nur um „Fakten" ging, naiv. Die Antworten der Personen, die dachten, das Vereinigte Königreich zahle mehr ein, sind wieder einmal ein sehr markantes Beispiel für das „richtungsabhängig motivierte Schlussfolgern", das durch tiefer gehende emotionale Reaktionen gesteuert wird. Beim Brexit ging es immer genauso sehr um Emotionen wie um Fakten – wie der große Psychologe Daniel Kahneman anmerkte, bevor das Ergebnis der Abstimmung bekannt war. „Irritation und Ärger" kann zum Brexit führen, sagte er in den Wochen vor der Abstimmung. „Der hauptsächliche Eindruck, den man aufgrund der Beobachtung der Debatte bekommt, ist, dass die Gründe für den Austritt rein emotional sind." [3] Als wie weitblickend stellte sich diese Sichtweise doch heraus.

Es gibt alle möglichen Gründe dafür, warum wir „in die Irre geführt werden" und etwas glauben, was nicht wahr ist. Wir verstehen etwas falsch, weil andere uns in die Irre geführt haben – die Medien, unser direktes Umfeld, Politiker. Doch genauso oft „führen wir uns selbst in die Irre", indem wir, wenn wir über die Welt um uns herum nachdenken, stärker zu ungerechtfertigtem Denken oder zu Wunschdenken neigen als zu Fakten. Wir sind motiviert, diese Fakten auf eine bestimmte Art und Weise zu nutzen; und es ist schwieriger, diesem Drang zu widerstehen, als es vielleicht den Anschein hat.

Eine der überraschenden Nachweise dafür stammt vom Juraprofessor Dan Kahan, der mehr als 1000 US-Amerikaner bat, sich über die Daten aus einer wissenschaftlichen Studie einen Überblick zu verschaffen und die Bedeutung der Resultate zu verallgemeinern. Einigen Teilnehmern aus der Studie zeigte man eine Tabelle mit Zahlen, die angeblich die Effektivität einer „neuen Creme zur Behandlung von Hautausschlag" nachwiesen, während man anderen dieselbe Tabelle zeigte, aber mit der Überschrift, dass sie angeblich die Effektivität eines „neuen Gesetzes zeigte, das es Privatleuten untersagte, in der Öffentlichkeit verdeckt Handfeuerwaffen zu tragen". In einigen der Grafiken verbesserte die Creme oder das Gesetz etwas, in anderen machte es alles nur schlimmer.

Viele Personen machten in beiden Fällen mathematische Fehler (wodurch sich wieder einmal belegen lässt, wie sehr unser Gehirn mit Statistiken zu kämpfen hat). Aber es ist bemerkenswert, dass weitaus mehr Befragte bei den Daten zu Schusswaffen dazu neigten, die Zahlen falsch zu interpretieren. Selbst bei denjenigen, die gute „Rechenfähigkeiten" hatten, die in der Schule mehr Zeit mit Mathematik verbracht und die Leistungskurse besucht hatten, war es wahrscheinlicher, dass sie sich in der Mathematik verrannten. Warum? Ihre politischen Überzeugungen behinderten ihre mathematischen Fähigkeiten: Eher zur Linken neigende Demokraten sagten, dass das Gesetz zur Waffenkontrolle seinem Zweck gerecht werde, wenn die Grafik besagte, dies sei nicht der Fall. Und viele eher zur Rechten neigende Republikaner sagten, dass das Gesetz zur Waffenkontrolle nicht seine Funktion erfülle, obwohl die Grafik zeigte, dass dies der Fall war [4].

Dies steht in Übereinstimmung mit anderen Forschungsarbeiten, die Folgendes zeigen: Wenn man Menschen zu einem Thema befragt, bei dem sie eine andere Meinung haben, als es die offizielle Position ihrer politischen

Partei ist, brauchen sie länger für die Antwort – dies ist ein Hinweis darauf, dass es einer „zusätzlichen kognitiven Anstrengung" bedarf, gegen unsere eigenen Überzeugungen anzugehen [5].

Aus der Auswertung von Kahans Daten ergeben sich weitreichende Schlussfolgerungen – dass unsere Fähigkeiten zum statistischen bzw. kritischen Denken nicht immer ausreichen, um uns vor unserem motivierten Schlussfolgern ausreichend zu schützen. Und tatsächlich macht es die Situation nur noch schlimmer. Denn wir verfügen über weitere Werkzeuge, um die Daten so zu manipulieren, dass sie zu unserer Sicht der Welt passen.

Obwohl es sich hier um eine zentrale Einsicht handelt, ist es auch wieder erwähnenswert, dass nicht jeder auf diese Weise handelte: Es ist nur einfach so, dass die Wahrscheinlichkeit dafür etwas höher war. Manchmal wird man auf eine Interpretation der Daten treffen, bei der so getan wird, als bewiese dieses grundlegende Experiment, dass wir totale Sklaven unserer Überzeugungen sind und dass unser kritisches Denken überhaupt keinen Schutz bietet, obwohl die realen Befunde und Schlussfolgerungen differenzierter sind.

Im Referendum zur EU beobachteten wir mehr Wunschdenken; und das geht über die Schätzungen hinaus, wie viel das Vereinigte Königreich in den europäischen Etat einzahlt. Wir baten eine Stichprobe von Briten, zu schätzen, wie viel von 100 £, die im Vereinigten Königreich investiert werden, aus Europa kommt – und wie viel aus China (Abb. 7.1).

Die Öffentlichkeit hatte in Bezug auf den Betrag, den die EU-Länder im Vereinigten Königreich investierten, nicht völlig unrecht. Im Durch-

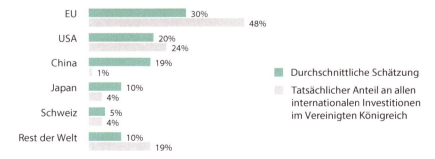

Abb. 7.1 Die allgemeine Öffentlichkeit unterschätzte die Investitionen der Europäischen Union im Vereinigten Königreich und überbetonte insbesondere die Investitionen durch China

schnitt schätzte sie ihn auf 30 %, während die reale Zahl 48 % betrug. Die Befragten spielten die Bedeutung enger wirtschaftlicher Bindungen mit Europa herunter, aber sie hatten verstanden, dass der größte Anteil ausländischer Investitionen im Vereinigten Königreich aus Europa kommt. Diese Schätzung war niedriger (25 %) bei denjenigen, die sagten, sie würden für einen Austritt stimmen; aber sie war nicht bedeutend niedriger. Kahneman interpretiert die Abstimmung so, dass keine vollständige Blindheit gegenüber der Möglichkeit einer wirtschaftlichen Einwirkung vorhanden war; die Einwirkung wurde nur teilweise aufgehoben durch andere emotionalere Anliegen, auf die wir noch zurückkommen werden.

Bezogen auf China stoßen wir auf einen noch viel größeren Fehler. Die Befragten meinten, dass nahezu 20 £ von 100 £, die direkt im Vereinigten Königreich investiert werden, aus China kämen – wo es doch in Wirklichkeit nur 1 £ sind. Die Bedeutung von China als künftigem Handelspartner wurde während der Kampagne überbetont. Vielleicht opfern wir einiges von der Enge unserer Verbindungen mit der EU, so lauten die Botschaften der Kampagne zum Austritt, aber das wird uns die Freiheit geben, Handelsvereinbarungen mit anderen schneller wachsenden, globalen Volkswirtschaften abzuschließen und Investitionen von ihnen zu erhalten. Dies war der Ton, der angestimmt wurde. Aber selbst wenn die Menschen das nicht recht mitbekommen haben, müssten sie ein allgemeines Gefühl für das Ausmaß und das Wachstum der chinesischen Volkswirtschaft haben.

Es gab einige von der Öffentlichkeit sehr beachtete Investitionen aus China im Vereinigten Königreich, speziell in Infrastruktur und Energie, die es bis in die landesweiten Nachrichten brachten. Sie wurden zum Teil gewöhnlich als Bedrohung oder Risiko für die Souveränität des Vereinigten Königreichs dargestellt, aber das bleibt bei den Menschen gerade angesichts der Wirkung „negativer Informationen" stärker im Gedächtnis haften. Paradoxerweise ließ diese Bedrohung wahrscheinlich die Botschaft stärker hervortreten, dass China eine größere Bedeutung für die Volkswirtschaft des Vereinigten Königreichs hat, als es momentan wirklich der Fall ist, und dass daher Großbritannien weniger von Europa abhängig ist, als es real der Fall ist.

Krumme Bananen

Fehlwahrnehmungen im Vereinigten Königreich bezüglich der EU weiten sich sogar auf Themen aus, die allem Anschein nach von jedem Mann und jeder Frau außerhalb des Vereinigten Königreichs (und von vielen im Land) vielleicht als wahnwitzig angesehen werden. Nur wenige hätten erwartet, dass Bananen im Verlauf des EU-Referendums mehrere Tage lang zum Kampagnenthema würden. Aber es gibt (traurigerweise) eine lange Geschichte von Behauptung und Gegenbehauptung dazu, ob die EU *wirklich* die Einfuhr krummer Bananen auf dem Kontinent gestoppt hat und daher den Briten ihr gottgegebenes Recht verwehrt hat, eine gelbe Frucht, wie auch immer der Teufel sie geformt hat, zu essen, wenn sie sie mögen. Das geht auf eine eingängige Überschrift der Zeitung *The Sun* im Jahr 1994 zurück: „Now they've really gone bananas – Euro bosses ban too bendy ones" (Jetzt sind sie wirklich verrückt geworden – die Euro-Bosse verbieten die zu stark Gekrümmten). Sie stand über einem Artikel, der eine Bananenhotline anbot, bei der besorgte Leser anrufen konnten [6].

Über die Jahre hinweg stand das immer wieder einmal in der Boulevardpresse, bis es in die Kampagne zum EU-Referendum eingebracht wurde, hauptsächlich vom früheren Londoner Bürgermeister Boris Johnson. Er verkündete es auf einer Kundgebung in Stafford mit lauter Stimme und mit den bei ihm üblichen hochtrabenden Worten:

> … es ist absurd, dass man Bananen nicht in Bündeln von mehr als zwei oder drei verkaufen kann, dass man keine Bananen mit der abnormen Krümmung der einzelnen Früchte verkaufen kann … Hier handelt es sich nicht um eine Angelegenheit, die eine supranationale Körperschaft dem britischen Volk vorschreiben sollte [7].

In den Tagen danach wurden die Bananen zu einem Thema, auf das sich Boris Johnson konzentrierte – ihm folgte immer ein Mann in einem Gorillaanzug, aber er wurde auch in diversen Interviews und Debatten dazu befragt. Seine Antwort zeigt, worauf Johnson hinauswollte:

> Wissen Sie, wie viele Vorschriften es in der EU zum Thema Bananen gibt? Es gibt vier. Brauchen wir sie?

Das Foto von Boris Johnson mit der Anzahl der Finger, die die Größe eines Bündels (im Obstfachhandel bezeichnet man das Bündel auch auf Deutsch als Hand) angibt, war vollständig irreführend, auch wenn es ein Körnchen Wahrheit enthalten sollte. Die betreffende Vorschrift besagt, dass es Ihnen, wenn Sie Großhändler sind, nicht erlaubt ist, Bananen in Bündeln von zwei oder drei anzubieten – es muss entweder eine einzelne Banane sein oder Bündel von vier oder mehr. Aber das hat keine Auswirkung auf Großhändler, die Bündel von jeder Größe, die sie wollen, verkaufen können.

7 Brexit und Trump: Wunschdenken und ungerechtfertigtes Denken

Zur Frage der Krümmung: Dies beruht auf einer realen Vorschrift, tatsächlich auf Vorschrift 1333/2011 der Europäischen Kommission, die die Minimalstandards für importierte Bananen vorgibt – dazu gehört, dass sie im Allgemeinen „frei von einer Fehlbildung oder abnormen Krümmung" sein sollten. Doch „abnorme Krümmung" sollte nicht krümmer als im Schnitt bedeuten. Das Ziel der Vorschrift bestand darin, Importeure davon abzuhalten, Kästen mit Bananen zu verschicken, die so fehlgebildet sind, dass weniger von ihnen in eine Transportpackung der Standardgröße passen, oder die eine so irrwitzige Form haben, dass keiner sie kaufen würde [8].

Ich hätte nie gedacht, dass ich einen Höhepunkt meiner Karriere dadurch erreichen würde, dass ich in Bananenvorschriften recherchiere, doch in gewisser Weise ist das genau der Punkt. Was Boris hervorhob, war die offenkundige Absurdität des Details, in das sich die EU-Vorschriften einlassen. Es ist eine so berauschende Kombination aus einer lebhaften Anekdote (es kann eigentlich gar nicht lebhafter oder lächerlicher werden als bei Bananen), die mit dem üblichen Feuereifer vorgetragen wird (darauf beziehen sich Sozialwissenschaftler, wenn sie von der „Heuristik des Redeflusses" sprechen; das bedeutet, dass wir gut erzählten Geschichten mehr Aufmerksamkeit widmen). Und im Zusammenhang damit wird dann eine reale, umfassendere Sorge angesprochen (die Sorge über die bedrohte Souveränität Großbritanniens – was auch zu der folgenden argwöhnischen Frage führt: Wobei pfuscht die EU eigentlich sonst noch mit, wenn sie sich schon bei Früchten mit einem hohen Kaliumgehalt einmischt?).

Natürlich haben wir es hier mit einer großen Irreführung zu tun. Diese Art von Maßnahmen kann absurd erscheinen, aber so etwas gibt es bei den Vorschriften im Vereinigten Königreich genauso häufig wie bei denen in der EU, und dies oft aus guten praktischen Gründen. Doch das Argument blieb bei vielen Menschen im Gedächtnis haften: Als wir es in einer Umfrage zu „Euro-Mythen" überprüften, glaubte ein Viertel der Öffentlichkeit an das Verbot [9]. Unter den Zuschauern des Politikmagazins *Question Time* der BBC führte eine Person gerade Bananen als entscheidendes Thema an, das sie dazu brachte, in ihrer Position vom Verbleib in der EU zum Austritt zu wechseln [10].

Vielleicht das berühmteste aller „Fakten", das einen zentralen Bestandteil der Kampagne beim Referendum bildete, war, dass Großbritannien wöchentlich 350 Mio. £ an die EU überweist. Es stand oft auf großen Plakaten an Bussen und Plakatwänden hinter den zentralen Figuren der Kampagne bei ihren Reden (auch bei der von Boris Johnson in Stafford). Das führte dazu, dass diese Zahl über die Kampagne hinweg erstaunlich gut erinnert wurde: Unsere Umfrage zeigte, dass 80 % davon gehört hatten [11].

Mehr als das: Es gab einen unglaublich stark ausgeprägten Glauben an eine so umstrittene Zahl – die Hälfte dachte, sie stimme.

Nachdem das Statistikamt des Vereinigten Königreichs von dem Politiker Norman Lamb um eine Reaktion gebeten worden war, schlüsselte die Behörde die Berechnung in allen Einzelheiten auf: Sie begann mit dem Bruttobeitrag, der 350 Mio. £ beträgt; sie stellte dann kurz dar, was das nach dem Rabatt bedeutet: 280 Mio. £; danach, was das netto bedeutet, wenn man die 180 Mio. £ subtrahiert, die die Körperschaften des öffentlichen Sektors im Vereinigten Königreich durch direkte Finanzierung von der EU zurückbekommen; und schließlich, was dies nach ähnlichen Zahlungen an die Körperschaften des nichtöffentlichen Sektors im Vereinigten Königreich bedeutet: 120 Mio. £ [12].

Diese zuletzt genannte Zahl ist wohl eine viel fairere Darstellungsweise dessen, was das Vereinigte Königreich „jede Woche an die EU schickt", weil der Rest der 350 Mio. £ direkt zurückfließt. Doch Boris Johnson macht sich weiterhin nicht viel Gedanken darüber, und dies in einem Maße, dass er die 350 Mio. £ im September 2017 wieder anführte. Das veranlasste das Statistikamt des Vereinigten Königreichs zu einem weiteren Brief, in dem es ausführte, dass es „überrascht und enttäuscht" sei [13]. Doch Boris Johnson trat im Januar 2018 *erneut* an die Öffentlichkeit und sagte: „Es gab einen Fehler bei dem, was auf der Seitenwand des Buses stand. Wir haben die Summe gröblich unterschätzt, über die wir wieder die Kontrolle bekommen könnten." Dies geschah als Reaktion auf die Prognosen, dass der Nettobeitrag des Vereinigten Königreiches zu dem Zeitpunkt, an dem es die EU im Jahre 2021 verlassen sollte, auf 438 Mio. £ ansteigen könnte. Er fuhr mit der Einschränkung fort, dass etwa die Hälfte von diesem Betrag für öffentliche Dienstleistungen genutzt werden könnte, wobei der Nationale Gesundheitsdienst „ganz oben auf der Liste" stand [14].

Diese Konzentration auf die Inkorrektheit der Zahl ist wichtig, aber sie geht am Punkt vorbei. Als Nigel Farage, damals Vorsitzender der UK Independence Party, kritisch wegen ihrer Verwendung nach der Kampagne befragt wurde, sagte er:

> Wenn Sie eine eigene Armee haben und der Armee des Gegners gegenüberstehen, dann ist das, was Sie angesichts der Bedeutung dessen machen, womit Sie konfrontiert sind, nicht, dass Sie den eigenen Leuten in den Rücken schießen. Aber netto sind es 250 Mio. £ pro Woche. Hätte er einfach nur diese Nettosumme verwendet, dann wäre sie groß genug gewesen, um die Wähler zu überzeugen, dass wir eigentlich schrecklich viel Geld verschwenden [15].

Farage hatte überhaupt nicht recht mit der Nettosumme, aber er hatte recht mit seinem Gefühl. Diese Zahlen sind sowieso für nahezu alle von uns unvorstellbar groß. Sie bringen eine Wahrheit zum Ausdruck, dass Großbritannien mehr einzahlt, als es direkt zurückbekommt. Natürlich ist das nur ein Teil der Wahrheit, weil durch die Mitgliedschaft in der EU andere wirtschaftliche Vorteile zurückfließen; aber das ist viel weniger greifbar und schwer zu vermitteln.

Die Kampagne für einen Verbleib in der EU und das Finanzministerium parierten den Angriff mit einer zentralen Zahl, mit der versucht wurde, diese umfassendere ökonomische Wirkung zu erfassen. Man sagte, dass jeder einzelne Haushalt im Jahr 2030 um 4300 £ pro Jahr schlechter gestellt sein könnte, wenn das Vereinigte Königreich die EU verließe. Theoretisch hat es den Anschein, als könne dies eine wichtige Zahl sein. Es geht um eine persönliche Auswirkung auf den eigenen Geldbeutel, und der Schwerpunkt liegt auf einem Verlust – und wir wissen, dass wir eine starke Aversion gegen Verluste haben, wobei wir sie als schlimmer empfinden, als wir uns auf Gewinne freuen. Aber das hatte bei Weitem nicht die Zugkraft wie die Zahl 350 Mio. £. Tatsächlich glauben nur 17 %, sie stimme [16], eine armselig kleiner prozentualer Anteil verglichen mit der Hälfte, die sagte, sie glaube an die 350 Mio. £.

Dies mag an einer ganzen Reihe von Gründen liegen. Erstens: Es handelte sich um eine voraussichtliche Zahl und nicht um etwas, was momentan geschieht. Es ist immer schwieriger, Menschen mit Vorhersagen zu überzeugen, vor allem wenn sie über ein Jahrzehnt vor uns liegen; und man setzt sich immer dem Verdacht aus, dass dahinter ein persönliches Interesse steckt. Zweitens: Es handelte sich für die meisten Menschen nicht um einen glaubhaften Betrag. Er basierte auf einem Modell, das voraussagte, die Volkswirtschaft könnte im Jahr 2030 um 6,2 % kleiner sein, als sie es wäre, wenn Großbritannien in der EU bliebe. Und dann wurde dieser Betrag noch durch die Gesamtanzahl der Haushalte geteilt, obwohl diese Belastung eindeutig nicht für jeden gleich ausfallen würde. In einem Land, in dem das Durchschnittseinkommen bei 45.000 £ pro Jahr liegt, scheint dieser durchschnittliche Betrag schlicht unfassbar zu sein.

Insgesamt sollte es bei der Kampagne zum EU-Referendum um Fakten gehen, aber das war überhaupt nicht der Fall. Wir sollten uns nicht vormachen, dass irgendeine der beiden Seiten dachte, es sei so. Die Kampagne zum Verbleib in der EU wurde von ihren Gegnern aus gutem Grund als „Projekt Angst" bezeichnet – weil die Konzentration auf die potenziellen Kosten oft eine gute Taktik ist, wenn man eine Kampagne gegen eine Veränderung führt. Großenteils erwarten Sozialwissenschaftler bei dieser Art von Fragen genau aus diesem Grund eine gewisse „Status-quo-Verzerrung" – es geht um unsere uns innewohnende Angst vor dem Unbekannten. Ein derartiger Effekt funktionierte wohl bei der Abstimmung über den Verbleib Schottlands im Vereinigten Königreich zwei Jahre vor dem EU-Referendum – und es wird die Auffassung vertreten, dass der Effekt gewöhnlich auftritt, obwohl Befunde aus gründlicheren Überblicksarbeiten zeigen, dass dies weniger klar ist, als manche denken. Die Wissenschaftler Stephen Fisher und Allen Renwick, die sich mit Wahlen beschäftigt haben, sammelten Daten zu über 250 Referenden, die landesweit seit 1990 abgehalten worden sind, und fanden heraus, dass die Veränderungsoption tatsächlich in sieben von zehn Abstimmungen erfolgreich war (obwohl nur 40 % tatsächlich durchkamen, aufgrund der Tatsache, dass das Vorliegen zusätzlicher Voraussetzungen erforderlich ist, damit ein Ergebnis als gültig anerkannt werden kann). Sie beschäftigten sich auch mit dem Zusammenhang zwischen der letzten Stimmabgabe und dem Endergebnis und fanden Folgendes heraus: Obwohl es im Schnitt einen geringfügigen Umschwung zum Status quo gab, gab es keinen Grund, zu glauben, dass ein steter Umschwung alles in signifikanter Weise in Richtung auf Verbleib in der EU verändert hätte. Das war die Annahme der Modelle vieler Prognostiker und der Grund dafür, dass sie weniger treffsicher waren als die Befragungen, auf denen sie beruhten: Sie berücksichtigten diese Verzerrung als Faktor, und es trat wirklich ein, was sie vorhergesagt hatten [17].

Die Kritik an der Kampagne zum Verbleib in der EU konzentrierte sich hauptsächlich auf die übermäßige Verwendung von Fakten – so sagte beispielsweise Arron Banks, einer der führenden Köpfe in der Kampagne zum Austritt: „Die Kampagne zum Verbleib brachte Fakten, Fakten, Fakten. Das funktioniert einfach nicht. Sie müssen eine emotionale Verbindung zu den Leuten aufbauen." [18]. Dies ist ein Punkt von zentraler Bedeutung, aber auch nur die halbe Geschichte: Es stimmt gewiss, dass die Kampagne zum Verbleib in der EU daran gescheitert ist, eine emotionale Beziehung für den Fall aufzubauen, dass man in der EU bliebe; und dies war die wichtigste Schwäche in der Kampagne. Aber die ungewisse und unsichere Eigenart ihrer Fakten setzte ihr auch zu: „Es gibt keine Fakten über die Zukunft", so drückte es ein Wissenschaftler damals aus [19].

Es ist verständlich, ja sogar vernünftig, dass wir gegenüber den Vorhersagen von Politikern skeptisch sein sollten. Es ist möglicherweise aber weniger verzeihlich, wie leicht sich viele von uns mit frei erfundenen Geschichten, die aus „Fake News" bestehen, übertölpeln lassen.

Wirkliche Fake News

Im Zusammenhang mit Donald Trump muss man eigentlich sofort an die Diskussionen über „Fake News" denken, nicht nur weil er (skurrilerweise) zu behaupten schien, er hätte das Wort „Fake" bei einem Fernsehinterview im Jahr 2017 erfunden [20]. Er wird auch mit einer ganzen Reihe wirklich frei erfundener Geschichten in Verbindung gebracht, die die Aufmerksamkeit vom Phänomen der Fake News ablenken. Für das Medienunternehmen Buzzfeed (für das wir einige der besten Studien über die Realität hinter den Fake News gemacht haben) führten wir eine Umfrage dazu durch, welches nach der Überzeugung der US-Amerikaner im Jahr 2016 die Fake-News-Meldung war, die am meisten Beachtung fand – es war kein Zufall, dass es mehr um Präsident Trump und den Kampf um die Präsidentschaft ging als um irgendein anderes Thema [21].

Diese Meldungen trafen bei einem Gutteil der US-Bevölkerung ins Schwarze. Beispielsweise hatten etwa 20 % der US-Amerikaner drei Nachrichten mitbekommen, die völlig frei erfunden waren: dass Papst Franziskus Trump unterstützen würde; dass man einem Demonstranten 3500 $ gezahlt hätte, um gegen Trump zu protestieren; und dass Trump zur Rettung von 200 Marines sein eigenes Flugzeug geschickt hätte.

Die Unterstützung durch den Papst war besonders originell. Sie tauchte erstmals in der heute nicht mehr bestehenden Internetseite mit der Bezeichnung „WTOE 5 News" auf, die für sich in Anspruch nahm, satirisch zu sein, dann aber von einem Verbreiter von Fake News namens „Ending the Fed" aufgegriffen wurde. Nach BuzzFeed hatte die Seite nahezu 1 Million Facebook-Aktivitäten zu verzeichnen, obwohl inzwischen alle Quellen entfernt worden sind. Es handelte sich um eine ziemlich uninteressante und unverblümte Aussage – es gab keine satirischen Wendungen oder offensichtliche Versuche, sie als absurd erscheinen zu lassen. Der Papst hatte angeblich gesagt, er pflichte Trump nicht als Papst bei, sondern als „ein besorgter Bürger der Welt", und hätte dies mit einem Bedürfnis nach einem starken und freien Amerika in Verbindung gebracht.

Die US-Amerikaner sahen sich diese Meldungen nicht nur an, sie glaubten daran: 64 % glaubten an die Unterstützung des Papstes für Trump (und dazu gehörten auch 46 % der Unterstützer von Hillary Clinton); 79 % glaubten daran, dass ein Demonstrant gegen Trump bezahlt worden sei, und 84 % glaubten daran, dass sein Privatflugzeug die Marines gerettet hätte [22]. Hier handelt es sich nicht um Fehleinschätzungen sozialer Realitäten oder um einen Glauben an Statistik oder um Aussagen, die zumindest ein

Körnchen Wahrheit enthalten – es geht um einen Glauben an einen völlig frei erfundenen Unsinn, und daher ähnelt er stärker einem Glauben an Verschwörungen, Großstadtlegenden und „Placebo-Fehlwahrnehmungen", die Gegenstand einer großen Zahl wissenschaftlicher Studien gewesen sind.

Placebo-Fehlwahrnehmungen sind Fehlwahrnehmungen, die ein bestimmtes Wissen über fiktive Behauptungen oder eine Sichtweise in Bezug auf diese Behauptungen für sich beanspruchen, mit denen sie zuvor nicht konfrontiert sein konnten (weil sie frei erfunden sind). Bei einer Studie beispielsweise sagten 33 % der US-Amerikaner, dass die US-Regierung den „Flugzeugabsturz von North Dakota" vertusche (ein von Forschern der Chapman University frei erfundenes Ereignis) [23]. Bei einer weiteren Studie von der Delroy Paulhus, einem Psychologieprofessor an der University of British Columbia, wurden die Befragten gebeten, ihr Wissen über 150 unterschiedliche Themen einzustufen; es ging um alles Mögliche von Napoleon bis „double entendre" (Mehrdeutigkeit), es waren aber auch völlig frei erfundene Beispiele eingestreut wie „Choramine" und „El Puente". Die Befragten behaupteten, sie hätten zumindest etwas Wissen zu 44 % der realen Themen, sie behaupteten aber auch, über 25 % der erfundenen Themen etwas zu wissen [24].

Es ist vergleichbar mit einer dieser grausamen Finten, die ich überhaupt nicht mochte, als ich jünger war. Aber wie in den anderen Experimenten, gegen die ich etwas hatte, verfolgten sie ein wichtiges Ziel, nichts Geringeres, als zu betonen, wie sehr die Trennlinien zwischen Unwissen und Fehlwahrnehmungen verschwimmen, von denen in der Einleitung die Rede war. Wir haben tatsächlich bei unseren politischen Umfragen über viele Jahrzehnte hinweg ähnliche Studien selbst durchgeführt. Immer wieder haben wir seit den Achtzigerjahren die Befragten gebeten, zusammen mit real existierenden Politikern einen „Stewart Lewis" einzustufen, einen Forschungsleiter unseres Unternehmens, der inzwischen im Ruhestand ist. Etwa 20 % behaupteten immer, sie hätten eine gewisse Vorstellung von Stewart, obwohl er nie auch nur daran gedacht hätte, sich als Kandidat aufstellen zu lassen.

Satiriker spielen natürlich schon seit Langem mit unserer Bereitschaft, auf völlig frei erfundene Fakten zu reagieren, und konzentrieren sich darauf. Sie nutzten dies dazu, die Leichtgläubigkeit der Berühmten und Mächtigen bloßzustellen, unsere Tendenz, uns moralisch zu empören, und das Bedürfnis, eine Meinung zu Dingen zu haben, von denen wir nichts wissen. Eine Reihe satirischer Sendungen, die im Vereinigten Königreich von Chris Morris und seinen diversen Mitarbeitern vor über 20 Jahren entwickelt worden sind, von *On the Hour* über *The Day Today* bis *Brasseye*,

7 Brexit und Trump: Wunschdenken und ungerechtfertigtes Denken

waren Meisterstücke im Hinblick darauf, wie man die Zunahme dieser Trends hervorheben und vorhersagen kann. Bei den bekanntesten Beispielen ging es darum, Politiker und Prominente trickreich dazu zu bringen, sich für ausgedachte Kampagnen zu engagieren. Sie lasen ernsthaft vor der Kamera etwas über die Gefahren von „Cake" vor, einer synthetischen (oder „erfundenen") Droge, die angeblich eine Wirkung auf ein Teil des Gehirns mit der Bezeichnung „Shatner's Bassoon" (Shatners Fagott) hatte und die die Konsumenten dazu brachte, „das ganze Wasser aus ihrem Körper herauszuschreien". Ein Politiker stellte sogar in einer Fragestunde vor dem Parlament die Frage, wie Großbritannien mit dieser wachsenden Bedrohung umgehen könne [25].

Natürlich sind solche Beispiele bewusst weit jenseits eines Bereichs angesiedelt, ab dem es völlig absurd wird. Doch allgemeiner gesagt geht es um Folgendes: Wir wussten seit Langem, dass wir, wenn wir nur genügend Motivation dafür haben, etwas akzeptieren, was völlig falsch ist.

„Postfaktisch" war auch in Deutschland das Wort des Jahres 2016 und „Fake News" das Unwort des Jahres 2017 – aber es ist jetzt 13 Jahre her, seit Stephen Colbert „Truthiness" als sein erstes Wort des Tages in der US-amerikanischen Sendung *The Colbert Report* auswählte. Truthiness wurde nicht von Colbert erfunden, das geschah vorher. Aber der Begriff wurde dann von ihm präziser definiert als die Überzeugung oder Behauptung, dass eine bestimmte Aussage wahr ist, aufgrund der Intuition oder der Wahrnehmungen eines bestimmten Individuums oder bestimmter Individuen, unabhängig von Belegen, Logik oder Fakten. Colberts vollständiges Zitat aus einem Interview damals erklärt, warum er den Begriff als so wichtig ansah:

> Truthiness spaltet unser Land, und ich meine nicht den Streit darüber, wer sich das Wort hat einfallen lassen. Ich weiß nicht, ob es etwas Neues ist, aber es ist gewiss insofern etwas Aktuelles, als es keine Bedeutung zu haben scheint, was Fakten sind. Früher war es einmal so, dass jeder das Recht auf eine eigene Meinung hatte, aber nicht auf seine eigenen Fakten. Aber das ist nicht mehr der Fall. Fakten spielen überhaupt keine Rolle mehr. Wahrnehmung ist alles. Sie ist Gewissheit. Die Menschen lieben den Präsidenten [George W. Bush], weil er sich seiner Entscheidungen als politischer Führer gewiss ist, selbst wenn die Fakten, die seine Position stützen, nicht zu existieren scheinen. Es ist ein Faktum, dass er sich sicher ist, für einen bestimmten Teil des Landes sehr anziehend zu sein. Ich finde, es geht wirklich ein Riss durchs amerikanische Volk. Was ist wichtig? Wovon wollen Sie, dass es wahr ist, oder was ist wahr? [26]

Colbert reagierte teilweise auf einen Artikel von Ron Suskind 2004 in der Beilage zur *New York Times*, der ein Zitat einem anonymen Berater im Weißen Haus zuschrieb – den einige Personen später als Karl Rove identifiziert haben, einen einflussreichen Berater von Präsident Bush, obwohl er dies leugnet. Hier ein Auszug aus seinem Artikel:

> Der Berater sagte, dass Kerle wie er „Teil dessen sind, was wir eine wirklichkeitsbasierte Gemeinschaft nennen", die er definiert als Menschen, die „glauben, dass Lösungen aus der vernünftigen Untersuchung der erkennbaren Realität entstehen". […] „Das ist nicht mehr die Art und Weise, wie die Welt wirklich funktioniert", fuhr er fort. „Wir sind jetzt ein Reich und, wenn wir handeln, schaffen wir uns unsere eigene Realität. Und während Sie sich mit dieser Realität beschäftigen – vernünftig, wenn Sie so wollen –, werden wir wieder handeln und andere neue Realitäten schaffen, mit denen Sie sich nun wieder beschäftigen können; und das ist die Art und Weise, wie sich die Dinge regeln werden. Wir sind die Handelnden der Geschichte…. Und Ihnen, Ihnen allen, bleibt nur noch übrig, sich einfach mit dem zu beschäftigen, was wir tun." [27]

Das Zitat galt damals als niederträchtig, wobei Liberale stolz auf ihren Internetseiten anmerkten, dass sie Teil der „wirklichkeitsbasierten Gemeinschaft" sind. Und dem fügte die US-amerikanische Rockgruppe The National, die es in ihr Lied „Walk It Back" einbaute, eine Aktualisierung hinzu. Sie versprach Suskind, ihm einen Teil der Tantiemen zu geben, aber in Wirklichkeit wollten sie sie eigentlich Rove geben, um ihn daran zu erinnern, dass „wir wissen, dass er das gesagt hat".

Der zentrale Punkt ist nicht, dass es sich um etwas für unsere Zeit Neues oder Einzigartiges handelt. Der Artikel mit einer vernichtenden Kritik von Kurt Andersen in der Zeitschrift *Atlantic* aus dem Jahr 2017 über „How America Lost its Mind" (Wie Amerika seinen Verstand verlor) skizziert, seit wie langer Zeit unsere laxe Einstellung gegenüber Fakten bereits vorbereitet wurde:

> Mischen Sie heroischen Individualismus mit extremer Religion; mischen Sie Showbusiness mit allem anderen; dann lassen Sie das Ganze ein paar Jahrhunderte gären; danach mixen Sie es mit der Auffassung aus den Sechzigern, dass alles geht, und mit dem Internetzeitalter. Das Ergebnis ist das Amerika, das wir heute bewohnen, mit einer Realität und einer Fantasie, die in verrückter und gefährlicher Weise ineinander übergehen und sich miteinander vermischen [28].

Obwohl wir nicht meinen sollten, in der Vergangenheit habe ein goldenes Zeitalter der Wahrheit und der Vernunft existiert, gibt es an der heutigen Kommunikationsumwelt vieles, was anders ist und was neue Bedrohungen mit sich bringt, eben weil mit so vielen unserer allseits bekannten Verzerrungen gearbeitet wird, jedoch in einem früher unvorstellbarem Ausmaß. Wir werden im nächsten Kapitel auf diesen Punkt zurückkommen, nämlich darauf, wie sich das Wachstum der Kommunikationstechnologie auswirkt.

Diese immer verwirrendere Kommunikationsumwelt ist ein wichtiger Teil des Grundes dafür, warum wir oft so schlecht darin sind, genau auszumachen, was bei früheren und heutigen politischen Themen real und was fake ist und warum wir gegenüber Vorhersagen von Politikern zutiefst skeptisch eingestellt sind. Aber sind wir in irgendeiner Weise besser darin, selbst unsere politische Zukunft vorherzusagen?

Die Weisheit der Vielen und das Wunschdenken

Es gibt eine Fülle von Literatur darüber, wie die allgemeine Öffentlichkeit als Masse ein besserer Prädiktor für Ergebnisse sein kann, als dies auf Experten zutrifft; dabei ist insbesondere das Buch von James Surowiecki *Die Weisheit der Vielen* hervorzuheben. In diesem Buch skizziert Surowiecki ein klassisches Beispiel: Die durchschnittliche Schätzung einer ganzen Reihe von Menschen, die versucht, die Anzahl der Jelly Beans (kleine bohnenförmige Süßwaren) in einem Glasgefäß auszumachen, wird korrekter sein als die Schätzungen der Individuen [29]. Diese Idee hat eine lange Vorgeschichte, und man kann sie zumindest so weit zurückverfolgen, wie das berühmte Experiment von Francis Galton auf einem ländlichen Volksfest im Jahr 1907 zurückliegt. Hier veranstalteten die Teilnehmer einen Wettbewerb, wer das Gewicht eines Ochsen am besten schätzen konnte – wobei die durchschnittliche Schätzung der „Teilnehmer am Wettbewerb" nahezu perfekt war, weil sich die Fehler der individuellen Schätzungen gegenseitig aufhoben.

Doch wollen wir fair sein: Surowiecki weist auch darauf hin, dass Massen unrecht haben und leicht beeinflusst werden können. Doch der Idee, dass man der Masse Aufmerksamkeit widmen sollte, wenn es darum geht, politische Ergebnisse vorherzusagen, kommt eine gewisse Bedeutung zu – es wird behauptet, dass Wettmärkte, die aus realen Menschen bestehen, die bei einem riskanten Spiel reales Geld einsetzen, ein genaueres Maß sind als Befragungen oder Modelle.

Es überrascht nicht, dass es nach der Veröffentlichung von *Die Weisheit der Vielen* in der Welt der politischen Umfragen ein Interesse daran gab, ob die Befragung von Menschen darüber, was sie meinten, was bei der nächsten Wahl geschehen würde, ein genauerer Prädiktor sein könnte, als sie zu fragen, was ihre eigenen Absichten beim Wählen wären. Ein Experiment eines Demoskopen bei der britischen Wahl im Jahre 2010 liefert einige frühe vielversprechende Hinweise darauf, dass der auf der „Weisheit der Vielen" basierende Ansatz das genaueste letzte Ergebnis der Umfragen erbracht hätte, die je durchgeführt worden sind. Aber wie so oft bei politischen Umfragen können neue Methoden, die zufällig zum richtigen Wahlergebnis kommen, nicht über mehrere Wahlen hinweg zum Erfolg führen – wie dies Beispiele zahlreicher Ein-aus-Erfolge von Modellen belegen, die auf der Analyse von Twitter-Chats oder von Umfragen bei X-box-Spielern beruhen. Und es war genauso bei Ansätzen, die auf der Weisheit der Vielen beruhten: Als ähnliche Ansätze bei den Wahlen im Vereinigten Königreich im Jahr 2015 verwendet wurden, gerieten sie mit derselben Art von Fehlern in Konflikt wie die üblichen Wählerumfragen, und sie konnten nicht vorhersagen, dass die Konservativen die stärkste Partei sein würden. Die Gründe dafür sind leicht nachvollziehbar: Im Unterschied zur Schätzung des Gewichts eines Ochsen oder zum Zählen von Jelly Beans sind die Menschen derselben Art von Botschaften in den Medien über das wahrscheinliche Wahlergebnis ausgesetzt, und deshalb sind unsere Schätzungen nicht völlig unabhängig voneinander. Um diesen Ansatz zur Vorhersage ist es in den letzten Jahren etwas ruhiger geworden.

Die Ergebnisse unserer in 40 Ländern durchgeführten Studie über die Ansichten dazu, ob Trump gewinnen würde, bestätigen diese Vorsicht und liefern einige Erklärungen dafür, warum dies so ist. Wie Abb. 7.2 zeigt, gab es bemerkenswerterweise nur in zwei Ländern mehr Personen, die sagten, dass Donald Trump mit größerer Wahrscheinlichkeit gewinnen würde als Hillary Clinton – in Russland und Serbien, wobei sich in China die Meinungen zu gleichen Teilen aufspalteten. Wenn Sie also nicht aus einem dieser Länder kommen, dann sahen Ihre Mitbürger den Sieg von Trump meist nicht kommen.

In allen anderen Ländern gab es einen signifikanten Vorsprung für Hillary Clinton, auch in den USA selbst, wo 50 % Hillary Clinton sagten und nur 36 % Donald Trump. Mexiko war der Extremfall, bei dem 86 % sagten, Hillary Clinton würde gewinnen, und nur 6 % Donald Trump.

Natürlich handelte es sich um eine unglaublich knappe Wahlentscheidung, bei der Hillary Clinton tatsächlich die Mehrheit der Stimmen gewann (auch wenn das nicht reichte, um Präsidentin zu werden); deswegen sollten wir die Menschen nicht zu kritisch beurteilen. Doch unser

7 Brexit und Trump: Wunschdenken und ungerechtfertigtes Denken

Frage: Wenn Sie an die kommenden Präsidentschaftswahlen in den USA denken, glauben Sie, dass Donald Trump oder Hillary Clinton zum Präsidenten/zur Präsidentin gewählt werden wird.

Abb. 7.2 Nur Russland, Serbien und China sagten einen Sieg von Trump bei den US-Präsidentschaftswahlen vorher

kollektives Versagen darin, das Ergebnis vorherzusagen, illustriert den Einfluss zweier Faktoren: dessen, was man uns sagt, und der Art und Weise, wie wir denken. In diesem Fall wird die Behandlung in den Medien unsere

Wahrnehmung einer Auseinandersetzung beeinflusst haben, bei der sich die Waage zugunsten von Hillary Clinton neigte. Aber auch unser Wunschdenken ist ein Faktor: Teilweise antworten wir so, wie wir meinen, dass etwas geschehen wird, und teilweise so, wie wir es gerne geschehen lassen würden. Die große Mehrheit der Länder wird von der allgemein negativen Ansicht über Donald Trump beeinflusst gewesen sein, wie wir es damals und seitdem immer wieder bei internationalen Umfragen beobachtet haben.

Die Haltung der russischen Medienniederlassungen über Trump und speziell ihre negative Darstellung von Hillary Clinton sind gut dokumentiert. Es ist vielleicht weniger offensichtlich, warum sich die Serben so sicher waren in Bezug auf einen Sieg von Trump. Aber sie haben enge Verbindungen zu Russland, und das beeinflusst den Medienkonsum. Die Menschen in Serbien haben im Allgemeinen auch eine negative Einstellung zu den Clintons; dies liegt an der Rolle, die Präsident Clinton bei der Bombardierung des Kosovo und Bosniens gespielt hat. Tatsächlich tauchte während der Wahlkampagne im Jahr 2016 eine Meldung auf, in der behauptet wurde, dass sich Donald Trump für die Bombardierungen entschuldigte, die unter Bill Clinton erfolgten; die Meldung wurde zwar später dementiert, setzte sich aber in den Köpfen der Serben fest.

Am anderen Ende des Spektrums verwundert es nicht, dass die Mexikaner am wenigsten dazu neigten, Trump als den künftigen Wahlgewinner zu sehen. Dies lässt sich leicht erklären angesichts seiner lautstarken Reden gegen Mexiko und seiner regelmäßigen Streitereien mit dem früheren Präsidenten von Mexiko Vincente Fox (und dazu gehörte auch der denkwürdige Tweet von Vincente Fox: „I won't pay for that f***ing wall!").

*

Unsere Emotionen und unsere Identität wirken sich auch auf unsere Ansichten zur Realität aus und darauf, wie wir auf Informationen reagieren – und das ist ein zentraler Punkt im Hinblick auf ein umfassenderes Verständnis, nicht nur im Kontext von Brexit und Trump. Wir können das bei politischen Bewegungen und sozialen Trends in vielen Ländern beobachten. Vielleicht haben wir keine Riesenwoge des Populismus erleben müssen, die einige zu Beginn des Jahres 2017 erwartet oder befürchtet hatten, aber die zunehmende Bedeutung der Politik, die Identität als Zugehörigkeit zu einem der ideologischen Blöcke definiert, ist immer noch ein realer Trend. Dadurch gibt es keine garantierten Wählerblöcke mehr für die etablierten Parteien. Angesichts der Tatsache, dass sich die jüngere Generation nicht in so starkem Maße für das ganze Leben an nur eine politische Partei gebunden fühlt, sollte man erwarten, dass sich mehr Parteien wie die

Fünf-Sterne-Bewegung in Italien und La République en Marche in Frankreich entwickeln. Wie wir im vorigen Kapitel gesehen haben, geht es genauso sehr darum, von wem man meint, dass er die eigenen Leiden nachempfindet, wie um die historischen Bindungen, um die Wahrhaftigkeit dessen, was gesagt wird, oder um das sorgfältige Abwägen der nicht absehbaren Ergebnisse politischer und wirtschaftlicher Entscheidungen.

Wir müssen uns vor der Vorstellung hüten, dass unsere offenkundige Geringschätzung der wissenschaftlichen Befunde etwas völlig Neues, Allgegenwärtiges oder Unüberwindbares ist. Die satirische Zeitschrift *The Onion* brachte dazu im Jahr 2017 folgende Schlagzeile: „Fearful Americans Stockpiling Facts Before Federal Government Comes To Take Them Away" (Furchtsame Amerikaner hamstern Fakten, bevor die Bundesregierung kommt, um sie ihnen wieder wegzunehmen) [30]. Hier wird ganz gut ein Gefühl für gefährliche Zeiten wiedergegeben, aber es ist eine Realität, dass diese Schlagzeile über viele Jahrzehnte hinweg genauso viel satirischen Biss gehabt hätte. Natürlich wird damit auch (scherzhaft) untertrieben, welchen Anteil wir selbst an unserem eigenen Unwissen und unseren eigenen Fehlwahrnehmungen haben: Hier handelt es sich um ein schon seit Langem existierendes Thema, weil es zum Ausdruck bringt, wie unser Gehirn funktioniert.

Daraus lassen sich auch auf einer persönlichen Ebene Schlüsse für uns selbst ableiten. Vor allem sollten wir uns der emotionalen Haltung bewusst sein, die eine bestimmte Rolle spielt sowohl bei unseren Entscheidungen als auch bei unseren Vorhersagen darüber, was geschehen wird – bei unserem fehlerhaften Denken und bei unserem Wunschdenken. Das Ausmaß der Überraschung sowohl über Trumps Sieg als auch über den Brexit in der Hälfte der Bevölkerung, die nicht die Mehrheit bekommen hat, bringt zum Ausdruck, wie allgegenwärtig diese Tendenzen auf beiden Seiten der ideologischen Trennlinie sind und wie gefiltert unser Verständnis von der Welt sein kann.

Literatur

1. d'Ancona, M. (2017). *Post-Truth: The New War on Truth and How to Fight Back*. Ebury Press.
2. Duffy, B. & Shrimpton, H. (2016). The Perils of Perception and the EU. London. Abgerufen am 29. April 2020 von https://www.ipsos.com/ipsos-mori/en-uk/perils-perception-and-eu

3. Evans-Pritchard, A. (2016). AEP: „Irritation and Anger" May Lead to Brexit, Says Influential Psychologist. Abgerufen am 19. Juni 2020 von https://www.telegraph.co.uk/business/2016/06/05/british-voters-succumbing-to-impulse-irritation-and-anger—and/
4. Kahan, D. M., Peters, E., Dawson, E. C. & Slovic, P. (2017). Motivated Numeracy and Enlightened Self-government. *Behavioural Public Policy, 1*(1), 54–86. Abgerufen am 29. April 2020 von https://doi.org/10.1017/bpp.2016.2
5. Kahan, D. M. (2012). Ideology, Motivated Reasoning, and Cognitive Reflection: An Experimental Study. *SSRN Electronic Journal, 8*(4), 407–424. Abgerufen am 29. April 2020 von https://doi.org/10.2139/ssrn.2182588
6. Wring, D. (2016). Going Bananas Over Brussels: Fleet Street's European Journey. Abgerufen am 29. April 2020 von https://theconversation.com/going-bananas-over-brussels-fleet-streets-european-journey-61327
7. Simons, N. (2016). Boris Johnson Claims EU Stops Bananas Being Sold in Bunches of More Than Three. That Is Not True. Abgerufen am 29. April 2020 von http://www.huffingtonpost.co.uk/entry/boris-johnson-claims-eu-stops-bananas-being-sold-in-bunches-of-more-than-three-that-is-not-true_uk_573b2445e4b0f0f53e36c968
8. The European Commission (2011). Commission Implementing Regulation (EU) No 1333/2011 of 19 December 2011 Laying Down Marketing Standards for Bananas, Rules on the Verification of Compliance With Those Marketing Standards and Requirements For Notifications in the Banana Sector. *Official Journal of the European Union*. Abgerufen am 29. April 2020 von http://eur-lex.europa.eu/LexUriServ/LexUriServ.do?uri=OJ:L:2011:336:0023:0034:EN:PDF
9. Duffy, B. & Shrimpton, H. (2016). The Perils of Perception and the EU. London. Abgerufen am 29. April 2020 von https://www.ipsos.com/ipsos-mori/en-uk/perils-perception-and-eu
10. Murphy, M. (2017). Question Time Audience Member Says She Voted for Brexit at Last Minute Because „A Banana is Straight". Abgerufen am 29. April 2020 von http://www.independent.co.uk/news/uk/home-news/question-time-woman-banana-is-straight-audience-member-brexit-vote-last-minute-eu-referendum-a7560781.html
11. Ebenda
12. Norgrove, D. (2017). Letter from Sir David Norgrove to Foreign Secretary. Abgerufen am 29. April 2020 von https://www.statisticsauthority.gov.uk/wp-content/uploads/2017/09/Letter-from-Sir-David-Norgrove-to-Foreign-Secretary.pdf (zu weiteren Einzelheiten über die amtlichen Statistiken zu den finanziellen Beiträgen des Vereinigten Königreichs zur EU, siehe: Dilnot, A. (2016). UK Contributions to the European Union, UK Statistics Authority. Abgerufen am 29. April 2020 von https://www.statisticsauthority.gov.uk/wp-content/uploads/2016/04/Letter-from-Sir-Andrew-Dilnot-to-Norman-Lamb-MP-210416.pdf)
13. Dilnot, A. (2016). UK Contributions to the European Union, UK Statistics Authority. Abgerufen am 29. April 2020 von https://www.statisticsauthority.

gov.uk/wp-content/uploads/2016/04/Letter-from-Sir-Andrew-Dilnot-to-Norman-Lamb-MP-210416.pdf
14. BBC News (2018). £350m Brexit Claim Was „Too Low", Says Boris Johnson. Abgerufen am 29. April 2020 von http://www.bbc.co.uk/news/uk-42698981
15. Farage, N. (2017). Farage: Why I Didn't Refute „£350m for NHS" Figure Until After Brexit. Abgerufen am 19. Juni 2020 von https://www.lbc.co.uk/radio/presenters/nigel-farage/faragedidnt-refute-350m-nhs-figure-after-brexit/
16. Stone, J. (2016). Nearly Half of Britons Believe Vote Leave's False „£350 Million a Week to the EU" Claim. Abgerufen am 29. April 2020 von https://www.independent.co.uk/news/uk/politics/nearly-half-of-britons-believe-vote-leaves-false-350-million-a-week-to-the-eu-claim-a7085016
17. Fisher, S. & Renwick, A. (2016). Do People Tend to Vote Against Change in Referendums? Abgerufen am 29. April 2020 von https://constitution-unit.com/2016/06/22/do-people-tend-to-vote-against-change-in-referendums/
18. Bell, E. (2016). The Truth About Brexit Didn't Stand a Chance in the Online Bubble. Abgerufen am 29. April 2020 von https://www.theguardian.com/media/2016/jul/03/facebook-bubble-brexit-filter
19. Menon, A. (2016). Facts Matter More in This Referendum Than in Any Other Popular Vote, But They Are Scarce. Abgerufen am 29. April 2020 von http://ukandeu.ac.uk/facts-matter-more-in-this-referendum-than-in-any-other-popular-vote-but-they-are-scarce/
20. Salmon, N. (2017). Donald Trump Takes Credit for Inventing the Word „Fake". Abgerufen am 29. April 2020 von https://www.independent.co.uk/news/world/americas/donald-trump-takes-credit-for-inventing-the-word-fake-a7989221.html
21. Silverman, C. & Singer-Vine, J. (2016). Most Americans Who See Fake News Believe It, New Survey Says. Abgerufen am 29. April 2020 von https://www.buzzfeed.com/craigsilverman/fake-news-survey?utm_term=.dqxK8oRXO#.teYG32pl1
22. Ebenda
23. Flynn, D. J., Nyhan, B. & Reifler, J. (2017). The Nature and Origins of Misperceptions: Understanding False and Unsupported Beliefs About Politics. *Political Psychology, 38*(682758), 127–150. https://doi.org/10.1111/pops.12394
24. Paulhus, D. L., Harms, P. D., Bruce, M. N. & Lysy, D. C. (2003). The Over-claiming Technique: Measuring Self-enhancement Independent of Ability. Abgerufen am 29. April 2020 von http://digitalcommons.unl.edu/leadershipfacpub
25. Stone, J. (2015). The MP Tricked Into Condemning a Fake Drug Called „Cake" Is to Chair a Committee Debating New Drugs Law. Abgerufen am 29. April 2020 von https://www.independent.co.uk/news/uk/politics/the-mp-tricked-into-condemning-a-fake-drug-called-cake-has-been-put-in-charge-of-scrutinising-drugs-a6704671.html

26. Robin, N. (2006). Interview with Stephen Colbert. Abgerufen am 29. April 2020 von https://tv.avclub.com/stephen-colbert-1798208958
27. Suskind, R. (2004). Faith, Certainty and the Presidency of George W. Bush. Abgerufen am 29. April 2020 von https://www.nytimes.com/2004/10/17/magazine/faith-certainty-and-the-presidency-of-george-w-bush.html
28. Andersen, K. (2017). How America Lost Its Mind. Abgerufen am 29. April 2020 von https://www.theatlantic.com/magazine/archive/2017/09/how-america-lost-its-mind/534231/
29. Surowiecki, J. (2005). The Wisdom of Crowds. *American Journal of Physics, 75*(908), 336. Abgerufen am 29. April 2020 von https://doi.org/10.1038/climate.2009.73 (der Text ist 2005 unter dem Titel „Die Weisheit der Vielen" bei Bertelsmann in München als Buch herausgekommen)
30. The Onion Politics (2017). Fearful Americans Stockpiling Facts Before Federal Government Comes To Take Them Away. Abgerufen am 29. April 2020 von https://politics.theonion.com/fearful-americans-stockpiling-facts-before-federal-gove-1819579589

8

Wie wir unsere Welt filtern

Der Chefökonom von Google – Hal Varian – hat mehrmals Folgendes gesagt: „… der wirklich reizvolle Job in den nächsten 10 Jahren wird der des Statistikers sein. Und ich mache da keine Witze." [1] Die Tatsache, dass er es immer wieder sagt und er uns versichert, er mache keine Witze, deutet darauf hin, dass nicht alle davon überzeugt sind. Und er mag recht haben, wenn er der Meinung ist, dass wir das statistische Denken unterbewerten: Es ist dreimal so wahrscheinlich, dass wir sagen, unser Mangel an Lese- und Schreibfähigkeit sei uns peinlich, als dass wir das auf Mathematik beziehen [2]. Varian erklärt im Weiteren, dass der Aufstieg des Statistik-Freaks (eine schöne Zeit für mich!) Ausdruck einer sich verändernden Welt ist; sie wird maßgeblich beeinflusst von einer Technologie, die ihren Weg in jeden Winkel unseres Lebens findet:

> Die Fähigkeit, Daten zu begreifen – fähig zu sein, sie zu verstehen, sie zu verarbeiten, einen Wert aus ihnen zu extrahieren, sie zu visualisieren, sie zu vermitteln –, das wird in den nächsten Jahrzehnten die bei Weitem wichtigste Fähigkeit sein [1].

Die neue Technologie in unserem Umfeld erzeugt riesige Datenmengen, und dies auf eine Weise, die wir uns noch vor ein paar Jahrzehnten gar nicht hätten vorstellen können. Früher führten technologische Fortschritte nicht zu etwas, was mit diesem Quantensprung in Bezug auf die Informationsmenge aus jeder Sphäre des Lebens vergleichbar wäre, die uns für die erneute Nutzung und Auswertung verfügbar ist.

Diese technologischen Fortschritte liefern uns nicht einfach nur einen passiven Datenstrom, der neutral ausgewertet werden kann, wenn wir die Fähigkeiten dazu haben. Diese Informationen können wir aktiv nutzen, um zu formen, was wir sehen und erleben, und dies wiederum auf eine Weise, die selbst vor ein paar Jahren noch unvorstellbar gewesen wäre. Die ursprüngliche Sicht der Dinge im Hinblick auf die offene, gemeinschaftliche, gemeinsam genutzte Phase des Internets war da ganz anders. Es wurde angenommen, dass die Wahrheit herauskommen würde, wenn wir so viel Zugang zu Informationen haben. Diese Annahmen erscheinen uns heute unglaublich naiv angesichts dessen, was wir über die uns innewohnenden Verzerrungen und Heuristiken wissen. Dies alles war die perfekte Umwelt dafür, dass das Gegenteil eintrat: Unsere automatischen Impulse übernehmen die Kontrolle über unsere besseren Absichten, eigentlich ohne dass wir das wirklich bemerkt haben [3].

Unsere Online-Echokammern

Der Begriff „Filterblase" wurde von dem Internetaktivisten und Geschäftsführer des Unternehmens Upworthy namens Eli Pariser geprägt. Er bezieht sich auf die Wechselwirkung zwischen unserer eigenen Tendenz, Daten zu bevorzugen, die unsere Sicht der Welt stützen, und unbemerkten Algorithmen, die darüber entscheiden, womit wir online in Kontakt kommen. Nach Pariser erzeugen diese Algorithmen „ein einzigartiges Universum von Informationen für jeden Einzelnen von uns …, das die Art und Weise, wie wir mit Informationen und Ideen in Kontakt kommen, fundamental verändert" [4].

Pariser erklärt, wie Suchanfragen bei Google, je nach der Vorgeschichte des Nutzers, zu enorm unterschiedlichen Ergebnissen führen können: Wenn zwei Personen nach BP (British Petroleum) gesucht haben, bekam einer Nachrichten mit Bezug auf eine Investition in die Firma zu sehen, während der andere Informationen über eine kürzlich aufgetretene Erdöllache erhielt. Wenn Sie nach einem Wort wie „Depression" auf dictionary.com suchen, installiert die Internetseite bis zu 223 Nachverfolgungssignale auf Ihrem Gerät, sodass andere Internetseiten Ihnen Werbung für Antidepressiva schicken können. Im Kern ist Überwachung das Geschäftsmodell, durch das sich unser weithin kostenfreies Internet trägt [5].

Natürlich kann man die unbemerkte Raffinesse der Überwachung übertrieben darstellen – was selbst wiederum ein Problem ist. Wie es die Unternehmerin und Autorin Margret Heffernan sagt, ist ein Teil der Blockierung, die uns davon abhält, gegen die sehr reale Einwirkung anzugehen, die diese Technologieunternehmen auf unser Leben haben, der Glanz der Komplexität und der Präzision, die zu verstehen wir Normalsterblichen noch nicht einmal hoffen dürften [6]. Wie das folgende Zitat aus der satirischen Internetseite *The Daily Mash* verdeutlicht, ist das alles nicht so von Laserstrahlen gelenkt, wie oft behauptet wird:

> Das Internet, so sagt man uns, sei eine finstere Kraft, die unsere Daten abschöpft, um ein vollständiges Bild von unserem Leben zu erstellen, wodurch wir präziser als Kunden mit Werbung angesprochen werden und unser Denken so gut wie kontrolliert wird. Nun, was mich angeht, so kann ich nur sagen, dass sie schwerwiegend unterschätzen, wie wertlos ich bin. Die Randleiste meiner Facebook-Seite ist im Grunde genommen eine lange Allee mit übermäßig teuren Bäumen, durch die sie auf den Holzweg geraten. Ich bekomme immer wieder Werbung für einen teuren Fußbodenbelag. Netter Versuch. Ich lebe in einer kleinen Mansardenwohnung unter dem Dach [7].

Obwohl die Technologieunternehmen noch keinen vollständigen Zugang zu unseren innersten Gedanken haben, ist die umfassendere Bedrohung weiterhin real: Nach allem, was wir bisher über unsere Verzerrungen und Heuristiken wissen, ist die Möglichkeit, dass unsere Sicht der Realität verzerrt wird, recht offenkundig. Anzeigen zu blauen Pillen, die ungelegen kommen und aufblitzen, wenn man einem Freund sein Handy leiht, tangieren uns hier eigentlich weniger.

Es gibt viel größere Probleme: Wenn unsere Sicht auf das, was real existiert, durch mit Algorithmen arbeitenden Programme und über unsere eigene Auswahl von Personen und Gruppen, denen wir in den sozialen Medien folgen, geformt wird, wird unsere Filterblase zu einer „Echokammer". Und wir hören nur noch uns selbst und das, was wir hören wollen; und wir büßen die gemeinsame Faktengrundlage ein, von der es abhängt, ob eine Gesellschaft funktioniert.

Diese Tendenzen des Menschen sind nichts Neues, und wir filtern die ganze Zeit über unsere Welt, indem wir uns mit Menschen und Informationen umgeben, die uns eine wunderbar wohlige „kognitive Konsonanz" bieten, wie es Leon Festinger in den Fünfzigerjahren formulierte. Aber die Fähigkeiten von uns selbst und von anderen, die Realität zu filtern, sind Millionen Meilen weit von den Originaluntersuchungen entfernt, die zeigen, dass wir Zeitschriftenrezensionen meiden, die sich kritisch über das Auto äußern, für das wir uns schon entschieden haben.

Im Jahre 1962 argumentierte Jürgen Habermas, der deutsche Soziologe und Philosoph, dass eine gesunde „Öffentlichkeit" – die realen, virtuellen oder vorgestellten Räume, in denen soziale Themen diskutiert werden und die Meinung gebildet wird – wesentlich für eine Demokratie sei und dass sie inklusiv sein müsse. Aber bereits 2006 erkannte er: „Hier fördert die Entstehung von Millionen von weltweit zerstreuten chat rooms und weltweit vernetzten issue publics eher die Fragmentierung jenes großen, in politischen Öffentlichkeiten jedoch gleichzeitig auf gleiche Fragestellungen zentrierten Massenpublikums. Dieses Publikum zerfällt im virtuellen Raum in eine riesige Anzahl von zersplitterten, durch Spezialinteressen zusammengehaltenen Zufallsgruppen." [8]

Dies kann reale Konsequenzen haben. Jacob Shapiro von der Princeton University führte ein Experiment durch, bei dem er die Rankings von Suchmaschinen zu politischen Fragen manipulierte und zeigte, dass verzerrte Rankings in Suchmaschinen die Wahlvorlieben von unentschiedenen Wählern um 20 % verschieben können, ohne dass sie wissen, dass das, was sie gesehen haben, manipuliert worden ist [9].

Teilweise geht es auf diesen potenziellen Effekt zurück, dass die Enthüllungen vom März 2018 so viel Besorgnis ausgelöst haben. Es ging darum, dass die Facebook-Daten von Millionen von Nutzern möglicherweise ohne ihr Wissen in zentralen politischen Wahlkämpfen verwendet worden sind. Ein Informant, der bei der Politikberatungsfirma Cambridge Analytica arbeitete, skizzierte, wie dies möglich war: Ein simpler Persönlichkeitstest, der von einem Wissenschaftler der University of Cambridge entwickelt worden war, lieferte eine Schnittstelle, die es den Forschern nicht nur erlaubte, Zugang zu den Daten von 270.000 Facebook-Nutzern zu bekommen, die am Test teilgenommen hatten. Es ging aber nicht nur um sie, sondern auch um all ihre Facebook-Freunde und -Verbindungen, was einen Datensatz von über 87 Mio. Menschen lieferte. Dieser wurde dann an die Firma Cambridge Analytica verkauft, die aus den Informationen 30 Mio. „psychografische" Profile erzeugte. Diese konnten im Anschluss daran dazu genutzt werden, gezielte politische Anzeigen sowohl bei der Abstimmung zum EU-Referendum als auch bei den Präsidentschaftswahlen des Jahres 2016 in den USA zu entwerfen, wobei man in beiden Fällen mit den Kampagnenteams zusammenarbeitete.

Zu dem Zeitpunkt, zu dem dieses Buch geschrieben wurde, sind die vollständigen Fakten zu dem, was geschehen ist, noch nicht ans Licht gekommen. Parlamentarische Anfragen im Vereinigten Königreich müssen noch gestellt werden, und Mark Zuckerberg muss noch vor dem US-amerikanischen Kongress als Zeuge aussagen. Es wird sowieso unmöglich sein, in Erfahrung zu bringen, ob die gezielte Verwendung von Informationen irgendeinen relevanten Einfluss auf die Ergebnisse dieser beiden politischen Ereignisse hatte – und zumindest ziehen einige Personen aus dem Umfeld von Donald Trump in Zweifel, ob die Kommunikationsstrategie, die Cambridge Analytica im Umfeld aufgebaut hatte, so präzise und nützlich war wie behauptet [10].

Es handelt sich jedoch nur um einen Teil eines umfassenderen Trends und eine tiefere Besorgtheit, wie sie in einem brillanten, aber erschreckenden Papier des Europarats über die „Informationsunordnung" skizziert wurde. Die wirkliche Sorge geht weit über Wahlwerbung hinaus und erstreckt sich auf „die langfristigen Schlussfolgerungen aus Desinformationskampagnen, die speziell dazu entwickelt werden, Misstrauen und Verwirrung zu stiften und mithilfe von nationalistischen, ethnischen, rassischen und religiösen Spannungen soziokulturelle Spaltungen zu verschlimmern" [11].

Craig Silverman von Buzzfeed brachte dies auf den Punkt: „… in den letzten drei Monaten der US-Präsidentschaftskampagne führten die 20 effektivsten falschen Geschichten zur Wahl, die auf Internetseiten mit Falschmeldungen und überparteilichen Blogs aufgetaucht sind, zu 8.711.000 geteilten Mitteilungen, Reaktionen und Kommentaren auf Facebook. Innerhalb desselben Zeitraums wurden insgesamt 7.367.000 geteilte Mitteilungen, Reaktionen und Kommentare auf Facebook durch die 20 effektivsten Geschichten zur Auswahl der 19 wichtigsten Internetseiten zu Nachrichten hervorgerufen." [12] Das relative Gewicht von Realem und von Fake ist in gefährlicher Weise ausgewogen.

Die Analyse der russischen Propaganda in der Europäischen Union durch die StratCom Task Force zeigt, dass die folgende Strategie genutzt wird. Es werden so viele miteinander in Konflikt stehende Botschaften wie möglich verschickt, um die Menschen davon zu überzeugen, dass es zu viele Versionen der Ereignisse gibt, als dass man die Wahrheit herausfinden könnte. Bei diesem Informationskrieg werden alle möglichen Arten von Quellen genutzt, von etablierten Medienagenturen bis zu Randfiguren, wobei russische Generale offen zugeben, dass „falsche Daten" und „destabilisierende Propaganda" legitime Bestandteile ihres Werkzeugkastens sind. Der russische Verteidigungsminister hat Informationen als „eine andere Art von bewaffneten Streitkräften" beschrieben. Weitere Länder holen auf, was den zentralen Stellenwert dieser Techniken für die nationale Sicherheit angeht, wobei viele Staaten, einschließlich Australiens und des Vereinigten Königreichs, ihre eigenen Einheiten zum Informationskrieg einrichten oder neu aufstellen [13].

Natürlich sind die Werkzeuge vielleicht neu, aber die Theorie ist es nicht. Im Jahr 2017 war das klassische Hauptwerk von Hannah Arendt aus dem Jahr 1951 *Elemente und Ursprünge totaler Herrschaft: Antisemitismus, Imperialismus, totale Herrschaft* mit 752 Seiten bei Amazon zeitweilig ausverkauft; dies geht teilweise darauf zurück, dass das folgende Zitat in den sozialen Medien weithin geteilt wurde:

> Der ideale Untertan totalitärer Herrschaft ist nicht der überzeugte Nazi oder engagierte Kommunist, sondern Menschen, für die der Unterschied zwischen Fakt und Fiktion, wahr und falsch, nicht länger existiert [14].

Hannah Ahrendts Analyse ist viel umfassender, als es das Zitat nahelegt, aber sie thematisiert einige der derzeitigen Risiken, denen wir ausgesetzt sind. Das alles ist Ausdruck unserer Konzentration darauf, unsere bereits vorhandenen Ansichten zu bestätigen, und der Fähigkeit der Technologie, dies in einem erschreckenden Ausmaß zu gewährleisten: Unter einer totalitären Herrschaft bestimmt die *Konsistenz* dessen, was wir sehen, unabhängig von seinem Wahrheitsgehalt das, woran wir glauben.

Die modernen Werkzeuge zum „digital astroturfing" – Kampagnen, die Trollfabriken, Klickfarmen und automatisierte Konten sozialer Medien nutzen – sind längst nicht mehr nur ein Ansatz Russlands oder eines totalitären Regimes. Ein Bericht verfolgte diese Aktivitäten zurück und fand als Quelle 28 Länder – und dies für alle möglichen Arten von Zwecken [11].

Das Ausmaß der Fehlinformation (das ungewollte Teilen falscher Informationen) und der Desinformation (die absichtliche Erzeugung und das Teilen von Informationen, von denen man weiß, dass sie falsch sind) ist daher aus einer Reihe von Gründen ein Problem. Erstens bedeutet ihr schieres Gewicht, dass wir durch die Sintflut an Informationen zu abgelenkt sind, um die am sorgfältigsten recherchierten Meldungen zu finden. Aber mehr noch: Die Wiederholung führt aufgrund des trügerischen Wahrheitseffekts zu einer Leichtgläubigkeit ganz eigener Art; man hat eben dieselben Informationen mehr als einmal gesehen [15].

Wir wählen unsere Freunde zu sorgfältig aus

Aus dem, was wir bisher erfahren haben, wissen wir, dass diese finsteren Interventionen gar nicht nötig sind, um bei uns Probleme in Bezug auf unsere Sicht der Realität hervorzurufen – wir haben eine natürliche Tendenz, uns mit Informationen zu umgeben, die unsere bereits bestehenden Ansichten festigen. Einer der Gründe, warum Wissenschaftler es als schwierig empfinden, einen kausalen Effekt auf eine Meinung durch die traditionellen Medien, die wir konsumieren, auszumachen, ist folgender: Wir wählen Zeitungen und Fernsehkanäle aus, die Ausdruck vorher bestehender Meinungen sind. Dasselbe trifft auf Online-Medien zu, wobei zahllose Studien zeigen, dass wir uns auf die gleiche Weise, wie wir einem Tweet folgen und wie wir Freunde finden, zu einer Herde zusammenschließen.

Es war eine solche Besorgnis, die selbst Barack Obama in einem Teil seiner Abschiedsrede als Präsident nutzte, um die Risiken hervorzuheben:

> Wir fühlen uns in unserem Mikrokosmos immer sicherer, sodass wir anfangen, unabhängig vom Wahrheitsgehalt nur noch Informationen zu vertrauen, die zu unserer Meinung passen, statt uns unsere Meinung anhand der vorhandenen Fakten zu bilden [16].

In vielerlei Hinsicht entwickelt sich unsere Existenz in der Online-Welt weiter, und dabei steht die Bestätigungsverzerrung im Zentrum: Sie strebt danach, uns die Freude zu vermitteln, die wir empfinden, wenn wir Informationen sehen, die unsere bereits vorhandene Ansicht bestätigen. Diese Verzerrung gibt ihr Bestes, alles zu entfernen, was die Unannehmlichkeit der Dissonanz verursacht – sonst klicken wir es weg und gehen weiter zum Nächsten.

James Carey, ein Kommunikationstheoretiker von der University of Illinois, betont die „rituelle" Funktion der Kommunikation und dass sie eine grundlegende Rolle dabei spielt, zwischen Menschen und Gruppen geteilte Überzeugungen zu repräsentieren. Wir konzentrieren uns oft auf die „Vermittlungs"-Rolle der Kommunikation – die Übermittlung von Informationen –, obwohl sie doch eine gleichermaßen wichtige rituelle Funktion hat; und dies sagt genauso viel darüber aus, wer wir sind [17].

Es ist dieser rituelle Aspekt der Kommunikation, der entscheidend ist für das Verständnis dessen, wie und warum Individuen auf Botschaften in unterschiedlicher Weise reagieren. Wie das Papier des Europarats skizziert hat, werden die Arten von Informationen, die wir in uns aufnehmen, und die Art und Weise, wie wir ihnen einen Sinn verleihen, in bedeutsamer Weise von unserer Selbstidentität und von den „Volksgruppen" beeinflusst, mit denen wir normalerweise Umgang haben. In einer Welt, in der das, was wir mögen, was wir kommentieren und was wir teilen, für unsere Freunde, unsere Familie und unsere Kollegen sichtbar ist, sind diese „sozialen" Kräfte wirkungsvoller als je zuvor.

Wir werden dazu ermuntert, „Leistung zu zeigen", um mit Likes, Kommentaren und geteilten Botschaften belohnt zu werden. Wir neigen dazu, etwas in den sozialen Medien zu teilen, bei dem unsere Freunde und Follower erwarten würden, dass wir es mögen oder teilen. Wir sind soziale Wesen, bei denen Wahrnehmungen einen großen Effekt auf unsere Ansichten und unsere Verhaltensweisen haben, selbst dann, wenn wir fälschlicherweise meinen, es sei die Norm, wie wir es am Beispiel unseres pluralistischen Unwissens gesehen haben. Wir unterliegen Verzerrungen der sozialen Erwünschtheit, wenn wir uns unbewusst am „Eindrucksmanagement" beteiligen, indem wir ein Bild von uns selbst zeichnen, von dem wir glauben, dass es bei anderen zu Zustimmung führt.

Die Antworten auf die Fragen, die wir über die Technologie gestellt haben, liefern klare Belege dafür, wie schief unsere Sicht der Welt sein kann, weil wir aus dem, was wir sehen, zu Verallgemeinerungen kommen. Dabei geht es nicht nur um die hitzigen Debatten zu einer Politik, die Identität als Zugehörigkeit zu einem der ideologischen Blöcke definiert; selbst unsere Abschätzung grundlegender Fakten, etwa dazu, wie viele von uns Zugang zum Internet haben, lässt erkennen, wie stark gefiltert unsere Sicht der Welt in Wirklichkeit ist.

Online, die ganze Zeit über

Den sozialen und ökonomischen Wert des Internetzugangs kann man kaum zu hoch einschätzen. Jeder Bereich des Lebens wird davon beeinflusst, und er ist so sehr in die meisten unserer Lebenssphären eingebettet, dass es schwierig geworden ist, seinen zentralen Stellenwert zu erkennen. Eine Studie zeigte Folgendes: Wenn man die Kluft im Zugang zwischen den Ländern der weniger entwickelten Welt und dem Rest der Welt schließen würde, würde dies zu 140 Mio. zusätzlichen neuen Jobs und zur Rettung des Lebens von 2,5 Mio. Menschen führen, und das einfach aufgrund des Zusammenhangs zwischen Gesundheitserziehung und Sterblichkeit [18]. In diesem Kontext kann man leicht die Tatsache aus dem Auge verlieren, dass etwa die Hälfte der Welt immer noch keinen Zugang zum Internet hat.

Wie würden Sie die folgende Frage beantworten: „Etwa wie viele von 100 Menschen in Ihrem Land haben Zugang zum Internet?" Wie wir sehen werden, gibt es wirklich über die Länder der Welt hinweg eine große Streubreite beim Zugang, und das kommt in den Fehlern bei unseren Schätzungen zum Ausdruck. Tatsächlich spalten sich die Länder zu gleichen Teilen auf zwischen denen, die zu hohe (manchmal lächerlich hohe)

8 Wie wir unsere Welt filtern

Schätzungen abgeben, und denen, die zu geringe Schätzungen machen (Abb. 8.1).

Indien sticht besonders als ein Land hervor, in dem man sich über den Internetzugang selbst etwas vormacht. Die durchschnittliche Schätzung war, dass 60 % aller Inder Zugang zum Internet hätten, wo es doch in der Reali-

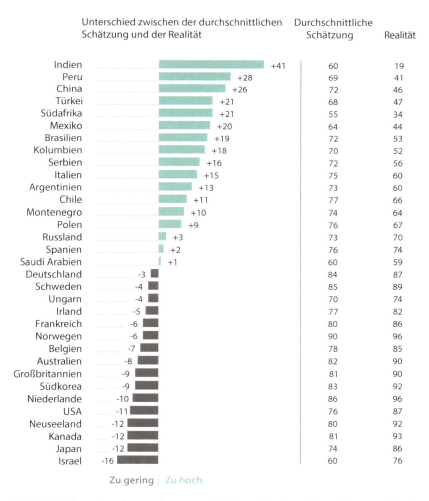

Abb. 8.1 Menschen in weniger entwickelten Ländern überschätzten den Anteil der Menschen, die Internetzugang haben, während in stärker entwickelten Ländern das Gegenteil zutraf

tät damals (im Jahr 2016) nur 19 % waren. Die Internetnutzung nimmt natürlich in einem sich so schnell entwickelnden Land rasch zu; während ich diese Zeilen schreibe, beträgt sie etwa 25 %. Aber es ist immer noch ein sehr weiter Weg zu den 60 %. In anderen Ländern, speziell in weniger entwickelten Märkten wie Peru und China, wurde der Internetzugang ebenfalls signifikant überschätzt.

Andererseits unterschätzte man ihn in Israel mit 60 %, wo er doch tatsächlich bei 76 % lag; in einer Reihe von Ländern, bei denen er nahe beim Zugang für alle lag, wurde er ebenfalls als etwas zu gering eingeschätzt, wobei man dachte, er liege bei mehr als 80 %.

Diese letzte Gruppe von Fehlern hängt wahrscheinlich am ehesten mit psychophysischen Erklärungen zusammen: dass die Leute glauben, sie wählten eine große Zahl aus, aber sie ist einfach nicht groß genug wegen unserer Tendenz, große Dinge zu unterschätzen und in Richtung Mitte auf Nummer sicher zu gehen.

Die interessanteren und wichtigeren Punkte befinden sich jedoch am anderen Ende der Abbildung und speziell bei den indischen Daten. Die durchschnittliche Schätzung in Indien lässt sich nicht hinreichend dadurch erklären, dass wir aufgrund der Psychophysik auf Nummer sicher gehen – es gibt eine andere Erklärung für diese signifikante Verzerrung. Unsere Umfrage wurde online durchgeführt, sodass definitionsgemäß jeder, der sie beantwortete, einen Internetzugang hatte, selbst in Ländern mit einer geringen Verbreitung des Internets. Deswegen waren die Befragten in Regionen wie Indien stärker von der Norm abweichend und weniger repräsentativ im Vergleich zur Gesamtbevölkerung als in Ländern, in denen der Internetzugang stark verbreitet ist. (Es ist für viele der Branchen, mit denen wir zusammenarbeiten, von viel größerem Interesse, sich auf die ans Internet angeschlossene Gruppe zu konzentrieren, nicht nur wegen ihres größeren Wohlstands, sondern weil sie Trends setzt, die sich auswirken. Damit soll natürlich nicht die Masse der Bevölkerung abgetan werden, die noch nicht online ist und die wir in unseren sozialwissenschaftlichen Studien regelmäßig befragen.).

Wir müssen uns darüber im Klaren sein, dass die Umfragedaten aus Indien nur repräsentativ für diese sich herausbildende, vernetzte Mittelschicht sind. Dennoch ist das insofern ein nützlicher Nebeneffekt, als es auf eine andere wichtige Verzerrung hinsichtlich der Art und Weise hinweist, wie wir denken. Diese Untermenge der indischen Bevölkerung dachte, dass der Rest des Landes ihr viel mehr ähnelte, als dies tatsächlich der Fall ist: Unsere Befragten hatten alle Zugang zum Internet, die Menschen, mit denen sie regelmäßig interagierten, hatten mit größerer Wahrscheinlichkeit

Zugang zum Internet – und sie nahmen an, dass ein viel größerer Teil der Allgemeinbevölkerung Zugang zum Internet hatte, als es der Realität entsprach.

Das hängt mit dem zusammen, was Sozialpsychologen als den „Effekt des falschen Konsenses" bezeichnen – die Menschen neigen dazu, ihre eigenen Entscheidungen und Urteile in Bezug auf das Verhalten als relativ normal anzusehen, während sie alternative Reaktionen für nicht normal halten. Wir verallgemeinern von unserer eigenen Situation, wir meinen, andere seien eher wie wir, als es der Realität entspricht. Dieser Effekt bezieht sich gewöhnlich auf Überzeugungen und Einstellungen – dass wir meinen, andere stimmten mit unseren Meinungen stärker überein, als sie es wirklich machen –, aber er bezieht sich auch auf Verhaltensweisen.

Der Effekt wurde während der Siebzigerjahre in exzellenter Weise durch Lee Ross von der Stanford University nachgewiesen. Er bat Studierende, etwas peinliche Schilder zu tragen, auf denen stand: „Essen Sie bei Joes" oder „Kehre um" (das erinnert in wunderbarer Weise an diese Zeit!), und damit auf einer bestimmten Route auf dem Campus herumzulaufen – dies unter dem Vorwand, sie sollten sich Notizen zu den Reaktionen der Passanten machen. Die Aufgabe wurde den Studierenden erklärt, und man sagte ihnen, sie müssten das nicht machen, ihnen würden auch so weiterhin Punkte für das Seminar angerechnet.

Einige taten es und andere nicht (ich hätte mich verzogen; ich war viel zu cool und/oder unsicher für so etwas), aber dann fand das eigentliche Experiment statt. Ross bat die Studierenden, einzustufen, ob die anderen Personen ihrer Meinung nach die Aufgabe ausführen würden – 60 bis 70 % der Studierenden dachten, dass die anderen einer Meinung mit ihrer Entscheidung sein würden, unabhängig davon, wie die Entscheidung ausgefallen war.

Dies könnte als eine raffinierte Methode angesehen werden, um zu demonstrieren, dass Menschen dazu neigen, zu meinen, dass andere so denken und handeln wie sie. Aber für Ross' Zwecke war es erforderlich, dass Personen eine echte Entscheidung über ein Verhalten trafen, die mit einigen Konsequenzen verbunden war und die somit nicht nur eine theoretische Entscheidung war.

In unserem Beispiel scheint die einflussreiche indische Mittelklasse einfach keine Vorstellung davon zu haben, wie wenig verbreitet der Internetzugang bei der Masse ihrer Mitbürger ist. Diese Art von Fehlkalkulation wird zwangsläufig eine Auswirkung darauf haben, wie sie die Notwendigkeit der Ausweitung des Internetzugangs auf breitere Schichten sieht. Und sie wird Folgen im Hinblick darauf haben, wie wichtig das Problem für sie ist, um zu gewährleisten, dass die Menschen, die gegenwärtig keinen Zugang haben, nicht von den Möglichkeiten abgehängt werden, die diese Anbindung mit sich bringt.

Führen wir die Welt näher miteinander zusammen?

Die Bedeutung, die Menschen sozialen Beziehungen beimessen, ist der Kern des Erfolgs von Facebook. Das erste Unternehmensleitbild lautete: „Making the world more open and connected" (Machen wir die Welt offener und vernetzter). Mark Zuckerberg veränderte dies im Jahr 2017 zu: „Give people the power to build community and bring the world closer together" (Geben wir den Menschen die Kraft, eine Gemeinschaft aufzubauen, und führen wir die Welt näher miteinander zusammen). Dies sollte ihnen ein stärkeres Gefühl der Zielgerichtetheit geben und erklären, warum Vernetztheit von Vorteil ist) [19].

Dieser Drang, sich zu vernetzen, hat dazu beigetragen, dass Facebook zu einem kaum vorstellbaren Moloch geworden ist. Jeden Monat hat das Unternehmen etwa 2,2 Mrd. Nutzer, was sich 30 % der gesamten Weltbevölkerung nähert, und 1,4 Mrd. loggen sich *jeden Tag* ein. Und diese Zahl wächst immer noch weiter an – die tägliche Nutzung wies am Ende des Jahres 2017 einen 14-prozentigen Anstieg gegenüber 2016 auf [20]. Zuckerberg selbst hat gesagt: „In vielerlei Hinsicht ist Facebook eher wie eine Regierung als wie ein traditionelles Unternehmen." [21]

Der Skandal im Zusammenhang mit Cambridge Analytica hat Facebook aus all den falschen Gründen in die Schlagzeilen gebracht. Die Bewegung #deletefacebook wurde gerade erst gegründet, als ich dieses Buch abschloss. Aber es wäre überhaupt nicht überraschend, wenn selbst ein so großer Skandal einen nur begrenzten Einfluss auf die tatsächliche Nutzung der Plattform durch uns hätte – angesichts der Tatsache, wie stark Facebook mit vielen Aspekten unserer Lebensumstände verwoben ist. Selbst in den Wochen direkt nach den Enthüllungen berichteten Unternehmen, die Technologiefirmen beobachten, dass die weltweite Nutzung von Facebook im normalen, erwarteten Bereich blieb [22].

Hat diese dominierende Stellung einen Einfluss auf unsere Ansicht darüber, wie viele Menschen Facebook-Nutzer sind? Wie Abb. 8.2 zeigt, hat es den Anschein, dass es wirklich so ist; dabei wird dies in jedem einzelnen Land stark überschätzt. Eine solche Fehleranfälligkeit ist nicht das Ergebnis

8 Wie wir unsere Welt filtern

Frage: Wie viele von 100 Menschen im Alter von 13 Jahren oder älter sind Ihrer Meinung nach Mitglied bei Facebook?

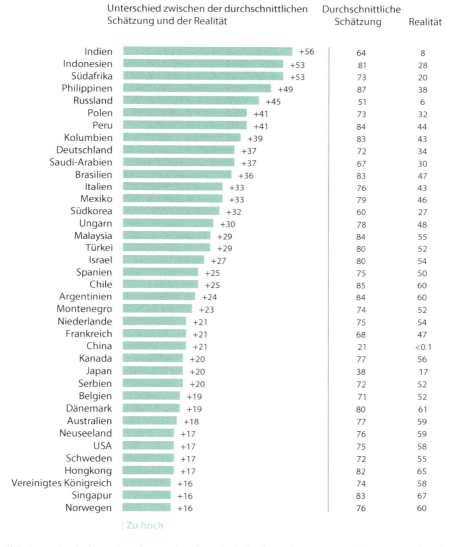

Abb. 8.2 In jedem Land wurde der Anteil der eigenen Bevölkerung, der bei Facebook Mitglied ist, signifikant überschätzt; dabei gab es vor allem in Indien, Indonesien und Südafrika unglaublich starke Überschätzungen

einer automatischen Neuskalierung, sondern unserer verzerrten Sicht auf die Verbreitung von Facebook.

Die extremeren Fehler treten gewöhnlich in ähnlichen Ländern wie jenen auf, die den Internetzugang überschätzen. Am bemerkenswertesten war, dass die Inder, die online sind, dachten, 64 % aller Inder seien Mitglied bei Facebook, wo es doch in Wirklichkeit nur 8 % waren. Dies wird eindeutig direkt mit dem Bild zusammenhängen, das sie von den Indern haben, als eines Volkes, das viel stärker online ist, als es tatsächlich der Fall ist. Aber hier handelte es sich nach wie vor um die größte Kluft in Bezug auf die Wahrnehmung, die wir je erfasst haben.

Diejenigen von Ihnen, die über Adleraugen verfügen, haben möglicherweise bemerkt, dass dies Folgendes bedeutet: Die Inder meinen, mehr Menschen in ihrem Land seien Mitglied bei Facebook als die Anzahl der Inder, die einen Internetzugang haben, was offensichtlich nicht möglich ist. Aber das kann teilweise daran liegen, dass die beiden Untermengen an Befunden unterschiedlichen Umfragen entnommen sind, wobei die Facebook-Frage ein Jahr später gestellt wurde: Unsere indischen Befragten haben vielleicht die äußerst schnelle Ausbreitung des Onlinezugangs mitbekommen, auch wenn sie dessen Ausmaß völlig überschätzt haben.

Es trifft jedoch nicht nur auf Länder mit einem schlechten Internetzugang zu, dass die Schätzungen nicht der Realität entsprachen. Die Deutschen beispielsweise dachten, 72 % ihrer Mitbürger seien Mitglied bei Facebook, obwohl es doch mit 34 % in der Realität weniger als die Hälfte des angegebenen Prozentsatzes war. Kein Land kam in Bezug auf das eigene Land auch nur 15 Prozentpunkte in die Nähe der realen Zahl.

Es gibt einige interessante Spezialfälle, beispielsweise in Russland und in China. Russland hat mit Vk.com seine eigene Version von Facebook, die, wenn man von anderen Vorteilen absieht, mit dem kyrillischen Alphabet funktioniert; und deshalb hat sich Facebook selbst nicht so richtig durchgesetzt: Unsere russischen Befragten schätzten, etwa die Hälfte der Russen seien Mitglied bei Facebook, obwohl es doch tatsächlich nur 6 % sind. Die Situation in China ist ganz anders, weil Facebook seit 2009 auf dem Festland verboten ist; einige bringen diese Maßnahme mit den Unruhen in Verbindung, die im Juli 2009 in der nordwestlichen Provinz Xinjiang ausgebrochen sind. In diesem Kontext ist es faszinierend, dass unsere Befragten dachten, nicht weniger als 20 % umgingen dieses Verbot, obwohl die reale Zahl (vermutlich) bei nur 0,1 % liegt. Diese Situation wird jedoch möglicherweise nicht lange anhalten, weil Facebook weiterhin den chinesischen Markt umwirbt. Mark Zuckerberg machte zahlreiche Besuche dort, und es wurde erwartet, dass Präsident Xi Jinping in seiner zweiten Amtszeit die

Restriktionen im Jahr 2018 lockern könnte (Anm. des Übersetzers: Das ist aber bisher noch nicht geschehen).

Neben diesen sehr speziellen Umständen werden die Erklärungen dafür, warum wir nicht Recht haben, ähnlich denen für unsere Fehleinschätzungen bei der Verbreitung des Internets sein – wir haben eine Tendenz, zu glauben, dass „alles, was wir sehen, das einzige ist, was da ist"; und wir verallgemeinern von unserer Erfahrung auf die anderer Menschen.

Hier geschieht jedoch noch mehr, vor allem was die völlige Dominanz von Facebook in sozialen Netzwerken angeht, die ein Spiegelbild der Dominanz von Google bei der Internetsuche ist. Aufgrund von Verweisen auf die Internetseiten der wichtigsten Verlage gehen auf diese beiden Quellen 75 % des Datenverkehrs im Internet zurück [23].

In den zurückliegenden Kapiteln haben wir gesehen, dass wir im Allgemeinen dazu neigen, zu meinen, wir seien, wenn wir an positive Ergebnisse und Merkmale denken, glücklicher und befähigter als der Durchschnitt. Das vorliegende Kapitel verdeutlicht die Gefahren des Spiegeleffekts. Wir müssen uns hüten, Folgendes zu denken: Was wir machen und was wir sehen, ist die Norm bzw. alles, was existiert.

Wie wir die Blase zum Platzen bringen

Das bringt uns zu der wichtigeren Herausforderung zurück: Wie kommt es, dass unsere Welt so stark von Filterungsprozessen bestimmt wird? Und als Schlussfolgerung daraus: Wie sehen wir die Realität? Der erschreckende Aspekt ist, dass wir erst am Anfang stehen. Die wirkliche Herausforderung ist die zunehmende Geschwindigkeit der Veränderung und zudem, wie weit wir auf der Kurve zurückliegen, um ihre Auswirkung überhaupt noch abschwächen zu können.

Die Sorgen von Politikern und Medien haben sich großenteils etwa auf textbasierte Desinformation, auf die Kontrolle und auf die Korrektur von Behauptungen in Artikeln mit „Fake News" konzentriert. Aber wir wissen bereits, dass visuelle Darstellungen oft am meisten geteilt werden und dass wir sie viel schneller verarbeiten als Text. So fand etwa ein Team von Neurowissenschaftlern am Massachusetts Institute of Technology heraus, dass wir ganze Bilder verarbeiten können, die wir nur für einen so kurzen Zeitraum wie 13 Millisekunden sehen – und infolgedessen ist die Wahrscheinlichkeit, dass unsere Fähigkeiten zum kritischen Denken ins Spiel kommen, geringer, wenn wir uns Bilder ansehen, als wenn wir etwas lesen [24].

Die Ansätze zur Video- und Tonmanipulation, die die Zukunft bringen wird, stellen das simple Arbeiten mit Photoshop durch Meme-Fabriken in den Schatten (Meme-Fabriken erzeugen Videos mit meist satirischem Inhalt und verbreiten sie massenhaft). So haben Forscher der University of Washington Programme aus dem Bereich der künstlichen Intelligenz genutzt, um vollständig durch Fake erzeugte, aber visuell überzeugende Videos von Barack Obama zu kreieren. Die Forscher gaben 17 Stunden von Filmmaterial aus der wöchentlichen Rede des früheren Präsidenten als „Trainingsdaten" in ein neuronales Netz ein. Der sich daraus ergebende Algorithmus kann Mundverformungen aufgrund von Obamas Stimme erzeugen und sie in einem ganz anderen Video über Obamas Gesicht einblenden [25]. Eine ähnliche Technologie einschließlich eines extrem einfachen Werkzeugs namens FakeApp ist bereits frei verfügbar. Und ihre hauptsächliche Verwendung war bisher (vorhersagbarerweise) die Manipulation pornographischer Videos, um die Gesichter der Schauspielerinnen durch die berühmterer Prominenter zu ersetzen und um (auch vorhersagbarerweise, denn hier geht es ja ums Internet) Nicolas Cage in Filmen einzufügen, in denen er gar nicht aufgetreten ist [26].

Audiomaterial kann sogar noch leichter manipuliert werden als Videomaterial. Adobe hat den Prototyp eines Programmes namens VoCo (der Spitzname lautet „Photoshop für Audio") entwickelt, das Nutzer in die Lage versetzt, kurze Clips mit der Stimme einer Person in die Anwendung einzugeben. Und dieses Programm ermöglicht es Ihnen dann, Wörter in der exakten Stimme dieser Person zu diktieren.

Zusammengenommen ergeben sich aus diesen Entwicklungen eindeutig schwerwiegendere potenzielle Schlussfolgerungen, als dies bei durch Fake erstellten Videos mit „Rachepornos" der Fall ist. Die Möglichkeit, auf überzeugende Art und Weise eine Fälschung dessen herzustellen, was Menschen sagen oder machen, könnte die Desinformation auf ein neues Niveau heben.

Selbstverständlich sind wir angesichts dieser raschen technologischen Entwicklung, die auf unsere uns innewohnenden Verzerrungen Jagd macht, nicht völlig hilflos. Regierungen, Plattformen und andere haben Maßnahmen ergriffen – und schwerwiegendere Maßnahmen sind angesichts der Enthüllungen über Facebook/Cambridge Analytica allem Anschein nach wahrscheinlich. Indem Facebook und Google den Zugang zu ihren Werbekundenverzeichnissen kontrollieren und von Dritten entwickelte Ansätze zur Überprüfung von Fakten einbauen, haben sie Schritte unternommen, um die Nutzer vor manipulativer Desinformation abzuschrecken. Sie haben beides versucht, unsere Filterblasen mit der zusätzlichen Option „damit zusammenhängende Artikel" und „ähnliche Ansätze" zum Platzen zu bringen. Und wir wissen, dass dies in bestimmtem Maße hilfreich sein kann. Die experimentelle Forschung von Leticia Bode und Emily Vraga an der University of Wisconsin-Madison aus dem Jahr 2015 deutet darauf hin, dass Fehlwahrnehmungen signifikant verringert werden, wenn ein Facebook-Post, der Fehlinformationen enthält, sofort in der Option „damit zusammenhängende Beiträge" in einen Kontext gebracht wird. Wenn man irreführende Informationen schnell als solche identifiziert, kann es nützlich sein, früh dahinterzukommen und narrative Alternativerklärungen geboten zu bekommen [27].

Am Ende kann man sich nur schwer vorstellen, dass Plattformen in den sozialen Medien freiwillig bereit sind, solche substanziellen Veränderungen an ihren Ansätzen vorzunehmen, sodass allein dadurch unsere Filterblasen zum Platzen gebracht werden. Schwierigere Inhalte, die uns zwingen, einige unserer etablierten Ansichten über die Welt neu zu bedenken, werden dazu beitragen, dass wir weniger Zeit auf ihren Plattformen verbringen, was wiederum weniger Werbegelder bedeutet. Facebook hat in der Tat zugegeben, dass seine Mitglieder, wenn man versucht hat, mehr Inhalte aus einer entgegengesetzten Perspektive anzubieten, dazu tendieren, nicht darauf zu klicken.

Allgemeiner gesagt haben wir zweifellos in den letzten Jahren eine explosive Entwicklung der „Faktenüberprüfung" beobachten können: Der Bericht des Europarats listet allein für 20 Länder Europas auf, dass in 34 Fällen ständig Faktenüberprüfungen durchgeführt werden [11]. Und hier handelt es sich um eine wichtige Arbeit. Sicherlich deuten wissenschaftliche Befunde darauf hin, dass Faktenüberprüfungen gewöhnlich das Wissen sanft in Richtung auf die korrekten Informationen hin bewegen. Dies funktioniert vor allem da, wo es gut gemacht wird und nicht nur Fakten geliefert werden, sondern auch der breitere Kontext erläutert wird, was uns wiederum ein umfassenderes Bild von der Geschichte vermittelt.

Natürlich ist die Bereitstellung der korrekten Informationen nach dem Ereignis nicht das einzige oder in zunehmendem Maße sogar das hauptsächliche Ziel der Faktenüberprüfung. Hier handelt es sich um das, was die Faktenüberprüfer als „erste Generation" bezeichnen. Full Fact, der größte Faktenüberprüfer im Vereinigten Königreich, spricht vom Schritt in Richtung auf die „Faktenüberprüfung der dritten Generation". Die zweite Generation, bei der wir jetzt im Wesentlichen angelangt sind, konzentriert sich stärker auf die Veränderung des Verhaltens, indem sie versucht, Produzenten und Verlage dazu zu veranlassen, die Informationen an der Quelle zu korrigieren und dazu wissenschaftliche Befunde aus vorherigen Faktenüberprüfungen zu nutzen. Sie kamen bei Kampagnen für

Veränderungen oder bei der Ausbildung von Journalisten, Politikern und anderen unter dem Aspekt zum Einsatz, wie man Informationen präzise verwenden kann. Die dritte Generation ist im Entstehen begriffen und konzentriert sich genauso wie die oben beschriebene darauf, dass Faktenüberprüfungen in Echtzeit eingebettet werden, um sicherzustellen, dass sie leicht genutzt und wiederverwendet werden können, zum Beispiel durch die Zusammenarbeit innerhalb der eigenen Firma und die Zusammenarbeit anderer Unternehmen mit Google [28]. Die Ziele hinter der Veränderung des Systems sind zentral und, wenn das nicht gelingt, ist es wichtig, als Erster mit der Veränderung zu beginnen. In einem Bericht über die russische Propaganda argumentieren die Forscher, dass eine der effektivsten Methoden, um mit Fehlinformationen fertigzuwerden, darin besteht, die Nutzer sozusagen zu impfen oder „im Voraus vor Fehlinformationen zu warnen oder sie lediglich als Erster mit der Wahrheit zu konfrontieren, statt falsche ‚Fakten' zu entkräften" [29].

Selbst diese umfassendere Anstrengung wird für sich genommen nicht ausreichend sein. Die Komplexität der Herausforderung kommt in der Tatsache zum Ausdruck, dass der Bericht des Europarats 34 Handlungsempfehlungen enthielt, die Technologieunternehmen, Regierungen, Medienorganisationen, Bildungsministerien, Trägerorganisationen und Forscher dazu aufforderten, dabei eine Rolle zu spielen. Die Vielfalt der Maßnahmen sollte auch facettenreich sein und nicht nur auf technologischen Lösungen beruhen. Es kann keinen einzelnen Ansatz geben, durch den allein sich alles erreichen lässt.

Beispielsweise könnte es den Anschein haben, dass Regulierungsmaßnahmen zu wenig genutzt werden und dass sie ein verführerischer Hebel sind, den man nur betätigen muss. Der milliardenschwere Investor und Philanthrop George Soros hielt im Jahr 2018 in Davos eine Rede, in der er sich, was die Auswirkung der Unternehmen im Bereich der sozialen Medien oder das Bedürfnis nach regulatorischen Maßnahmen anging, nicht zurückhielt. Er beschrieb sie als eine „Bedrohung", sie schützten gewöhnlich die Gesellschaft eigentlich nicht, und sie hätten:

> … einen Einfluss darauf, wie Menschen denken und sich verhalten, ohne dass sie sich dessen auch nur bewusst sind. Dies hat weitreichende nachteilige Konsequenzen auf das Funktionieren der Demokratie, vor allem auf die Integrität von Wahlen. … Es erfordert eine besondere Anstrengung, das durchzusetzen und zu verteidigen, was John Stuart Mill die „Freiheit der Gedanken" nannte. Es besteht durchaus die Möglichkeit, dass, wenn sie erst

einmal verlorengegangen ist, die Menschen, die im digitalen Zeitalter aufwachsen, Schwierigkeiten haben werden, sie wiederzuerlangen… [30]

Es gibt jedoch auch Gefahren einer Überregulierung. Regierungen werden womöglich am Ende kontrollieren, wer was sieht, oder „die Wahrheit" vermitteln. Dies gibt den Menschen einen legitimen Grund dafür, eine Pause einzulegen. Wie die zunehmende Konzentration der sozialen Medien und der Internetunternehmen auf Selbstregulierung nahelegen könnte, gibt es Möglichkeiten, mehr Druck auf sie auszuüben, ohne zwangsläufig Gesetze in Bezug auf das zu erlassen, was „wahr" ist. Beispielsweise steht in einem zentralen Teil einer US-Vorschrift ein Satz, der lautet: „Kein Anbieter oder Nutzer eines interaktiven Computerdienstes sollte als Herausgeber oder Übermittler irgendeiner Information behandelt werden, die von einem anderen Inhalteanbieter für Informationen geliefert worden ist." [31]. James Naughton sagt in der Zeitschrift *Prospect*: „Eine sorgsame Neuformulierung dieses Abschnitts könnte – mit einem Federstrich – die Unternehmen der sozialen Medien dazu verpflichten, ein gewisses Maß an Verantwortung für das zu akzeptieren, was auf ihren Internetseiten erscheint." [32].

Wir werden nie in der Lage sein, Desinformationen vollständig hinwegzuregulieren. Ein weiterer Ansatz bestünde deshalb darin, Programme zur „Lesefähigkeit im Bereich der Nachrichten" zu fördern; und dazu würde auch gehören, Kernelemente davon in die nationalen Lehrpläne zu integrieren. Diese würden sich nicht einfach nur auf technische Fertigkeiten und technisches Wissen konzentrieren (wonach man in angesehenen und weniger angesehenen Quellen suchen soll, wenn man wissen will, wie Algorithmen funktionieren oder was statistische Kompetenz bedeutet). Viel wichtiger und schwieriger wäre es jedoch, sich mit der Tendenz zu befassen, die es unseren emotionalen Reaktionen und „völkischen" Identitäten erlaubt, unsere Kritikfähigkeit auszuschalten.

Die Ausbildung der Fähigkeiten im kritischen Denken, das dazu beitragen soll, viele unserer evolutionären Verzerrungen auszublenden, ist unglaublich schwierig. Dennoch kann man nicht recht erkennen, wie wir die Situation verbessern können, ohne dass wir diese Fähigkeiten haben. Bei unseren Fehlwahrnehmungen geht es sowohl darum, was wir denken, als auch darum, was man uns sagt. Und alle momentanen und späteren Gefahren für unser Verständnis der Realität machen die Verbesserung unserer Fähigkeiten zu einer der wichtigsten und drängendsten Herausforderungen unserer Zeit.

Um eine gewisse Effektivität dabei zu erreichen, muss man sehr früh in der Schule damit anfangen. Und es gibt einige vielversprechende

Maßnahmen, die in Angriff genommen werden. So hat man in einem Pilotversuch in Italien zusammen mit Lesen, Schreiben und Sprachenlernen an weiterführenden Schulen „Entdecken von Fake News" zusätzlich in den nationalen Lehrplan eingeführt [33]. Im Vereinigten Königreich arbeitet die BBC mit 1000 Schulen zusammen, um Kinder in der Lesefähigkeit für Nachrichten anzuleiten und als Mentor zu dienen; dabei werden Online-Materialien und Aktivitäten im Klassenzimmer gefördert. Und dies geschieht zusammen mit einer „Reality Check Roadshow" (Informationsveranstaltung zur Realitätsüberprüfung), die eine Tour durch das ganze Land unternehmen wird [34]. Diese Maßnahmen sind ermutigend, aber sie reichen noch nicht aus, vor allem wenn es immer mehr Belege dafür gibt, dass unsere Online-Gewohnheiten wichtig für unsere Sicht der Realität sind und dass bessere Techniken gelernt werden können.

Beispielsweise gab eine kürzlich von der Stanford University durchgeführte Studie einen Überblick darüber, wie zehn promovierte Historiker, zehn professionelle Faktenüberprüfer und 25 Studierende im Bachelorstudium aus Stanford Live-Internetseiten beurteilten und sie nach Informationen über soziale und politische Fragen durchsuchten. Man fand heraus, dass die Historiker und die Studierenden leicht auf die einfach manipulierbaren Merkmale von Fake-Internetseiten hereinfielen, wie etwa auf professionell aussehende Aufmachung mit Logos der Institution. Obwohl es sich hier um gut ausgebildete Gruppen handelte, neigten sie dazu, innerhalb von Internetseiten zu bleiben, während die Faktenüberprüfer einen Ansatz verfolgten, bei dem sie viel stärker auf die Verbindungen zwischen Internetseiten aus waren. Dies geschah so, dass sie mehrere Tags öffneten, um schnell Ansichten von außen über den Wahrheitsgehalt der Informationen zu sammeln. Die Faktenüberprüfer kamen in einem Bruchteil der Zeit, die die anderen Gruppen brauchten, zu den richtigen Schlussfolgerungen.

Natürlich können nicht alle Menschen Faktenüberprüfer für alle Aspekte unseres Lebens sein (das wäre zu anstrengend), und das würde auch nicht bei jedem funktionieren. Aber diese Art neuer praktischer Fertigkeiten und Gewohnheiten wird in Zukunft immer wichtiger werden. Das Ausmaß der Herausforderung durch Desinformation und die Bedrohung, die sie mit sich bringt, bedeutet, dass zweifellos jeder, der in der Online-Kommunikation tätig ist, geeignete Schritte unternehmen muss. Aber angesichts des Problems bleibt viel zu tun in Bezug auf die Art und Weise, wie wir denken; wir können uns nicht darauf verlassen, dass andere das alles schon für uns machen werden.

Literatur

1. Manyinka, J. & Varian, H. (2009). Hal Varian on How the Web Challenges Managers. Abgerufen am 29. April 2020 von https://www.mckinsey.com/industries/high-tech/our-insights/hal-varian-on-how-the-web-challenges-managers
2. Ipsos MORI. (2013). Margins of Error: Public Understanding of Statistics in an Era of Big Data. Abgerufen am 29. April 2020 von https://www.slideshare.net/IpsosMORI/margins-of-error-public-understanding-of-statistics-in-an-era-of-big-data
3. Williams, J. (2017). Are digital technologies making politics impossible? Abgerufen am 16. Februar 2018, https://ninedotsprize.org/winners/james-williams/
4. Pariser, E. (2011). The Filter Bubble: What the Internet Is Hiding from You. ZNet, 304. Abgerufen am 29. April 2020 von https://doi.org/10.1353/pla.2011.0036
5. Rashid, F. Y. (2014). Surveillance is the Business Model of the Internet: Bruce Schneier. Abgerufen am 29. April 2020 von https://www.securityweek.com/surveillance-business-model-internet-bruce-schneier
6. Heffernan, M. (2017). Speaking at Ipsos MORI EOY Event 2017. London.
7. Muir, N. (2018). If These Algorithms Know Me So Well, How Come They Aren't Advertising Poundstretcher and Wetherspoons? Abgerufen am 29. April 2020 von http://www.thedailymash.co.uk/news/science-technology/if-these-algorithms-know-me-so-well-how-come-they-arent-advertising-poundstretcher-and-wetherspoons-20180111142199
8. Habermas, J. (2006). Political Communication in Media Society: Does Democracy Still Enjoy an Epistemic Dimension? The Impact of Normative Theory on Empirical Research. *Communication Theory, 16*(4), 411–426. https://doi.org/10.1111/j.1468-2885.2006.00280.x, auf Deutsch abgerufen am 3. April 2020 von https://www.grin.com/document/296171
9. Epstein, R. & Robertson, R. E. (2015). The Search Engine Manipulation Effect (SEME) and Its Possible Impact on the Outcomes of Elections. *Proceedings of the National Academy of Sciences of the United States of America, 112*(33), E4512–E4521. https://doi.org/10.1073/pnas.1419828112
10. Graham, D. A. (2018). Not Even Cambridge Analytica Believed Its Hype. Abgerufen am 29. April 2020 von https://www.theatlantic.com/politics/archive/2018/03/cambridge-analyticas-self-own/556016/
11. Wardle, C. & Derakhshan, H. (2017). Information Disorder: Toward an Interdisciplinary Framework for Research and Policy Making. Abgerufen am 29. April 2020 von https://rm.coe.int/information-disorder-toward-an-interdisciplinary-framework-for-research/168076277c

12. Silverman, C. (2016). This Analysis Shows How Viral Fake Election News Stories Outperformed Real News on Facebook. Abgerufen am 29. April 2020 von https://www.buzzfeed.com/craigsilverman/viral-fake-election-news-outperformed-real-news-on-facebook?utm_term=.nwQB7N9by#.pi8BYrng0
13. McGhee, A. (2017). Cyber Warfare Unit Set to be Launched by Australian Defence Forces. Abgerufen am 29. April 2020 von http://www.abc.net.au/news/2017-06-30/cyber-warfare-unit-to-be-launched-by-australian-defence-forces/8665230
14. Arendt, H. (1955). *Elemente und Ursprünge totaler Herrschaft*. Frankfurt: Europäische Verlagsanstalt (englisches Original erschienen 1951: The Origins of Totalitarianism).
15. Stray, J. (ohne Jahresangabe). Defense Against the Dark Arts: Networked Propaganda and Counter-propaganda. Abgerufen am 29. April 2020 von https://medium.com/tow-center/defense-against-the-dark-arts-networked-propaganda-and-counter-propaganda-deb7145aa76a
16. Obama, B. (2017). President Obama Farewell Address: Vollständiger Text [Video]. Abgerufen am 29. April 2020 von https://edition.cnn.com/2017/01/10/politics/president-obama-farewell-speech/index.html. Auf Deutsch zu finden unter https://de.usembassy.gov/de/abschiedsrede-von-praesident-obama/ (abgerufen am 24. April 2020)
17. Carey, J. W. (ohne Jahresangabe). A Cultural Approach to Communication. Abgerufen am 20. Juni 2020 von http://sites.psu.edu/cas204/wp-content/uploads/sites/4576/2013/08/Carey-Cultural_Approach.pdf
18. Strusani, D. (2014). Value of Connectivity: Benefits of Expanding Internet Access. Abgerufen am 29. April 2020 von https://www2.deloitte.com/uk/en/pages/technology-media-and-telecommunications/articles/value-of-connectivity.html
19. Constine, J. (2017). Facebook Changes Mission Statement to „Bring the World Closer Together". Abgerufen am 29. April 2020 von https://techcrunch.com/2017/06/22/bring-the-world-closer-together/
20. Zephoria. (2018). The Top 20 Valuable Facebook Statistics – Updated April 2018. Abgerufen am 29. April 2020 von https://zephoria.com/top-15-valuable-facebook-statistics/
21. Foer, F. (2017). Facebook's War on Free Will. Abgerufen am 29. April 2020 von https://www.theguardian.com/technology/2017/sep/19/facebooks-war-on-free-will
22. Reuters Staff (2018). Americans Less Likely to Trust Facebook than Rivals on Personal Data. Abgerufen am 29. April 2020 von https://www.reuters.com/article/us-facebook-cambridge-analytica-apology/americans-less-likely-to-trust-facebook-than-rivals-on-personal-data-idUSKBN1H10AF
23. Abbruzzese, J. (2017). Facebook and Google Dominate in Online News – But For Very Different Topics. Abgerufen am 29. April 2020 von https://

mashable.com/2017/05/23/google-facebook-dominate-referrals-different-content/#BcTajPpdbiqk
24. Trafton, A. (2014). In the Blink of an Eye. Abgerufen am 29. April 2020 von http://news.mit.edu/2014/in-the-blink-of-an-eye-0116
25. Langston, J. (2017). Lip-syncing Obama: New Tools Turn Audio Clips Into Realistic Video. Abgerufen am 29. April 2020 von http://www.washington.edu/news/2017/07/11/lip-syncing-obama-new-tools-turn-audio-clips-into-realistic-video/
26. Lee, D. (2018). Deepfakes Porn Has Serious Consequences. Abgerufen am 29. April 2020 von http://www.bbc.co.uk/news/technology-42912529
27. Bode, L. & Vraga, E. K. (2015). In Related News, That Was Wrong: The Correction of Misinformation Through Related Stories Functionality in Social Media. *Journal of Communication, 65*(4), 619–638. Abgerufen am 29. April 2020 von https://doi.org/10.1111/jcom.12166
28. Sippit, A. (2017). Interview Conducted by Bobby Duffy with Amy Sippit at FullFact. London.
29. Paul, C. & Matthews, M. (2016). The Russian „Firehose of Falsehood" Propaganda Model: Why It Might Work and Options to Counter It. RAND Corporation. Abgerufen am 29. April 2020 von https://doi.org/10.7249/PE198
30. Soros, G. (2018). Remarks Delivered at the World Economic Forum. Abgerufen am 29. April 2020 von https://www.georgesoros.com/2018/01/25/remarks-delivered-at-the-world-economic-forum/
31. Naughton, J. (2018). The New Surveillance Capitalism. Abgerufen am 29. April 2020 von https://www.prospectmagazine.co.uk/science-and-technology/how-the-internet-controls-you
32. Ebenda
33. National Public Radio Morning Edition (2017). Italy Takes Aim at Fake News with New Curriculum for High School Students. Abgerufen am 29. April 2020 von https://www.npr.org/2017/10/31/561041307/italy-takes-aim-at-fake-news-with-new-curriculum-for-high-school-students
34. BBC Media Centre (2017). BBC Journalists Return to School to Tackle „Fake News". Abgerufen am 29. April 2020 von http://www.bbc.co.uk/mediacentre/latestnews/2017/fake-news

9

Weltweite Sorge, nicht weltweites Netz

Die internationale Entwicklung ist von Verwirrung, Angst und Widersprüchen geprägt, vor allem bei jenen, die im Bereich der Entwicklungshilfe arbeiten, wenn wir einmal von der allgemeinen Öffentlichkeit absehen. Selbst die Art und Weise, wie man etwas benennt, ist umstritten und mit Bedeutung überfrachtet: „Hilfe" und „Entwicklung" suggerieren eine patriarchalische Beziehung, die nur in eine Richtung verläuft und bei der die reicheren Länder den ärmeren Ländern aushelfen, wobei kein Vorteil in die andere Richtung fließt und von den „Spendern" nicht auf die historische Ausbeutung anderer Länder Bezug genommen wird. Diese Komplexität ist zum Teil der Grund dafür, dass die Allgemeinbevölkerung, wie sich dies aus den Umfragen über unsere Haltungen und Fehlwahrnehmungen ablesen lässt, Aktivitäten zur Entwicklung anderer Länder mit einer Mischung aus Sympathie, Verdächtigungen und Verstimmung betrachtet.

„Auslandshilfe" ist regelmäßig der erste Posten bei den Ausgaben der Regierung, der nach Meinung der Wähler abgebaut werden sollte: Es verwundert nicht, dass Politiker immer wieder damit drohen, hier Kürzungen vorzunehmen, um zu zeigen, dass sie sich vorrangig um „ihre eigenen Leute" kümmern. Die allgemeine Wahrnehmung ist, dass sich allein dadurch, dass Geld ausgegeben wird, nicht viel ändern wird: Wiederholte Mahnungen und neue Krisen führen zu Zweifeln darüber, was Hilfe bewirkt. Und dies geschieht, obwohl wir ein völlig realitätsfernes Gefühl für das haben, was tatsächlich ausgegeben wird. Beispielsweise meint die Öffentlichkeit in den USA, dass die Ausgaben für Auslandshilfe 31 % des Bundeshaushalts ausmachen, obwohl diese Zahl tatsächlich weit unter 1 % liegt. Und im Vereinigten

Königreich dachten 46 % der Befragten, dass die Ausgaben für Auslandshilfe einer der drei größten Posten im Regierungsetat sei, obwohl er doch in Wirklichkeit einer der kleinsten war, nach denen gefragt wurde [1].

Bisher haben wir uns fast ausschließlich mit unserem Verständnis der Realität auf der Ebene eines Landes beschäftigt, aber wir können denselben Ansatz auch auf die Realität weltweit anwenden. So könnten wir ein Verständnis dafür entwickeln, wie wir die Welt und die Art und Weise sehen, auf die sie sich verändert. Angesichts der offenkundigen Verwirrung verwundert es nicht, dass wir uns in vielerlei Hinsicht, was die globalen Trends angeht, stark täuschen.

Unsere Fehlwahrnehmungen im Hinblick auf die globale Entwicklung waren ein besonderer Fokus für Gapminder, einer unabhängigen schwedischen Stiftung, die im Jahr 2005 von Anna Rosling Rönnlund, Ola Rosling und Hans Rosling gegründet wurde. Die Wahrscheinlichkeit ist sehr groß, dass Sie schon einmal gesehen habe, wie Hans oder Ola einige dieser Daten auf wirklich inspirierende Art und Weise präsentieren. Der TED-Talk von Hans über „Die besten Statistiken, die Sie je gesehen haben" ist (witzigerweise) bisher einer der Beiträge mit den meisten Zuschauern und trug mit dazu bei, dass er zu Beginn des Jahres 2017 zu einem der ersten Statistikstars der modernen Zeit wurde. Es ist eine Freude, sich die Kombination aus statistischer Auswertung und Geschichtenerzählen anzusehen. Und die taktischen Herangehensweisen zum Abbau unserer Fehlwahrnehmungen – hier ist Gapminder weiterhin der Weltmeister – bleiben von zentraler Bedeutung [2]. Ein Gefühl, dass man doch nichts machen kann oder dass alles immer schlimmer wird, führt nicht nur zu Apathie und Inaktivität, sondern auch zur Ablehnung von Dingen, die zumindest in einem gewissen Maße funktionieren.

Globale Armut und Gesundheit

Diese unangemessen negative Einstellung ist zu einem sehr großen Teil das Muster, auf das wir in unserem Überblick über einige zentrale Trends hingewiesen haben. Und dazu gehört auch die Art und Weise, wie sich an der extremen Armut auf der ganzen Welt etwas geändert hat. Wie würde Ihre Antwort auf die Frage lauten, ob sich der Prozentsatz der Menschen, die in extremer Armut leben, über die letzten 20 Jahre hinweg fast verdoppelt hat, mehr oder weniger gleich geblieben ist oder sich halbiert hat? Wenn Sie auch nur in etwa eine ähnliche Antwort gegeben haben wie die Bevölkerung in zwölf Ländern, in denen wir diese Frage gestellt haben, dann hatten Sie wahrscheinlich sehr unrecht. Im Durchschnitt haben nur 9 % korrekterweise gesagt, dass sich der Prozentsatz halbiert hat.

Mit 27 %, die die Frage richtig beantwortet haben, stach Schweden als das am besten informierte Land hervor. Ist es ein Zufall, dass Schweden die Heimat von Gapminder ist, wo die Roslings im ganzen Land bekannte Persönlichkeiten sind? Es ist sehr gut möglich, dass sich die korrekte Beantwortung der Frage teilweise dadurch erklären lässt, dass in ihrem Heimatland ihre Analyse unglaublich viel Beachtung in den Medien findet. Sie nehmen regelmäßig kostenfreies Lehrmaterial in die Schule und an Arbeitsplätze mit, um „Fehlwahrnehmungen abzubauen und eine auf Fakten basierende Sicht der Welt zu fördern" [3]. Es wäre eine bemerkenswerte Leistung, wenn man Fehlwahrnehmungen landesweit verändern könnte. Aber es gibt Belege dafür, dass es so ist: Bei einer Folgeumfrage unter denjenigen Schweden, die die unterschiedlichen Fakten korrekt erinnert hatten, war „Hans Rosling" eine verbreitete Antwort, als sie gefragt wurden, woher sie die richtige Antwort gewusst hätten [4]. Natürlich sind die Schweden, wie wir gesehen haben, oft ziemlich gut darin, alle Arten von Realitäten einzuschätzen (Abb. 9.1).

Die meisten Länder jedoch verschätzen sich hoffnungslos, wobei Spanien und Ungarn am anderen Ende des Spektrums liegen: Nur 4 % der Ungarn meinten, dass sich die extreme Armut halbiert hätte; und 71 % der Spanier dachten, sie hätte sich verdoppelt. In einiger Hinsicht gibt es einfachere Fragen als viele, die wir uns bisher angesehen haben, weil wir den Befragten nur drei Möglichkeiten anbieten, aus denen sie auswählen können. Das Team von Gapminder weist darauf hin, dass dies Folgendes bedeutet: Wenn die Leute nur nach dem Zufall entscheiden würden, würden sie mit einer Wahrscheinlichkeit von 33 % die richtige Antwort auswählen. Tatsächlich deutet dies, wie es Hans und Ola so unvergesslich dargestellt haben, darauf hin, dass wir „weniger über die Welt wissen als Schimpansen". Denn: „… wenn ich für jede einzelne Frage, für die ich jede der möglichen Antwortalternativen auf Bananen geschrieben habe, die Schimpansen im Zoo gebeten hätte, die richtige Antwort auszuwählen, indem sie die richtigen Bananen auswählen, hätten sie einfach nach dem Zufall auf irgendeine Banane gezeigt." [5] Das Argument, dass sich daraus ergibt, ist natürlich, dass wir nicht einfach deswegen im Unrecht sind, weil wir uns unsicher sind und blind entscheiden; wir sind im Unrecht, weil wir eine verzerrte Sichtweise haben. Und diese Verzerrung weist bei der Mehrheit der Bevölkerung in allen Ländern (sogar in Schweden) immer in die negative Richtung.

Hier handelt es sich um die eigentliche Ursache der Erklärungen für diese Fehlwahrnehmung. Wir alle haben schreckliche Geschichten über

Frage: Was ist über die letzten 20 Jahre hinweg mit dem Prozentsatz der Menschen geschehen, die in extremer Armut leben.

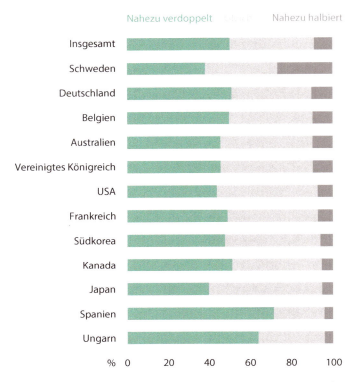

Abb. 9.1 Nur eine von zehn Personen gab korrekterweise an, dass sich die extreme Armut in den letzten 20 Jahren halbiert hat

Armut gehört; und gleichgültig, wie viel Fortschritt erreicht worden ist, es scheinen sich immer wieder dieselben individuellen und Massentragödien zu ereignen. Unsere Aufmerksamkeit wird durch diese erschütternden Beispiele mit negativen Informationen erregt, und wir bemerken das Positive nicht.

Dasselbe trifft auf unsere Wahrnehmungen in Bezug auf die zentralen Aspekte der globalen Gesundheitsversorgung zu; und dazu gehört auch das Ausmaß, in dem Kinder überall auf der Welt Zugang zu Impfungen haben. Es hat eine stille Revolution in Bezug darauf gegeben, wie gut Impfstoffe verfügbar waren; und das hat sich für die globale Gesundheit als unglaublich nützlich erwiesen. Im Jahr 1980, als der Anteil der Personen mit einer Masernschutzimpfung noch bei etwa 20 % lag, betrug die Anzahl der Fälle weltweit jedes Jahr mehr als 4 Mio. Doch im Jahr 2009, als die Immunisierung gegen die Krankheit zwischen 80 und 90 % lag (abhängig davon, an welche Zahlen Sie glauben), ging die Anzahl der Fälle auf etwa 250.000 zurück [6].

Wir sind jedoch viel zu pessimistisch, was die Verfügbarkeit von Impfungen angeht. Wenn man die Frage stellt, wie viel Prozent der einjährigen Kinder auf der Welt heute zumindest gegen einige Krankheiten geimpft sind, lag die durchschnittliche Schätzung über 24 Länder hinweg unter 50 %, obwohl die Impfrate doch tatsächlich 85 % beträgt – also mehr als das Zweifache der durchschnittlichen Schätzung.

Viele Länder waren wirklich weit davon entfernt. Die durchschnittliche Schätzung betrug in Japan nur 19 %, und in Südkorea und Frankreich war die durchschnittliche Schätzung kaum ein Viertel. Aber selbst wenn wir diese Arten von Schätzungen gemäß unserer Tendenz, etwa in der Mitte der Streubreite auf Nummer sicher zu gehen, korrigieren, wie dies die Psychophysiker nahelegen, sind wir immer noch meilenweit entfernt.

Einige Länder waren jedoch signifikant näher an der Realität – dabei sind vor allem afrikanische Länder wie Senegal, Kenia und Nigeria zu erwähnen, aber auch Indien. Sie lagen in ihren Schätzungen gemäß den Rohdaten immer noch zu weit unten, aber es ist interessant, dass sie die am wenigsten falschen Schätzungen abgaben. Dies hatte seinen Grund wahrscheinlich teilweise darin, dass das stereotype mentale Bild der schlechten Verfügbarkeit jeglicher Medizin in Entwicklungsländern durch die Realität in diesen Ländern korrigiert wird. Die Befragten in Japan dachten zweifellos zum Teil, dass die Impfungen seltener in Ländern durchgeführt wurden, die sich auf einem früheren Entwicklungsstadium befinden, und dass diese Staaten einen Großteil der Weltbevölkerung ausmachen – und daher erfolgte der Sprung zu einer sehr niedrigen Zahl.

Dass die Schätzung so gering ausfiel, ließ sich teilweise dadurch erklären, dass eine Frage zur Impfung gegen „eine bestimmte" Krankheit gestellt wurde, aber nicht zum Anteil der Einjährigen, die alle verfügbaren Impfungen bekommen hatten. Wir alle erinnern uns an tragische Fälle, in denen sich eine Krankheit ausbreitete, weil Impfungen in ärmeren Ländern nicht verfügbar waren, und dass die Preise, die die pharmazeutischen Unternehmen verlangten, bedeuteten, dass sich einige Länder dies nicht leisten konnten [7]. Solche wahren und überzeugenden Geschichten werden dazu beitragen, dass wir die Frage missverstehen, die uns eigentlich gestellt worden ist.

Wie wir gesehen haben, erregen negative Informationen Aufmerksamkeit – sie werden in unserem Gehirn buchstäblich anders verarbeitet –, während eine positiv fortschreitende Veränderung meist allmählich und schrittweise bemerkt wird. Wir sind bei Weitem nicht so versiert darin, diese Trends zu erkennen, wie es bei plötzlichen und ins Auge springenden Katastrophen der Fall ist. Wie Max Roser von der University of Oxford anmerkt, hätten Zeitungen die legitimerweise bei diesem Thema die Schlagzeile haben können: „Die Anzahl der Menschen in extremer Armut ist seit gestern um 137.000 gesunken" – *jeden Tag während der letzten 25 Jahre* [8]. Doch wie wir in der detaillierten wissenschaftlichen Analyse zum Nachrichtenwert und zu den Kriterien erfahren haben, hat das Vorhersagbare keinen Nachrichtenwert, weil unser Gehirn einfach so funktioniert: Wir bekommen die Medien, die wir verdient haben und nach denen wir uns in einem gewissen Sinne auch sehnen.

Das ist die negative Quittung für die rosige Retrospektion – sie kann uns vor der Heimsuchung durch frühere Verfehlungen oder schlechte Erfahrungen schützen, aber sie macht auch uns zu überaus negativen Menschen im Hinblick auf die Gegenwart. Steven Pinker, Psychologieprofessor in Harvard, erklärt dies so:

Die Zeit heilt die meisten Wunden: Die negative Einfärbung schlechter Erfahrungen verblasst nach dem Ablauf mehrerer Jahre … Wie der Kolumnist Franklin Pierce Adams sagte: „Nichts ist in stärkerem Maße für die guten alten Zeiten verantwortlich als ein schlechtes Gedächtnis" [9].

In der Tat ist dies wahrscheinlich Teil der Erklärung dafür, warum wir eher unrecht haben bei Fragen globaler Charakteristika und globaler Veränderung als im Hinblick auf Fakten über unser eigenes Land. Unsere Distanz zu unmittelbaren Informationen schafft nicht nur Raum für Unsicherheit, sondern auch für Verzerrung; und dies beruht auf der Bildung von Stereotypen und auf all den anderen kognitiven Spleens und äußeren Hinweisreizen, die uns dazu drängen, nur das Schlechteste zu denken.

Pinker skizziert in seinem Buch *Gewalt – eine neue Geschichte der Menschheit*, dass sich unsere Standards auch verändern [10]. Wir verurteilen Regierungen und Wirtschaftssysteme dafür, dass sie hinter den Standards, die wir jetzt erwarten, zurückbleiben. Doch damit gerät die Tatsache aus dem Blick, dass sich diese Standards die ganze Zeit über verändern. Beispielsweise sind wir empört über Fälle von Folter, die vor nicht allzu langer Zeit etwas Alltägliches waren.

Unsere nicht korrekte Auffassung, dass alles immer schlimmer wird, hat Konsequenzen. Wie Gapminder anmerkt, ist das mit viel Stress verbunden, es ruft bei uns eine unangebrachte Angst hervor und führt oft zu schlechten Entscheidungen auf einem globalen Niveau.

Es geht alles schief

Unsere negative Einstellung kommt im starken Maße in Reaktionen auf die Frage zum Ausdruck, ob die Menschen meinen, die Welt werde besser oder schlechter. Angesichts dessen, was wir bisher beschrieben haben, sind Sie wahrscheinlich nicht überrascht, dass hier kein sehr optimistisches Bild gezeichnet wird (Abb. 9.2). Aber wenn Sie nicht schon das Buch bis hierher gelesen hätten, könnte Ihr erster Gedanke gewesen sein, es handele sich um eine so aberwitzig umfassende Frage, dass die Leute hier Ausflüchte machen würden. Sie könnten legitimerweise „Ich weiß es nicht" sagen und die Rückfrage stellen, wie man denn zu einer einheitlichen Sicht auf diesen Planeten mit seinen 510 Mio. Quadratkilometern und 7,8 Mrd. Einwohnern

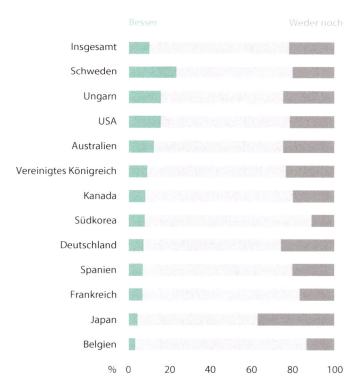

Abb. 9.2 Nur 10 % dachten, der Welt ginge es besser, doch die Schweden waren positiver eingestellt

kommen könne. Oder Sie könnten sich fragen, an welche speziellen Aspekte wir denn da gedacht hätten – Wirtschaft, die Umwelt, Politik, soziale Fragen etc.

Die Befragten redeten jedoch durchaus nicht um den heißen Brei herum – ihr Urteil war eindeutig: Wir sind böse auf die Nase gefallen. Nur 10 % dachten, der Welt ginge es besser, 20 % waren sich nicht sicher, aber 68 % dachten, es würde alles immer schlechter. Die Schweden waren (wieder) die Positivsten; aber mein Gott, die Belgier tun mir leid, nur 3 % von ihnen dachten, der Welt ginge es besser, wobei 83 % meinten, es ginge ihr schlechter.

Im Jahr 2016 (als wir diese Frage stellten) ist es zu so etwas wie einer Metapher geworden, zu suggerieren und dann endlos aufzulisten, warum dieses spezielle Jahr das schlimmste Jahr war, das es jemals gegeben hat. Der Katalog der Leidensgeschichten war umfassend: von beunruhigenden politischen Veränderungen und erschreckenden Terrorangriffen bis zu gescheiterten Staatsstreichen und einem Katalog von verstorbenen Prominenten (das führte zu einem denkwürdigen Tweet: „Ich wollte damit nicht sagen, dass David Bowie das Gefüge des Universums zusammenhielt, aber er *gestikuliert umfassend auf alles*" [Anm. des Übersetzers: sinnfreier, unübersetzbarer Tweet von Katie Loewy]) [11].

Es gibt ganz viel mehr, worüber wir uns jetzt freuen können, als wir vielleicht unmittelbar meinen. Die Zahl der Toten aufgrund von Terrorangriffen ist in der übergroßen Mehrheit der Länder während der letzten Jahre niedriger als am Ende des 20. Jahrhunderts. Dasselbe gilt für die Mordraten. Der Anteil der Weltbevölkerung, der unter extremer Armut lebt, fiel zum ersten Mal in den letzten paar Jahren unter 10 %. Die weltweiten Emissionen von Kohlendioxid durch fossile Kraftstoffe nahmen im dritten Jahr hintereinander nicht zu (zugestanden, das bedeutet nicht, dass das Problem mit dem Klimawandel gelöst ist, aber es handelt sich doch um eine positive Veränderung). Die Todesstrafe ist in mehr als der Hälfte der Länder abgeschafft worden. Die Kindersterblichkeit beträgt in etwa die Hälfte dessen, was noch 1990 galt. Und lassen Sie uns noch weiter zurückblicken: Die Lebenserwartung betrug im Jahr 1900 aufgrund der häufigen Tode im frühen Erwachsenenalter und der steil ansteigenden Kindersterblichkeit nur 31 Jahre; heute beträgt sie 71 Jahre. 300.000 Menschen werden jedes Jahr neu ans Stromnetz angeschlossen. Ja, und der Große Pandabär wurde aus der Liste der gefährdeten Arten herausgenommen [12].

Dieses Gefühl, dass wir zu pessimistisch geworden sind, hatte das Entstehen einer Gegenbewegung „neuer Optimisten" zur Folge – einer ganz anderen Gruppe, die versucht, einen positiveres Bild dessen zu präsentieren, wie sich die Welt verändert und wie sie weiter verändert werden kann.

Die Reaktion der Medien auf diesen neuen Optimismus ist (paradoxerweise) oft ziemlich negativ. Die Hauptkritikpunkte sind folgende: Wenn man auf den Fortschritt verweist, dann nimmt uns das aus der Verantwortung für das, wie viel weiter wir noch gehen müssen und was hätte erreicht werden können, wenn wir die Dinge nur radikaler verändert hätten: Die Armut auf der Erde habe vielleicht signifikant abgenommen, aber hätten wir sie denn nicht gänzlich ausmerzen können, wenn wir es wirklich versucht hätten? Die Anschuldigung lautet: Dieser Optimismus führt zu einem Gefühl der Selbstzufriedenheit, dass der Fortschritt schon eine verbriefte Sache ist; und dies sei besonders riskant in einer immer vernetzteren und gefährlicheren Welt.

Aus allem, was wir bisher darüber erfahren haben, wie Menschen soziale Realitäten und Veränderungen tatsächlich wahrnehmen, scheint dies viel weniger ein Risiko zu sein als das Gegenteilige – unsere Tendenz, uns zu sehr auf das Negative zu konzentrieren und subjektiv vom Gefühl überwältigt zu sein, dass man doch nichts verbessern kann.

Einer gegen viele

Paul Slovic, ein Psychologieprofessor von der University of Oregon, hat untersucht, was er seit Jahrzehnten als „psychische Abstumpfung" bezeichnete; das ist der Punkt, an dem uns das Ausmaß der Tragödien oder das Bedürfnis nach Hilfe zur Tatenlosigkeit treibt:

> … die meisten Menschen sind mitfühlend und werden große Anstrengungen unternehmen, um „den einen" zu retten, auf dessen Notlage sie aufmerksam werden. Aber ebendiese Menschen werden oft in abgestumpfter Weise gleichgültig gegenüber der Notlage „des einen", der bei einem viel größeren Problem „einer von vielen" ist. Warum ignorieren gute Menschen Massenmord und Völkermord? Das liegt speziell an unserer Unfähigkeit, Zahlen zu verstehen und sie mit einer riesigen menschlichen Tragödie, die unsere Fähigkeit zum Handeln unterdrückt, in Zusammenhang zu bringen [13].

Dies hat mit dem Verbundenheitsgefühl zu tun, das wir einer Person gegenüber empfinden, und damit, wie distanziert und machtlos wir uns fühlen können, wenn wir mit Tragödien großen Ausmaßes konfrontiert sind. Paul Slovic beschäftigte sich mit diesem Thema in bahnbrechenden Experimenten, bei denen es darum ging, Menschen um Spenden zu bitten, damit Kindern in Westafrika geholfen werden kann. Eine seiner Versuchsgruppen wurde gebeten, Hilfsgelder für ein siebenjähriges Mädchen namens Rokia zu spenden. Eine zweite Gruppe wurde um Spenden gebeten, um Millionen hungriger Kinder zu helfen. Und eine dritte Gruppe wurde gebeten, Rokia zu helfen, aber es wurden auch statistische Informationen gegeben, die die Situation im Land in einen umfassenderen Kontext stellten. Angesichts dessen, was wir bereits erfahren haben, ist es für Sie wahrscheinlich nicht überraschend, dass die Teilnehmer am Experiment mehr als dreimal so viel spendeten, um Rokia zu helfen, als um Millionen von Kindern zu helfen. Es ist vielleicht noch überraschender und erschreckender, dass die Bereitschaft, Rokia zu helfen, geringer wurde, wenn man Hintergrundinformationen über den Hunger in Afrika lieferte [14].

Es war nicht so, dass die Bereitschaft zum Spenden beeinflusst wurde, wenn man einfach das Wort eine Person durch Millionen ersetzte; schlicht ein zusätzliches Kind einzusetzen, reichte. In einem anderen Experiment wurden Studienteilnehmer erneut gebeten, für Rokia zu spenden, und einige wurden aufgefordert, für einen Jungen namens Moussa zu spenden, der sich in derselben Situation befand. Auf jeden Fall spendeten die Menschen großzügig für beide. Aber als die Teilnehmer an der Untersuchung gebeten wurden, für *beide zusammen* zu spenden, wobei die Bilder nebeneinander gezeigt wurden, nahm die Spendenbereitschaft ab. Paul Slovic fand heraus, dass unsere Hilfsbereitschaft zurückgeht, wenn sich die Anzahl der Opfer von eins auf zwei erhöht. Er formuliert es so: „Je mehr sterben, desto weniger besorgt sind wir."[15] Es gibt ähnliche Befunde für viele andere Varianten dieser Experimente.

Wir reagieren stärker auf eine Emotion als auf Fakten. Daher sollte es uns nicht überraschen, dass bei uns auch Traurigkeit als Motivationsfaktor funktioniert. Ein trauriger Gesichtsausdruck auf den Bildern der Opfer rief eine viel stärkere Spendebereitschaft hervor als ein glücklicher oder neutraler Ausdruck. Die Forscher weisen darauf hin, dass dies durch „emotionale Ansteckung" erreicht wird, wodurch die Emotionen im Gesicht des Opfers stellvertretend bei den Beobachtern haften bleiben [16].

Menschen nutzen eindeutige Prozesse, um Urteile über spezifische Umstände zu fällen – im Gegensatz zu allgemeinen Zielen. Unsere Verarbeitung der Bedürfnisse von Individuen nimmt uns emotional stärker in Anspruch, während Statistiken eher eine abwägende Reaktion auslösen. Je intensiver das abwägende Denken einsetzt, desto mehr wird die emotionale Vereinnahmung ausgeschaltet, und die Spenden gehen zurück [17].

Das ist das zweischneidige Schwert, mit dem wohltätige Organisationen, die am ehesten Spenden bräuchten, zu kämpfen haben. Sie wissen, dass sie die Traurigkeitsmethode einsetzen können, um die Menschen zum Spenden zu verleiten, aber es kann sich um eine vorübergehende Reaktion handeln. Sie brauchen das Geld, um etwas Gutes zu tun; deswegen ist es verlockend, weiterhin diese Methode einzusetzen. Wenn die Menschen jedoch erst einmal mit Bildern verzweifelter Kinder überschüttet worden sind, kann sie das in Bezug auf ihr langfristiges Engagement und ihre aktive Unterstützung kalt lassen: Dies muss mit einem Gefühl für den Fortschritt und den Erfolg verstärkt werden.

So zeigte ein weiteres Experiment, dass die Menschen bereit sind, Geld für eine Einrichtung zur Wasseraufbereitung zu spenden, um 4500 Leben in einem Flüchtlingslager zu retten, in dem 11.000 Menschen wohnen – aber sie sind viel weniger bereit, Geld für dieselbe Art von Einrichtung zu geben, durch die genau dieselbe Anzahl von Leben gerettet wird, wenn dies in einem Lager mit 250.000 Flüchtlingen geschieht. Wenn man einen großen Teil der Menschen rettet, fühlt sich das wie ein Erfolg an, und wenn man nur einen kleinen Teil davon rettet, fühlt es sich wie ein Misserfolg an. Und Misserfolg ruft kein gutes Gefühl hervor. Wir wissen aus einer ganzen Reihe anderer Studien, dass einer der zentralen Antriebskräfte für Altruismus diese persönliche Belohnung durch Zufriedenheit ist [18]. Etwas Gutes zu tun, kann im wahrsten Sinne für sich genommen (psychisch) die Selbstbelohnung sein, aber nur wenn wir das Gefühl haben, dass wir etwas erreicht haben.

Empfinden Sie die Angst

Damit soll nicht gesagt werden, dass ein gewisses Gefühl der Angst vor der Zukunft immer etwas Schlechtes ist – für alle Formen von Handlung und für alle Menschen. Dies wurde besonders deutlich durch die Reaktion auf einen Artikel aus dem Jahre 2017 über den Klimawandel von David Wallace-Wells in der Zeitschrift *New York* mit dem Titel „The Uninhabitable Earth" (Die unbewohnbare Erde), der in Bezug auf den Einfluss der globalen Erwärmung ein erschreckendes Szenario für den ungünstigsten Fall beschrieb. Es war der am häufigsten gelesene Artikel in der Geschichte der Zeitschrift, was vielleicht nicht überrascht, wenn man sich an unsere tiefsitzende Anziehung durch negative Informationen erinnert und sich dann die Überschriften der Unterabschnitte ansieht: the Bahraining of New York (wie New York zu Bahrain wird), the End of Food (das Ende des Essens), Climate Plagues (die Heimsuchungen durch das Klima), Unbreathable Air (die Luft, die man nicht atmen kann), Perpetual War (andauernder Krieg),

Permanent Economic Collapse (der ständige wirtschaftliche Zusammenbruch) und Poisoned Oceans (vergiftete Ozeane).

Viele der Reaktionen auf den Artikel vonseiten der Experten zum Klimawandel besagten, dass er nicht hilfreich dafür sei, Angst zu schüren. Ein Kommentar in der *Washington Post* von einem unabhängigen Klimawissenschaftler unter dem Titel „Doomsday scenarios are as harmful as climate change denial" (Szenarien, die den Tag des Weltuntergangs ankündigen, sind genauso schädlich wie die Leugnung des Klimawandels) lautet: „Angst motiviert nicht, und an sie zu appellieren, ist oft kontraproduktiv; denn es fördert in den Menschen die Tendenz, sich von dem Problem zu distanzieren. Und dies führt dazu, dass sie untätig sind, dass sie daran zweifeln, ob es überhaupt ein Problem gibt, und es sogar abtun." [19]. Auf den ersten Blick scheint dies gut zu dem zu passen, was wir beobachtet haben – ein Gefühl der Wirksamkeit und der Tätigkeit ist wichtig für eine Handlung. Aber es gibt einige Argumente, die dies einschränken. Erstens: Die Sozialpsychologie weist darauf hin, dass Emotionen keine separaten Zustände sind, die als klar unterschiedlich erlebt werden; stattdessen stehen sie immer in Wechselwirkung miteinander und mit dem Kontext. Und dies verändert sich mit der Zeit, je nachdem, was wir sehen und welche Verstärkung oder welche sich widersprechenden Informationen wir bekommen (genau darum ist bei der Kommunikation die Wiederholung so wichtig). Wir verstehen noch nicht ganz, auf welche Weise sich Emotionen auf eine Handlung in der realen Welt auswirken, und dies kommt in einigen widersprüchlichen Befunden zum Ausdruck: Wenn man die Schlussfolgerung ziehen würde, dass „Angst schlecht ist" und dass „Hoffnung gut ist", dann wäre das eine viel zu starke Vereinfachung.

Zweitens: Zum Teil werden die Gründe für die sich widersprechenden Befunde darin bestehen, dass es, wie wir immer wieder gesehen haben, nicht möglich ist, auf jede Person zu verallgemeinern – Menschen reagieren in unterschiedlicher Weise auf Fakten, Emotionen und die Mischung aus beidem. Ich stimme mit David Roberts, einem Autor zum Thema Klimawandel, überein, wenn er schreibt, es sei nicht bewiesen, dass Angst überhaupt keine Rolle beim Handeln spielt: „Menschen sind kompliziert und verschiedenartig und brauchen alle möglichen Arten von Narrativen, Bildern, Fakten, Metaphern und anderen Formen der Verstärkung durch die Gruppe, um wirklich etwas so Großes hinzubekommen." [20]. Eine Kleidergröße passt eben nicht jedem.

Dies ist durchaus kein Widerspruch zu der Auffassung, dass wir im Allgemeinen positiv eingestellt sein sollten gegenüber der Veränderung, die erfolgt ist, und gegenüber dem, was in Zukunft möglich sein könnte. Der Artikel von David Wallace-Wells war ganz bewusst ein Szenario des ungünstigsten Falls, er leitete sich aber aus einer durch Experten überprüften Analyse ab – und der Autor schließt mit der Anmerkung ab, dass die meisten der Wissenschaftler, die sich mit dem Klimawandel beschäftigen und mit denen er gesprochen hatte, trotz allem optimistisch seien. Und dies gilt angesichts unserer Erfindungsgabe in Bezug darauf, zu gewährleisten, dass wir einen Weg finden, um diesen Tag des Weltuntergangs zu vermeiden.

Ich bin der Meinung, dass die Bewegung für einen „neuen Optimismus" ein bedeutender Ausgleichsfaktor ist und dass ein Großteil der Kritik an der Perspektive am wesentlichen Punkt vorbeigeht. Sie wirft nämlich die Frage auf, ob wir wirklich so zufrieden mit dem sein sollten, was erreicht worden ist. Es geht gerade um das Gegenteil: zu mehr Handlung zu ermutigen, indem man dem hochtrabenden Gefühl entgegentritt, dass schon alles verloren ist, wie wir dies in so vielen unserer Befunde beobachten konnten. Dies bedeutet nicht, dass nur Hoffnung funktioniert und dass die Menschen unfähig sind, positiv auf Angst zu reagieren. Doch wie wir bei vielen Themen gesehen haben, haben wir bereits ein starkes Gefühl für die Herausforderungen, denen wir gegenüberstehen. Es ist überhaupt nicht überraschend, dass in einer weltweiten Umfrage, die wir durchgeführt haben, 61 % der Menschen der Aussage zustimmten, dass sie „viel mehr über die negativen Auswirkungen des Klimawandels hören als über den Fortschritt bei der Verringerung des Klimawandels", während nur 19 % dieser Aussage widersprachen [21].

Es gibt andere wichtige Gründe dafür, eine realistischere und faktenbasierte Sicht dazu einzunehmen, wie sehr sich die Welt verbessert hat. Erstens: Weil sie in vielerlei Hinsicht stimmt. Statt mit Sozialtechnik Reaktionen aufzubauen, die auf einem wackligen Verständnis des genauen Zusammenhangs zwischen unterschiedlichen emotionalen Reaktionen und unseren Handlungen beruhen, ist es insgesamt ethisch vertretbarer, offen zu sein für den Fortschritt, den wir erreicht haben. Und damit soll die Tatsache nicht geleugnet werden, dass wir immer noch riesigen Herausforderungen gegenüberstehen.

Zweitens: Etwas mehr Verständnis für das Gute, das erreicht wurde, ist von Vorteil für unsere eigene psychische Gesundheit.

Literatur

1. DiJulio, B., Norton, M. & Brodie, M. (2016). Americans' Views on the U.S. Role in Global Health. Abgerufen am 29. April 2020 von https://www.kff.org/global-health-policy/poll-finding/americans-views-on-the-u-s-role-in-global-health/
2. Rosling, H. (2006). Hans Rosling: The Best Stats You've Ever Seen. Abgerufen am 29. April 2020 von https://www.ted.com/talks/hans_rosling_shows_the_best_stats_you_ve_ever_seen
3. Gapminder (ohne Jahresangabe). Abgerufen am 29. April 2020 von https://www.gapminder.org/
4. Rosling, A. & Rosling, O. (2018). Lecture at the London School of Economics and Political Science, April 2018.
5. BBC News (2013). Hans Rosling: Do You Know More About the World Than a Chimpanzee? Abgerufen am 29. April 2020 von http://www.bbc.co.uk/news/magazine-24836917
6. Vanderslott, S. & Roser, M. (2018). Vaccination. Abgerufen am 11. April 2018 von https://ourworldindata.org/vaccination
7. CBC News (2015). Child Vaccines Out of Reach for Developing Countries, Charity Warns. Abgerufen am 29. April 2020 von http://www.cbc.ca/news/health/child-vaccines-out-of-reach-for-developing-countries-charity-warns-1.2919787
8. Roser, M. (2017). Newspapers Could Have Had the Headline „Number of People in Extreme Poverty Fell by 137,000 Since Yesterday Every Day in the Last 25 Years". Abgerufen am 29. April 2020 von https://twitter.com/maxcroser/status/852813032723857409?lang=en
9. Pinker, S. (2018). The Disconnect Between Pessimism and Optimism – on Why We Refuse to See the Bright Side, Even Though We Should. Abgerufen am 29. April 2020 von http://time.com/5087384/harvard-professor-steven-pinker-on-why-we-refuse-to-see-the-bright-side/
10. Pinker, S. (2011). *The Better Angels of Our Nature: Why Violence Has Declined.* Viking Books (2011 auf Deutsch erschienen bei S. Fischer in Frankfurt a. M. unter dem Titel „Gewalt – eine neue Geschichte der Menschheit").
11. Loewy, K. (2016). I'm Not Saying that David Bowie was Holding the Fabric of the Universe Together, but *Gestures Broadly at Everything*. Abgerufen am 29. April 2020 von https://twitter.com/sweetestcyanide/status/752831763269967872?lang=en
12. Duffy, B. (2017). Is the World Getting Better or Worse? (S. 168–173). Abgerufen am 29. April 2020 von https://www.ipsos.com/sites/default/files/ct/publication/documents/2017-11/ipsos-mori-almanac-2017.pdf

13. Psychology and Crime News Blog (ohne Jahresangabe). If I Look at the Mass I Will Never Act. If I Look at the One, I Will. Abgerufen am 29. April 2020 von http://crimepsychblog.com/?p=1457
14. Kristof, D. N. (2009). Nicholas Kristof's Advice for Saving the World. Abgerufen am 29. April 2020 von https://www.outsideonline.com/1909636/nicholas-kristofs-advice-saving-world
15. Ebenda
16. Small, D. A. & Verrochi, N. M. (2009). The Face of Need: Facial Emotion Expression on Charity Advertisements. *Journal of Marketing Research, 46*(6), 777–787. Abgerufen am 19. Juni 2020 von https://faculty.wharton.upenn.edu/wp-content/uploads/2012/04/Small—Verrochi-2009-JMR.pdf
17. Small, D. A. & Loewenstein, G. (2003). Helping a Victim or Helping the Victim: Altruism and Identifiability. *Journal of Risk and Uncertainty, 26*(1), 5–16. Abgerufen am 29. April 2020 von https://doi.org/10.1023/A:1022299422219
18. Post, S. G. (2005). Altruism, Happiness, and Health: It's Good to Be Good. *International Journal of Behavioural Medicine, 12*(2), 66–77.
19. Mann, E. M., Hassol, J. S. & Toles, T. (2017). Doomsday Scenarios are as Harmful as Climate Change Denial. Abgerufen am 29. April 2020 von https://www.washingtonpost.com/opinions/doomsday-scenarios-are-as-harmful-as-climate-change-denial/2017/07/12/880ed002-6714-11e7-a1d7-9a32c91c6f40_story.html?utm_term=.cca57c62761d
20. Roberts, D. (2017). Does Hope Inspire More Action on Climate Change Than Fear? We Don't Know. Abgerufen am 29. April 2020 von https://www.vox.com/energy-and-environment/2017/12/5/16732772/emotion-climate-change-communication
21. The Climate Group & Ipsos MORI (2017). *Survey Results Briefing: Climate Optimism*. London. Abgerufen am 29. April 2020 von https://www.climateoptimist.org/wp-content/uploads/2017/09/Ipsos-Survey-Briefing-Climate-Optimism.pdf

10

Wer hat am meisten unrecht?

Im Namen des italienischen Volkes nehmen wir diese Medaille voll Freude an. Wir sind eine stolze Nation, und doch sind wir wegen dieser Auszeichnung nicht beleidigt. Aber wir sind auch eine emotionale Nation, eine, die in hellen Farben und mit großen Gesten lebt. Und das bringt meiner Meinung nach zum Ausdruck, warum wir so oft unrecht haben. Wir machen das jedoch mit Stil.

Wir sind am Ende unserer jährlichen Konferenz der Sozialwissenschaftler von Ipsos in London. Im stickigen Tagungsraum sitzen etwa 50 Leiter von Forschungsteams aus der ganzen Welt, und wir haben dort ganze zwei Tage zusammen zugebracht. Es fühlt sich nicht großartig an, und es riecht auch nicht so – dieser einzigartige Geruch einer Luft ohne viel Sauerstoff, der sich mischt mit dem Geruch von sich nach oben biegenden Sandwiches vom Mittagessen.

Man kann wohl mit einiger Sicherheit sagen, dass es schwer gewesen wäre, zu diesem Zeitpunkt irgendwo in London einen Raum zu finden, in dem sich mehr wirklich erschöpfte internationale Sozialwissenschaftler aufhielten. Aber da ist zumindest noch die Preisverleihung, auf die man sich freuen kann. Wir vergeben keinen Preis für das beste Forschungsprojekt. Nein, wir vergeben einen Preis für das Land in unserer Studie zu den Tücken der Wahrnehmung, das am meisten unrecht hatte. Es ist das erste Jahr, in dem wir die Studie durchgeführt haben, und ich komme gut vorbereitet mit einer Goldmedaille (aus Plastik) und einer Flasche billigen Schaumweins (es handelt sich hier nicht um die Oscars).

Ich müsste lügen, wenn ich sagen würde, die Atmosphäre im Raum sei elektrisierend gewesen, aber es gab zumindest ein gewisses Interesse dafür, wer „ganz oben" landen würde. Wir sind Sozialwissenschaftler, die sich viel mit Wahrnehmung beschäftigen. Deswegen sind wir ausgesprochen fasziniert, wenn Menschen unrecht haben und wo sie am meisten unrecht haben. Doch wenn wir damit in die Medien kommen wollen, so lieben diese die Listen mit den Besten ihrer Liga: An die Spitze zu kommen, das Land zu sein, das am meisten unrecht hatte, ist eine Garantie für Medieninteresse (und das wäre noch in viel stärkerem Maße so, wenn es um die Frage ginge, wer am häufigsten recht hatte).

Das Publikum hat also auf die große Verkündigung gewartet (die aus einem JPEG der Landesflagge bestand, das in eine PowerPoint-Folie eingesetzt worden war und auf einem 42-Zoll-Fernsehbildschirm gezeigt wurde – noch einmal, es handelt sich nicht um die Oscars). Und der Sieger in unserem allerersten Bestenverzeichnis der Fehlwahrnehmungen ist … Italien (Abb. 10.1)! Der Leiter unseres italienischen Teams, Nando Pagnocelli, dessen charmante Rede zur Annahme des Preises Sie am Anfang des Kapitels gelesen haben, ist hocherfreut.

Dies war das erste Mal, dass wir einen Preis verliehen haben, und wir haben es seitdem einige Male wiederholt, wobei die Sieger von Mexiko über Indien bis nach Afrika reichten.

Abb. 10.1 In Italien und in den USA gibt es über die Bevölkerung hinweg die am stärksten ausgeprägten Fehlwahrnehmungen, während Schweden und dann Deutschland die treffsichersten Länder sind

Das Bestenverzeichnis der Fehlwahrnehmungen erfüllt eine wichtige Funktion, die es uns erlaubt, auszumachen, welche Länder am ehesten unrecht hatten (und welche recht). Sie werden bemerkt haben, dass einige Länder in der Regel über die unterschiedlichen Fragen hinweg, mit denen wir uns beschäftigt haben, besser oder schlechter abgeschnitten haben. Aber das ist nicht immer gleichbleibend; einige sind grauenhaft schlecht bei einer Frage und großartig bei einer anderen. Das Bestenverzeichnis ist einfach eine faire Methode, um das alles zusammenzufassen, indem man die Fehler über die Fragen hinweg standardisiert und das Ergebnis dann aufaddiert.

Wir haben für dieses Buch eine Megaliste aufgestellt, indem wir uns alle Studien angesehen haben, die wir durchgeführt haben. Dies bedeutet, dass wir uns etwa auf 30 Fragen stützen können, mit Daten von etwa 50.000 Menschen über 13 Länder und über 4 Jahre hinweg. Wir haben uns auf 13 Länder beschränkt, weil wir bei ihnen über Daten für jede einzelne Frage verfügten, die wir in jedem dieser Länder gestellt hatten. Das ist jedenfalls fairer so. Bei diesen 13 handelt es sich um die Länder, in denen der Internetzugang umfassend genug ist, um sich die Umfragen als etwas vorstellen zu können, was für die Gesamtbevölkerung weithin repräsentativ ist.

Die vollständige Rangliste der Länder ist eine spannende Aufstellung der relativen Ungenauigkeit. Nach Italien kommen die USA mit dem zweithöchsten Niveau an Fehlwahrnehmungen über die gesamte Bevölkerung hinweg. Am anderen Ende des Spektrums befinden sich als Länder mit den wenigsten Fehlern Schweden und dann Deutschland; das ist angesichts dessen, was wir erfahren haben, nicht überraschend, sondern eher glaubwürdig. Das Vereinigte Königreich schlägt sich als das Fünfte der am wenigsten ungenauen Länder nicht so schlecht; besser sind außer den beiden eben genannten Ländern noch Südkorea und Japan.

Doch wie können wir das Muster erklären? Lassen sich Faktoren finden, die mit der relativen Position der Länder zusammenhängen? Wenn wir an all die Erklärungen dafür zurückdenken, warum wir unrecht haben, mit denen wir uns überall im Buch beschäftigt haben, können wir die Daten auf Übereinstimmung mit jeder Einzelnen der Erklärungen überprüfen, um zu sehen, welche davon miteinander zusammenhängen?

Wir haben versucht, das zu machen, und ich werde kurz darstellen, was wir als Nächstes gefunden haben. Als Erstes ist es wichtig, in uns selbst eine Verzerrung zu erkennen, auf die wir früher kurz eingegangen sind. Wir sind darauf programmiert, nach einer Verursachung zu suchen; als Geschichten erzählende Lebewesen ist das von Natur her unsere Eigenart. Das ist der Grund dafür, dass die erste Frage eines Journalisten immer die nach dem „Warum?" ist. Aber wir verwechseln auch immer Korrelation und Verursachung – wir suchen normalerweise nach Mustern und versehen sie auch dann mit einer Bedeutung, wenn sie vielleicht gar keine haben. Es gibt vielfältige Beispiele dafür, und man kann sie ohne Ende in Artikeln der Medien finden. Nehmen Sie zum Beispiel einen Artikel, der zwei der zuvor von uns behandelten Themen miteinander zusammenbringt: „More Buck For Your Bang: People Who Have The Most Sex Make The Most Money" (Mehr Knete für Ihren Orgasmus: Menschen, die am häufigsten Sex haben, verdienen am meisten Geld). Abgesehen von der sensationslüsternen Wortwahl handelt es sich hier eigentlich um eine ziemlich neutrale Schlagzeile, in der nur ein Zusammenhang hergestellt wird. Aber der Kommentar im Artikel fährt fort: „Wissenschaftler …. haben herausgefunden, dass Menschen, die häufiger als viermal pro Woche Sex haben, 3,2 Prozent mehr Gehalt bekommen als diejenigen, die nur einmal pro Woche Sex haben. Gott bewahre Sie davor, dass Sie überhaupt keinen Sex haben." Die (nicht ganz ernst gemeinte) kausale Schlussfolgerung daraus ist eindeutig: Wenn Sie bessergestellt sein wollen, dann müssen Sie mitmischen [1].

Natürlich waren die Wissenschaftler, die hinter dem seriösen Forschungsartikel steckten, vorsichtiger. Ein Kommentar zu dem Artikel im *Scientific American* lautet: „Es ist wahrscheinlich, dass die Gesundheit sowohl das Niveau der sexuellen Aktivität als auch das Einkommen beeinflusst, und Sex kann auch einen positiven Einfluss auf bestimmte Aspekte der Gesundheit haben. Die Kausalkette ist wahrscheinlich sehr kompliziert und voller Rückkopplungsschleifen." [2]

Die Faszination des Menschen dafür, Ursachen zuzuschreiben, hat zu der hervorragenden Internetseite „Spurious Correlations" (unechte Korrelationen) und zu einem Buch von Tyler Vigen beigetragen, das viele Beispiele für unechte Zusammenhänge anführt: zwischen der Anzahl der Menschen, die jedes Jahr in den USA ertrinken, weil sie in einen Swimmingpool gefallen sind, und der Anzahl der Filme, in denen Nicolas Cage aufgetreten ist, oder zwischen dem Pro-Kopf-Konsum von Käse und der Anzahl der Menschen, die dadurch gestorben sind, dass sie sich im Bettlaken verhedderten, oder zwischen der Scheidungsrate im US-Bundesstaat Maine und dem Pro-Kopf-Konsum von Margarine (in den Arbeiten von Tyler Vigen kommen häufig seltsame Mittelwerte für Todesfälle und Milchprodukte vor) [3]. Selbstverständlich ist es schwer vorstellbar, dass hinter diesen Beispielen ein Kausalzusammenhang steckt.

Wenn wir unsere Fehlwahrnehmungen erklären wollen, müssen wir uns vor ähnlichen Tendenzen hüten. Wir haben aber zumindest eine gewisse theoretische Rahmenvorstellung, auf die wir unsere Erwartungen für einen Effekt zurückführen können. Wir verfügen über etwas, was Wissenschaftler als „A-priori"-Gründe bezeichnen. Diese nutzen wir, wenn wir darüber nachdenken, dass unsere Fehlwahrnehmungen einen gewissen Zusammenhang mit dem Bildungsniveau aufweisen könnten und speziell mit der Kompetenz in statistischen Fragen oder mit der Kompetenz beim Lesen von Nachrichten, mit den politischen und medienbezogenen Kontexten in unterschiedlichen Ländern oder mit Faktoren, die stärker mit der Kultur eines Landes zusammenhängen, etwa wie offen Menschen ihre Emotionen zum Ausdruck bringen.

Die Herausforderungen, die sich stellen, wenn man auch nur einen einfachen Zusammenhang nachweisen will, sind gewaltig. Erstens: Wir haben nur 13 Länder, für die uns ausreichend Daten zur Verfügung stehen, um einen fairen Gesamtindex zu berechnen. Sicherlich, das alles basiert auf einer großen Studie mit Zehntausenden von Interviews. Doch wenn wir nach Erklärungsmustern suchen, verfügen wir immer noch nur über diese 13 Beobachtungen, von denen mehrere zu einem Wert zusammengefasst wurden; und deswegen müssen wir vorsichtig sein. Selbst wenn es sich um die doppelte Anzahl von Ländern handelte, würde das natürlich immer noch bedeuten, dass die Aussagekraft unserer Befunde begrenzt wäre – dies ist eine der Schwierigkeiten bei länderübergreifenden Vergleichsstudien.

Zweitens: Daten zu diesen möglichen Erklärungsfaktoren zu finden, ist schwierig. Wir bei Ipsos verbringen einen großen Teil unserer Zeit damit, Quellen für echte Fakten über einzelne Länder und die Welt zu finden, um überhaupt erst die Studien zu den Tücken der Wahrnehmung durchführen zu können. Deswegen sind wir uns bewusst, dass es eine ganze Reihe von Quellen gibt, aber wir bemühen uns, Daten zu bekommen, die diese Konzepte in sinnvoller Weise erfassen. Es ist relativ leicht, über die Länder hinweg Zahlen zur Einstufung des Bildungsniveaus zu bekommen, aber es handelt sich hier um grobe Metriken, die sich nicht auf die Art kritischer Kompetenz konzentrieren, die wir idealerweise gerne erfassen würden. Das Programm der OECD zur internationalen Erfassung von Schülerkompetenzen (Programme for International Student Assessment oder PISA) ist ein großartiger Indikator für die relativen Fähigkeiten von Schülern an weiterführenden Schulen in Mathematik, im Lesen und in den Naturwissenschaften, aber es sagt wenig aus über die Kritikfähigkeit der Gesamtbevölkerung in jedem einzelnen Land. Das Gleiche trifft auf so viele der Maße zu, mit denen wir uns gerne näher beschäftigen würden. Und dazu gehört der politische Kontext, die Qualität der Medien und die Pluralität, mit der Menschen in unterschiedlichen Ländern soziale Medien nutzen, und die Art und Weise, wie sie kontrolliert werden. Ja, und dann gibt es noch die charakteristischen Persönlichkeitsmerkmale unterschiedlicher Völker. Auf welche Weise misst man etwa streng wissenschaftlich, wie „emotional" ein Land ist?

Trotz dieser Herausforderungen haben wir versucht, so viele Daten zu erheben, wie wir können. Tatsächlich machten wir über viele Bereiche hinweg Dutzende von Indikatoren über alles Mögliche aus, angefangen von den PISA-Klassifizierungen über die Kennziffern, die den allgemeinen sozialen Fortschritt in einem Land erfassen, validierte Messzahlen für unterschiedliche Wertesysteme in unterschiedlichen Ländern, Maße für Online-Aktivität bis hin zu stärker in Richtung Einstellungen gehenden Faktoren wie Vertrauen in Institutionen, wie emotional ausdrucksfähig sich Länder selbst sehen, die Werte, von denen wir meinen, dass sie für unsere Kinder wichtig sind, und was Kinder glauben, wie die Dinge in ihrem Land laufen. Eine vollständige Liste der Daten, die wir verwendet haben, ist in den Anmerkungen zur Literatur zu finden [4].

Angesichts meiner einleitenden Worte und meines Unwillens, etwas zum Geschäftsfeld mit den unechten Korrelationen beizutragen, mag es vielleicht nicht überraschen, dass wir keine magische Antwort gefunden haben und nicht viel mehr behaupten, als dass vage Hinweise auf die Muster vorliegen, die wir beobachtet haben. Was wir gefunden haben, hat jedoch einen gewissen Wert – es gibt drei Bereiche, in denen wir ausreichende Hinweise auf einen Zusammenhang haben, und dies auf dem Niveau eines Landes und auf dem Niveau des Individuums.

1. Emotionale Ausdrucksfähigkeit

Im Instinkt meines italienischen Kollegen Nando scheint teilweise etwas Wahres zum Ausdruck zu kommen, weil es einen Zusammenhang zwischen dem Ausmaß unseres Fehlers auf Landesebene und den Indikatoren dafür gibt, wie emotional ausdrucksfähig Länder sind; dieser Gedanke wurde von Erin Meyer in ihrem Buch *The Culture Map* entwickelt [5]. Ihr Indikator für emotionalen Ausdruck beruht auf Faktoren wie dem, ob die Menschen in dieser Kultur dazu neigen, ihre Stimme anzuheben, sich gegenseitig zu berühren (nicht, wie Sie denken) und beim Sprechen leidenschaftlich zu lachen. Wenn unsere emotionalen Reaktionen teilweise der Grund dafür sind, dass wir die Realität übertreiben oder herunterspielen, dann ergibt es durchaus einen Sinn, dass unsere Fehlwahrnehmungen vielleicht damit zusammenhängen, wie emotional ausdrucksfähig wir sind.

Bezogen auf Erin Meyers Indikator befinden sich zum Beispiel Italien und Frankreich auf dem einen Ende der Skala für emotionale Ausdrucksfähigkeit und Korea, Japan und Schweden auf dem anderen. Großbritannien ist da eher auf der cooleren Seite. Die Anomalien, die nicht zu diesem Zusammenhang passen, sind in den USA zu finden, die Meyer in der Mitte der Streubreite platziert, und in Spanien, das zum emotional ausdrucksfähigen Ende des Spektrums gezählt wird.

Wir sind also weit entfernt von einer perfekten Übereinstimmung, aber das allgemeine Muster deutet darauf hin, dass da etwas zu finden ist.

2. Bildungsniveau

Auf der Ebene eines Landes können wir nur wenige direkte Belege für einen Zusammenhang zwischen den Einstufungen des Bildungsniveaus auf der Ebene eines Landes und den Hinweisen darauf finden, wie unrecht man dort hat – obwohl es einige Muster gibt, die mit einigen der PISA-Ranglisten übereinstimmen. Beispielsweise gehören von unserer Länderliste Italien und die USA zu denjenigen, die im Lesen und in Mathematik am schlechtesten abschneiden, während Südkorea und Japan am besten sind. Aber erneut erhält Schweden in PISA keinen besonders hohen Rangplatz, und Kanada, das sich in unserer Liste ganz unten befindet, ist bei Pisa in der Nähe der Spitzengruppe. Es gibt also eine gewisse Korrelation, aber diese ist weit davon entfernt, sehr aussagekräftig zu sein.

Doch der Zusammenhang zwischen Bildung und Treffsicherheit der Schätzungen ist bei unseren Fragen auf dem individuellen Niveau recht unterschiedlich. Über unsere Studien zu den Tücken der Wahrnehmung hinweg war eines der eindeutigen Muster folgendes: Je höher das Bildungsniveau der einzelnen Personen ist, desto treffsicherer werden ihre Wahrnehmungen wahrscheinlich sein. Wenn man sich zum Beispiel die Umfrage aus dem Jahr 2017 über alle 38 Länder hinweg ansieht, dann schätzten Personen mit einem geringen Bildungsniveau (keine Qualifikationen oder nur grundlegende auf dem Minimalniveau der erforderlichen Schulbildung), dass 29 % der Mädchen im Teenageralter pro Jahr in ihrem Land ein Kind zur Welt brachten, während jene mit einem hohen Bildungsniveau (Mittelschulabschluss und mehr) zu einer treffsichereren Schätzung von 21 % kamen, auch wenn das noch nicht großartig ist. Was den Anteil der Gefängnisinsassen anging, die im Land der Befragten Immigranten waren, so schätzten in ähnlicher Weise Personen mit einem geringen Bildungsniveau mit 35 % einen viel zu hohen Wert, während Personen mit einem höheren Bildungsniveau 24 % schätzten, was wesentlich näher an der Realität war.

Wieder sollten wir anmerken, dass es sich um ein gemeinsames Auftreten von Ereignissen handelt, und wir können daraus nicht schließen, dass hier ein Kausalzusammenhang vorliegt – aber nach allem, was wir über viele Jahre hinweg beobachtet haben, scheinen wir mit einiger Sicherheit darauf hinweisen können, dass Bildung einen gewissen Zusammenhang mit der Treffsicherheit von Schätzungen aufweist.

3. Medien und Politik

Wir fanden keinen Zusammenhang zwischen dem Ausmaß der Fehlwahrnehmungen in den Ländern und landesweiten Maßen für Pressefreiheit, Pluralismus in den Medien und objektiven Indikatoren dafür, wie offen die Regierungen mit ihren Daten umgehen. Es gibt keinen offensichtlichen Zusammenhang zwischen unseren Indikatoren und der Art und Weise, wie die Menschen ihre Regierung einstufen, eine wie positive Meinung sie zu der Richtung haben, die ihr Land eingeschlagen hat, oder wie viel Vertrauen sie in die Institutionen des Landes haben.

Es gibt jedoch einen Befund, der wirklich stark mit unserem Index der Fehlwahrnehmungen auf Landesebene korreliert und der im Einklang mit der folgenden Aussage steht: „Ich wünsche mir, dass mein Land von einem starken Führer geleitet wird und nicht von der momentanen Regierung." Das Land, in dem man mit der geringsten Wahrscheinlichkeit mit dieser Aussage übereinstimmte, war Schweden; etwa die Hälfte dieses Ausmaßes an Zustimmung zu der Aussage konnte man in Italien und in den USA beobachten (und dies zur gleichen Zeit; die Umfrage stammt aus dem Jahr 2016). Andere Länder, die bezogen auf unsere Maßen einen hohen Rang bei den Fehlwahrnehmungen der Realität einnahmen, stimmten auch der Aussage zu, dass sie einen stärkeren Führer haben wollten; und dazu gehörten Spanien, Frankreich und Australien. Offensichtlich müssen wir sehr vorsichtig dabei sein, wie wir diese Ergebnisse interpretieren: In unterschiedlichen Länderkontexten werden sie etwas anderes bedeuten, und jede einzelne Kausalbeziehung wäre wirklich sehr schwer aufzuschlüsseln.

Wie bei den Bildungsniveaus gibt es auch eindeutigere Belege für einen Zusammenhang zwischen unseren Fehlwahrnehmungen und unseren politischen Vorlieben sowie dem Medienkonsum auf einem individuellen Niveau; doch wir können dies nur bei einer kleinen Anzahl von Fragen beobachten. In unserer neuesten Studie aus dem Jahr 2017 fragten wir im Vereinigten Königreich und in den USA zum ersten Mal nach der Unterstützung für eine politische Partei und nach dem Medienkonsum. Dadurch sollte es möglich werden, zu erkunden, wie diese charakteristischen Merkmale mit Fehlwahrnehmungen interagieren. Es stellte sich heraus, dass nur sehr wenige der Themen, zu denen wir die Teilnehmer an der Studie befragten, mit der Nähe zu einer politischen Partei oder dem Medienkonsum zusammenhängt. Tatsächlich wiesen nur zwei Variablen einen irgendwie gearteten signifikanten Zusammenhang auf: die Frage zum Anteil der Gefängnisinsassen, von denen die Befragten meinten, sie seien Immigranten, und die Frage zu Trends bei der Anzahl der Todesfälle aufgrund eines Terroranschlags.

Beide Fragen waren ein Indikator für Muster, die wir vielleicht erwartet haben. Beispielsweise gaben die Unterstützer der Republikaner in den USA an, dass 39 % der Gefängnisinsassen in den USA Immigranten seien, während die Unterstützer der Demokraten die Zahl auf 28 % schätzten (tatsächlich waren es 5 %). Im Vereinigten Königreich kamen Unterstützer der Konservativen auf eine Schätzung von 39 %, während die Unterstützer von Labour 31 % angaben (der tatsächliche Anteil betrug 12 %). In den USA dachten 47 % der Zuschauer der stärker nach rechts tendierenden Fernsehnachrichtensendung Fox News (inkorrekterweise), dass Todesfälle aufgrund von Terrorismus in den letzten 15 Jahren im Vergleich zu den 15 Jahren davor zugenommen hätten. Dagegen waren es 34 % derjenigen, die sich im Fernsehen auf anderen Kanälen Nachrichten ansahen. Wir fanden jedoch im Vereinigten Königreich keine Unterschiede bezogen auf die Einschätzungen je nach Medienkonsum im Fernsehen.

Das waren die einzigen Unterschiede, die wir in dieser Studie gefunden haben – es gab keine anderen Muster zu Aspekten wie Teenagerschwangerschaften, Ausmaß einer Diabeteserkrankung, Suizidraten oder Veränderungen in Bezug auf die Mordrate. Die Schlussfolgerung daraus stimmt stark mit dem überein, was sie erwartet hatten, und sie ist Ausdruck ebendieses starken Zusammenhangs zwischen der Leserschaft einer Zeitung und der Besorgnis um die Immigration, wie wir dies früher schon beobachtet haben: dass bei einigen stark von der Identität beeinflussten Themen, wie etwa Immigration und Terrorismus, die politische Unterstützung und der Medienkonsum anscheinend einen Zusammenhang mit unseren Fehlwahrnehmungen aufweisen. Aber sie haben keinen bestimmenden Einfluss auf unsere umfassendere Sicht der Welt und darauf, ob wir treffsicher sind oder nicht.

*

Das waren die einzigen Unterschiede, die wir in dieser Studie gefunden haben – es gab keine anderen Muster zu Aspekten wie Teenagerschwangerschaften, Ausmaß einer Diabetes, Suizidraten oder Veränderungen in Bezug auf die Wortwahl. Die Schlussfolgerung daraus fällt so aus, wie wir es erwartet hatten, und ist Ausdruck ebendieses starken Zusammenhangs zwischen der Leserschaft einer Zeitung und der Besorgnis um Immigration, wie wir dies früher schon beobachtet haben: dass bei einigen stark von der Identität geleiteten Themen, wie etwa Immigration und Terrorismus, die politische Unterstützung und der Medienkonsum anscheinend einen Zusammenhang mit unserem Fehlwahrnehmungen aufweisen. Aber sie haben keinen bestimmenden Einfluss auf unsere umfassendere Sicht der Welt und auf die Tatsache, ob wir bei unseren Schätzungen treffsicher sind oder nicht.

Wenn ich von diesen Journalisten gebeten werde, zu erklären, warum unsere Fehlwahrnehmungen über die Länder hinweg so stark variieren, beginnt meine ehrliche Antwort insgesamt mit einem Schulterzucken. Das Thema ist zu verwickelt, die Daten, die uns Verfügung stehen, um mögliche Faktoren zu erfassen, sind zu eingeschränkt, die Anzahl der Fälle, über die wir verfügen, ist zu klein.

Aber es gibt einen letzten Vergleich zwischen Ländern, bei dem es sich lohnt, ihn anzustellen; und der hängt mit einer anderen Verzerrung zusammen: dem Dunning-Kruger-Effekt. Dieser geht auf eine Arbeit der Sozialpsychologen David Dunning und Justin Kruger zurück, die herausfanden, dass die trügerische Überlegenheitsverzerrung – unsere Tendenz, zu meinen, dass wir besser seien als andere – einen interessanten Zusammenhang mit unseren kognitiven Fähigkeiten aufweist. Sie entdecken, dass Menschen mit geringen Fähigkeiten nicht so gut in der Lage sind, auszumachen, dass sie sich schwer mit etwas taten, und sich daher mit größerer Wahrscheinlichkeit selbst als kompetent ansahen als Personen mit besseren Fähigkeiten [6]. Es handelt sich um eine sehr intuitive Idee, und sie erinnert an den berühmten Dialog von Platon, in dem Sokrates beteuert, dass er weise ist, eben weil er weiß, dass er nichts weiß. In ihrem Artikel illustrierten Dunning und Kruger den Effekt in lebhafter Weise anhand eines hervorragenden Beispiels.

Im Januar 1995 raubte ein mittelalter Mann von 1,70 m Größe und 122 kg Gewicht namens McArthur Wheeler in Pittsburgh bei hellem Tageslicht zwei Banken aus. Nur um diese Szene noch etwas mehr auszumalen (und weil wir uns mit der Plage der Fettleibigkeit beschäftigt haben): Aus seiner Größe und seinem Gewicht lässt sich ein Body Mass Index von 43 berechnen: Und hier handelt es sich klar und eindeutig um den „krankhaft fettleibigen" Bereich, und Wheeler war kein unauffälliges Kerlchen. Er trug keine Maske und machte auch keine anderen Versuche, sich zu tarnen –

in der Tat lächelte er in die Überwachungskameras, bevor er die einzelnen Banken verließ. Später in der Nacht nahm die Polizei einen überraschten Wheeler fest und zeigte ihm die Videobänder. Er starrte entgeistert auf den Bildschirm: „Aber ich hatte doch den Saft im Gesicht", sagte er. Wheelers unangebrachte Selbstsicherheit in Bezug auf sein Verständnis physikalischer Zusammenhänge bedeutete, dass er dachte, es würde ihn für die Kameras unsichtbar machen, wenn er seine Haut mit Zitronensaft einriebe. Schließlich, so folgerte er, wird Zitronensaft als unsichtbare Tinte genutzt; deswegen hätte er unsichtbar sein sollen.

Diese Geschichte regte Dunning und Kruger dazu an, viele andere derartige Effekte zu untersuchen: angefangen mit der größeren Selbstsicherheit bei schlechteren Studierenden im Hinblick darauf, dass sie gute Noten bekommen würden, bis zur übermäßigen Selbstsicherheit uninformierter Waffennarren, was ihr Verständnis der Sicherheit von Schusswaffen angeht.

Können wir die gleichen Effekte bei unserer Selbstsicherheit in Bezug auf unsere eigenen Einschätzungen der Realität auf der Ebene eines Landes beobachten? Haben die Länder mit den schlechteren Leistungen mehr Selbstsicherheit, als sie sie haben sollten? Die Antwort scheint, wie in Abb. 10.2 beschrieben, ein ziemlich überwältigendes Ja zu sein. Wir haben diese Frage im Hinblick darauf, wie viel Selbstsicherheit Menschen in Bezug auf ihre Antworten haben, in unserer aktuellsten Umfrage aus dem Jahr 2017 gestellt. Deshalb handelt es sich hier um eine größere Gruppe von Ländern als bei unserer Rangliste der Länder unter dem Aspekt der Fehlwahrnehmungen. Aber das erweist sich als sinnvoll, wenn man das Ziel verfolgt, die übermäßige Selbstsicherheit nachzuweisen.

Aus der Perspektive von Dunning und Kruger handelt es sich um eine unglaublich gute Grafik, wobei eine (meist) starke lineare Beziehung zwischen Selbstsicherheit und Unrechthaben vorlag. Auf dem einen Ende liegt Indien, das in der Studie aus dem Jahr 2017 an der Spitze der Länder mit der geringsten Treffsicherheit lag, wo aber auch unglaubliche 38 % der Befragten sagten, sie seien sich *aller* ihrer Antworten sicher. In der linken unteren Ecke befinden sich Schweden und Norwegen, wo nur 7 % bzw. 2 % sagten, sie seien sich ihrer Antworten ganz sicher, obwohl diese beiden Staaten in der Studie die Länder mit den treffsichersten Antworten waren.

Natürlich ist dieser Zusammenhang nicht perfekt, und Länder wie Serbien, Montenegro und Dänemark hätten mehr Grund für ihre Selbstsicherheit. Wie bei den Menschen scheint es Länder zu geben, auf die der Dunning-Kruger-Effekt wahrscheinlich eher zutrifft als auf andere. Angesichts der Tatsache, dass der Internetzugang in diesen Ländern gewöhnlich nicht sehr stark entwickelt ist, wie etwa in Indien, in den Philippinen und

Frage: Wenn Sie noch einmal über alle Antworten nachdenken, die Sie gegeben haben, wie sehr, würden Sie sagen, sind Sie sich selbst sicher ...?

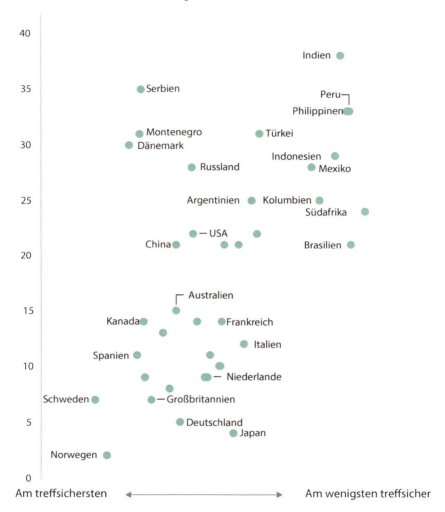

Abb. 10.2 Es gibt einen ausgeprägten Zusammenhang zwischen Selbstsicherheit und Unrechthaben, wobei die Länder mit den weniger treffsicheren Urteilen mehr Selbstsicherheit aufwiesen als die treffsicheren Länder

in Peru, wird dies teilweise auf Folgendes zurückgehen: Man nimmt dort im Allgemeinen an, die eigene recht ungewöhnliche Lebenserfahrung und die Vergleichsmaßstäbe für das eigene Land entsprächen eher der Norm, als es tatsächlich der Fall ist. Hier handelt es sich um eine nützliche Warnung vor den Gefahren der Annahme „Alles, was wir sehen, ist das einzige, was da ist". Und nun kommen wir zu unserem Schlussabschnitt und einigen Vorschlägen dazu, was wir tun können, um mit den Tücken unserer Wahrnehmung umzugehen.

Literatur

1. Rivlin-Nadler, M. (2013). More Buck For Your Bang: People Who Have More Sex Make The Most Money. Abgerufen am 29. April 2020 von http://gawker.com/more-bang-for-your-buck-people-who-have-more-sex-make-1159315115
2. Ebenda; Lamb, E. (2013). Sex Makes You Rich? Why We Keep Saying „Correlation Is Not Causation" Even Though It's Annoying. Abgerufen am 29. April 2020 von https://blogs.scientificamerican.com/roots-of-unity/sex-makes-you-rich-why-we-keep-saying-e2809ccorrelation-is-not-causatione2809d-even-though-ite28099s-annoying/
3. Vigen, T. (ohne Jahresangabe). Spurious Correlations. Abgerufen am 29. April 2020 von http://www.tylervigen.com/spurious-correlations; Vigen, T. (2015). *Spurious Correlations*. Hachette Books.
4. Vollständige Liste der Studien zu den Tücken der Wahrnehmung auf S. 229.
5. Meyer, E. (2014). *The Culture Map*. PublicAffairs.
6. Schlösser, T., Dunning, D., Johnson, K. L. & Kruger, J. (2013). How Unaware are the Unskilled? Empirical Tests of the „Signal Extraction" Counterexplanation for the Dunning-Kruger Effect in Self-evaluation of Performance. *Journal of Economic Psychology, 39*, 85–100. Abgerufen am 29. April 2020 von https://doi.org/10.1016/j.joep.2013.07.004

11

Der Umgang mit unseren Fehlwahrnehmungen

Die Antwort auf die Frage, warum wir so unrecht haben, ist in den meisten Diskussionen: *etwas, was von außen kommt.* Der Ausgangspunkt wird also für etwas gehalten, was in einem Kontext steht. Wir haben lediglich unrecht, weil wir irregeführt worden sind, und es liegt nicht daran, wie wir denken und welche Fehler wir immer wieder machen.

Wie wir gesehen haben, gibt es nicht eine einzelne Ursache, und es liegen eindeutig genügend Befunde vor, um zu der Schlussfolgerung zu kommen, dass wir in Bezug auf die Welt nicht einfach nur unrecht haben, weil unsere Medien und die Politik uns in die Irre führen. Unser Unwissen und unsere Fehlwahrnehmung der Fakten sind etwas seit Langem Bestehendes; und unter sehr unterschiedlichen Bedingungen bleiben sie über die Zeit hinweg und über die Länder hinweg weiterhin bestehen. Wir haben die Realität der Kriminalitätsstatistik im Vereinigten Königreich der Fünfzigerjahre nicht zur Kenntnis genommen, und das politische Wissen war in den USA der Vierzigerjahre nicht besser als heute.

Wir neigen dazu, uns unsere gegenwärtige Epoche als eine Epoche vorzustellen, die wie keine andere zuvor schlecht informiert ist und die im neuen „postfaktischen" Zeitalter von „Fake News" heimgesucht worden ist. Aber die Desinformation in der Politik begann nicht mit den US-Präsidentschaftswahlen im Jahr 2016 oder mit den fragwürdigen Behauptungen über den Etat der EU auf der Außenseite von Bussen oder mit der völlig frei erfundenen Behauptung, dass der französische Staat christliche Feiertage durch muslimische und jüdische ersetzen würde. Solche

Behauptungen wurden in Frankreich während der Präsidentschaftswahl im Jahr 2017 in die Welt gesetzt [1].

Was das Vertrauen in unseren politischen Dialog angeht, deuten die Trends über die Länder hinweg auf Folgendes hin: Es ist nicht so, dass es noch vor Kurzem ein goldenes Zeitalter gegeben hätte. Selbst im Sommer des Jahres 1944, als die alliierten Truppen am D-Day den Strand der Normandie betraten, meinten nur 36 % der Briten, man könne der Regierung insofern vertrauen, als sie das Interesse des Landes über ihre eigenen Interessen oder die Interessen einer Partei stellt. Die allgemein verbreitete Ansicht ist, dass dieser neue Kollaps des Vertrauens uns in Richtung einer postfaktischen Welt getrieben hat [2]. Aber es ist schwierig, die Aussage aufgrund der Befunde zu stützen, auf denen die geäußerten Ansichten beruhen. Wenn man sich dies zum Beispiel über alle Länder der Europäischen Union hinweg ansieht, unterschied sich das aufsummierte Niveau an Vertrauen in die Regierung des jeweiligen Landes am Ende des Jahres 2017 (38 % sagten, sie vertrauten ihrer Regierung) kaum von dem im Jahr 2001 (als 36 % ihrer Regierung vertrauten). Sicherlich ist das Vertrauen innerhalb dieses Rahmens in ein paar einzelnen Ländern stark zurückgegangen – das Niveau an Vertrauen hat zum Beispiel in Spanien von 55 % auf 22 % abgenommen. Aber dies wird durch die Zunahme des Vertrauens in anderen Ländern wie beispielsweise in Schweden und Deutschland wieder ausgeglichen [3].

In der Tat ist eine *Zunahme* des Vertrauens bei unseren Umfragen im Vereinigten Königreich, die bis ins Jahr 1983 zurückreichen, das verbreitetste Muster, das wir beobachtet haben. Und dies trifft auf alle möglichen Arten von Berufen zu, angefangen mit den Angestellten im öffentlichen Dienst über offizielle Vertreter der Gewerkschaften bis hin zur Polizei (Abb. 11.1). Eine der berühmtesten Äußerungen der Brexit-Kampagne kam vom Politiker Michael Gove, der Folgendes sagte: „Die Menschen in diesem Land hatten genug von den Experten." [4]. Wir können aber tatsächlich im Moment eine starke Zunahme des Vertrauens in Wissenschaftler und Professoren beobachten. Eigentlich ist der einzige Berufsstand, bei dem die Vertrauenswürdigkeit in den letzten Jahren gelitten hat, der Klerus. Wir sollten nicht der Vorstellung verhaftet sein, dass wir in einem neuen „Zeitalter der Aufklärung" leben, aber wir sollten es auch nicht so sehen, dass die Aufrichtigkeit von Experten pauschal infrage gestellt wird.

Andererseits ringen Politiker und Journalisten miteinander darum, der am wenigsten vertrauenswürdige Berufsstand zu sein, wobei die Politiker im Vereinigten Königreich im Moment „die Nase vorn" haben. Doch der zentrale Punkt ist, dass es sich hier nicht um etwas Neues handelt: Das

11 Der Umgang mit unseren Fehlwahrnehmungen

Frage: Könnten Sie mir für jeden Einzelnen der folgenden Berufe sagen, ob Sie im Allgemeinen darauf vertrauen, dass diese Personen die Wahrheit sagen? Oder ist das nicht der Fall?

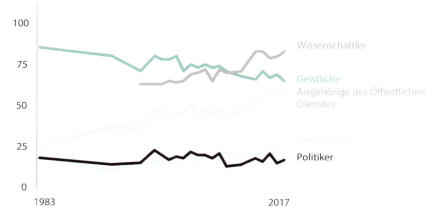

Abb. 11.1 Zentrale Veränderungen im Hinblick auf das Vertrauen der Öffentlichkeit über die Zeit hinweg

Niveau des Vertrauens ist praktisch praktisch dasselbe wie in der Zeit, als wir im Jahr 1983 mit der Untersuchungsreihe begonnen haben. Jedes Jahr kommen Studien heraus, die vorgeben, eine „neue Krise des Vertrauens" nachzuweisen. Aber die Befunde, die dafür sprechen, sind unzureichend und gewöhnlich eher Ausdruck unserer rosigen Retrospektion, durch die wir auf eine mythische Zeit von Respekt und Ehrerbietung zurückblicken.

Jede Studie zum Vertrauen wird schnell zeigen, dass es sich um ein nebulöses Konzept handelt, das kontextspezifisch ist – was trauen Sie jemandem zu zu tun und unter welchen Umständen? Und noch wichtiger für unseren Fokus auf Fehlwahrnehmungen ist Folgendes: Welchen speziellen Experten vertrauen Sie bei welchen Themen? Die gewaltige Veränderung in Bezug auf die Kommunikationstechnologie hat unsere Fähigkeit zum Recherchieren und zum Auswählen von Informationen bis zur Unkenntlichkeit verändert. Die explosive Entwicklung der Informationsquellen und der sozialen Medien hat sich mit unserer natürlichen Tendenz vermischt, nach Informationen zu suchen, die unsere Ansicht bestätigen, und diejenigen zu meiden, die das nicht tun. Dabei werden wir darin bestärkt, uns auf Experten zu verlassen, die unsere bereits vorhandene Ansicht untermauern.

Es gibt viele andere Tendenzen sowohl im Hinblick auf den Kontext als auch im Hinblick darauf, wie man uns unserer Meinung nach in die Irre führt und unsere Sicht der Welt verzerrt. Wie ich in der Einleitung kurz skizziert habe, lassen sich diese Tendenzen auf einem Spektrum von Prozessen anordnen. Dabei geht es auf der anderen Seite des Spektrums um Prozesse, die sich in uns abspielen, um unsere Fähigkeiten und die Art und Weise, wie wir denken (unsere mathematischen und statistischen Fähigkeiten, das kritische Denken, unsere Verzerrungen und Heuristiken einschließlich der emotionalen Rechenschwäche und unsere durch die Psychophysik vorgegebene „Tendenz, auf Nummer sicher zu gehen"). Und die Tendenzen reichen auf der anderen Seite des Spektrums bis hin zu den Prozessen, die von außen beeinflusst werden (die Medien, die Technologie der sozialen Kommunikation, die Politik und das, was wir direkt sehen und erfahren).

Hier handelt es sich offensichtlich um eine Vereinfachung, und alle einzelnen Elemente treten in eine Wechselwirkung miteinander. Bei jedem einzelnen Element funktioniert dies für unterschiedliche Themen anders. Und nicht alle sind von gleichem Gewicht oder gleicher Bedeutsamkeit. Insbesondere decken unsere Verzerrungen und Heuristiken eine riesige Streubreite voneinander unterschiedener Erklärungen ab, wobei die emotionale Rechenschwäche für sich genommen einen signifikanten Anteil der Muster erklärt, die wir beobachten können.

Aus dem allen ergibt sich jedoch eine Checkliste, die man bei jedem einzelnen Fehler bedenken sollte: Wenn wir die entscheidenden Gründe dafür verstehen, warum wir bei bestimmten Themen unrecht haben, dann haben wir einen Hinweis auf das, was wir dagegen tun könnten.

Was können wir tun?

> „Ich habe mich mit diesen Dingen etwa 45 Jahre lang beschäftigt, und ich bin wirklich kein bisschen vorangekommen." [5]

Daniel Kahneman äußerte sich hier über eine viel umfassendere Menge von Situationen und darüber, wie unser Denken bei all den Entscheidungen, die wir treffen, scheitern kann. Aber seine Warnung lässt sich auch gleichermaßen auf die Art und Weise anwenden, wie wir über die Realität in der Welt denken. Verzerrungen sind fest in unserem Gehirn verschaltet, und es erweist sich als schwierig, ihnen nicht zu unterliegen.

11 Der Umgang mit unseren Fehlwahrnehmungen

Welche Hoffnung besteht also? Wenn der berühmteste und am meisten verehrte Nobelpreisträger in der Verhaltenswissenschaft, der wahrscheinlich mehr über die Denkfallen, in die wir tappen, weiß als alle sonstigen lebenden Menschen, es nicht geschafft hat, auch nur ein bisschen voranzukommen, war dann dieses ganze Buch eine riesige Zeitverschwendung?

Natürlich ist das nicht alles, was Kahneman gesagt hat. Ein vollständiger Auszug aus dem Interview, aus dem der Satz stammt, gibt uns einen Funken Hoffnung:

> DK: Ich bin wirklich völlig pessimistisch im Hinblick darauf, ob *Schnelles Denken – langsames Denken* ein Selbsthilfebuch sein kann. Und ich weiß das aus Erfahrung – wie Sie sagen, habe ich mich mit diesen Dingen etwa 45 Jahre lang beschäftigt, und ich bin wirklich kein bisschen vorangekommen. Tatsächlich begann die Arbeit so … Sie begann, als wir [Daniel Kahneman und sein langjähriger Kollege Amos Tversky] uns genauer mit falschen Intuitionen beschäftigten. Wir hielten beide Lehrveranstaltungen über Statistik, und wir beide hatten Intuitionen, die nicht im Einklang mit dem standen, was wir lehrten. Und genau darum ging es hier – zu verstehen, wo unsere Intuitionen von den Regeln abwichen. Nichts davon geschieht mithilfe von System 1 [mithilfe des schnellen, instinktiven Denkens].
>
> Interviewer: Deshalb besteht der zentrale Punkt in Folgendem: Man kann System 1 im Grunde genommen nicht lehren, man kann System 2 anwenden [das langsamere, abwägende Denken], und man kann System 2 stärker dafür bewusst machen, wann es System 1 nicht trauen soll?
>
> DK: Darum geht es. Man kann Hinweisreize erkennen, die einem Folgendes sagen: „Oh, hier werde ich wahrscheinlich einen Fehler machen." Und es kommt selten vor, dass man es tut. Und dann lautet die Antwort typischerweise, dass man langsamer vorgehen sollte, dass man also System 2 ins Spiel bringen sollte [6].

In ihrem wegweisenden Artikel aus dem Jahr 1973 bekräftigten Kahneman und Tversky diesen Rat mit einem sehr praktischen Beispiel, der sich direkt darauf bezog, wie wir die Welt sehen. Sie wiesen darauf hin, dass die subjektive Distanz zu einem Objekt teilweise dadurch bestimmt wird, wie deutlich es zu sehen ist – je schärfer man ein Objekt sehen kann, desto näher scheint es zu sein. Deswegen werden Entfernungen an klaren Tagen unterschätzt – und wir können diese Wahrnehmung nicht steuern, sie erfolgt automatisch [7].

Es ist jedoch möglich, zu lernen, wann unsere anfänglichen Wahrnehmungen wahrscheinlich verzerrt sein werden. Wir können langsamer vorgehen und darüber nachdenken, ob wir in die Irre geführt werden. Wenn wir also eine Entscheidung treffen, sollten wir aufhören, darüber nachzudenken, ob der Gipfel viel näher aussieht, als er es in Wirklichkeit ist, weil wir einen klaren Tag haben.

Rolf Dobelli, Autor dieses großartigen Kompendiums der kognitiven Fehler mit dem Titel *Die Kunst des klaren Denkens,* kommt auf einen ähnlichen Punkt zu sprechen. Er bietet keine „sieben Schritte zu einem fehlerfreien Leben" an. Aber er schreibt auch Folgendes: Nachdem er eine Liste von Fallen aufgestellt hatte, in die er getappt war, fühlte er sich ruhiger und hatte einen klareren Kopf; und das half ihm dabei, seine Fehler schneller zu erkennen [8]. Alle Belege, die ich gesehen habe, bestätigen, dass wir uns dieser Fehler nicht entledigen werden – eigentlich würden wir es auch gar nicht wollen, weil viele von ihnen nützliche Hinweisreize darauf sind, wie wir denken und fühlen. Aber wenn wir mehr über die üblichen Fallen wissen, wird uns dies helfen, die schlimmsten Exzesse im Hinblick darauf zu vermeiden, dass wir eine völlig verzerrte Sicht der Welt haben.

Dadurch, dass ich auf diese Fallen hingewiesen habe, habe ich mich auch bemüht, es zu schaffen, dass wir uns von ihnen nicht völlig zum Sklaven machen lassen. Wir wollen uns noch einmal mit einigen der Befunde aus klassischen Studien beschäftigen, die wir an verschiedenen Stellen in diesem Buch kurz beschrieben haben: Bei Aschs Experiment zum Vergleich von Linien erlagen nur ein Drittel der Menschen dem extremen Druck ihrer Mitmenschen; nur 60 bis 70 % dachten, die anderen würden im Experiment von Lee Ross mit dem Reklameplakat genauso reagieren wie sie – das ist bei dieser Null-Eins-Option nicht weit entfernt von einer Wahrscheinlichkeit von 50 zu 50; die Durchschnittsangebote für Wein in Arielys Ankerexperiment nahm bei denjenigen etwas zu, die höhere Zahlen in den letzten beiden Ziffern ihrer Sozialversicherungsnummer hatten, aber nicht jeder wurde auf signifikante Weise beeinflusst.

Auch wenn wir durch unsere automatischen gedanklichen Prozesse geleitet zu sein scheinen – dies sind die psychophysischen Erklärungen dafür, warum wir unterschiedliche soziale Merkmale überschätzen oder unterschätzen –, so liegt dem manchmal eine Neigung zu „guten Botschaften" zugrunde: Dies deutet darauf hin, dass es bei einem Großteil unserer nicht richtigen Ansichten über die Welt nur darum geht, wie wir die Zahlen neu skalieren; es bringt nicht immer nur zutiefst verzerrte Einstellungen zum Ausdruck.

In gleicher Weise, wie es wichtig ist, mit diesen Fehlwahrnehmungen individuell fertigzuwerden, ist auch die Kommunikationsumgebung bedeutsam. Obwohl wir nicht meinen sollten, dass es je eine Zeit der perfekt neutralen Informationen gab, sollten wir uns auch selbst nichts vormachen:

Wir bewegen uns auf eine Welt zu, in der Desinformationen mehr Möglichkeiten haben, erzeugt zu werden und schneller weitergegeben zu werden. Die Revolution der Kommunikationstechnologien hat viele massive positive Auswirkungen auf unser Leben, und dazu gehört auch die Politik, in der es eine wirkliche Veränderung gebracht hat, dass Menschen miteinander verbunden und Themen akzentuiert wurden. Das betrifft nicht nur den arabischen Frühling, sondern Myriaden anderer Themen: Die Hashtags #MeeToo und #BlackLivesMatter veranschaulichen die zentrale Stellung der Kommunikationstechnologie für wichtige soziale Bewegungen. Wenn man sie jedoch mit der zunehmenden Bedeutung einer Politik kombiniert, die die Identität über die Zugehörigkeit zu einem der ideologischen Blöcke definiert, kommt diese Technologie unserer natürlichen Tendenz entgegen, unsere bestehenden Ansichten zu verstärken und in Widerspruch damit stehende Informationen zu ignorieren.

Ich bin kein Defätist, was irgendeine unserer individuellen Fähigkeiten angeht, diese Fallen zu vermeiden oder kollektiv die „Informationsverschmutzung" in unserer Umwelt zu verbessern. Weit davon entfernt – es gibt Grund zur Hoffnung.

Im Folgenden werde ich mir zehn Vorstellungen dazu genauer ansehen, wie wir treffsichere Ansichten über die Welt ausbilden können. Dies ist nicht nur für diese seltenen Möglichkeiten relevant, in denen Ihnen Fragen über soziale Realitäten gestellt werden, in Rätselspielen oder in einer unserer Umfragen oder, um Personen an Ihrem Tisch bei einem Hochzeitsessen mit Ihrem Wissen über die Häufigkeit von Teenagerschwangerschaften überall auf der Welt zu beeindrucken (obwohl auch ich das mache). Diese Vorstellungen haben viel umfassendere Anwendungen in Bezug darauf, wie wir die Welt sehen, wie wir Prioritäten setzen und wie wir neue Informationen angehen. Ich habe mit Argumenten begonnen, die mehr damit zu tun haben, wie wir als Individuen denken, und ich setze das fort mit Maßnahmen, die die gesamte Gesellschaft erfassen und die wir in die Tat umsetzen müssen.

1. Es ist nicht alles so schlimm, wie wir meinen – und das meiste wird besser

Die emotionale Rechenschwäche ist einer der wichtigsten Begriffe, um zu erklären, warum wir bei so vielen sozialen Realitäten unrecht haben. Unsere Besorgnis führt zu einer Überschätzung, aber genauso sehr ist sie umgekehrt auch ihr Ergebnis. Dies macht Fehlwahrnehmungen zu einem nützlichen

Hinweisreiz im Hinblick darauf, was uns wirklich wichtig ist – dies bedeutet aber auch, dass wir unsere Fehlwahrnehmungen kontrollieren können, wenn wir erkennen, worüber wir uns Sorgen machen.

Dies hängt mit einem umfassenderen Argument zusammen, nämlich dem, dass sich die meisten sozialen Realitäten verbessern. Das ist nicht immer richtig, und die Realitäten, die sich zum Guten verändern, werden nicht so schnell oder in dem Maße besser, wie wir es gerne hätten. Aber wenn wir mit der Annahme beginnen, dass die meisten Dinge über die Zeit hinweg besser werden, dann ist es wahrscheinlicher, dass wir treffsicher sind, als wenn wir das Gegenteil behaupten.

Dieser etwas verkürzte Schluss ist nicht nur nützlich, weil wir die großen Fortschritte, die gemacht werden, nicht berücksichtigen. Er ist wichtig, weil wir intern so verschaltet sind, dass wir das Gegenteil denken. Wir neigen dazu, unter „rosiger Retrospektion" zu leiden, wodurch wir das Schlechte aus der Vergangenheit herausredigieren und das Gute hervorheben. Hier handelt es sich um eine nützliche Eigenschaft des Menschen, weil sie uns davon abhält, bei unserem Leiden in der Vergangenheit zu verharren, und uns geistig mehr Spielraum gibt. Aber sie animiert uns auch zu einer fehlerhaften Sichtweise, dass das Heute schlechter ist als je. Es ist von entscheidender Bedeutung, dass wir diese Wahrnehmung vermeiden, weil wir wissen, dass ein bestimmtes Erfolgsgefühl ein wichtiger Motivationsfaktor dafür ist, wie wir handeln und fühlen. Mehr noch: Eine zu pessimistische Sicht darauf, wie sich die Dinge verändern, kann zu extremen Reaktionen führen, indem wir das in der Luft zerreißen, was erreicht worden ist, während wir zugleich blind für den Fortschritt sind, den wir erzielt haben.

2. Akzeptieren Sie die Emotionen, stellen Sie den Gedanken infrage

Ich muss gestehen, dass sich dies wie eine „Gedankenanregung" des Tages auf Facebook anhört. Und es stimmt: Dieses Zitat beruht auf einer Textzeile aus einem Selbsthilfebuch über Midlife-Krisen von Andrew G. Marshall (zum Verständnis: nicht, dass ich es oder irgendeinen anderen Titel aus der Reihe gelesen hätte), doch das Zitat lässt sich auch sehr gut darauf anwenden, wie wir Realitäten sehen [9].

Zu leugnen, dass wir eine emotionale Reaktion etwa auf die Immigration haben (sei sie nun positiv oder negativ), ist sinnlos und nicht möglich, aber diese Emotionen zu akzeptieren und den Versuch zu machen, sie zu verstehen, ist es nicht. Es ist viel schwieriger, unsere unmittelbaren emotionalen Reaktionen durch einen abwägenderen nachdenklichen Gedanken zu mäßigen – aber das ist der zentrale Punkt. Hier handelt es sich um eine Parallele zu Kahnemans Forderung, dass wir es unter lassen sollten, unsere System-1-Reaktionen zu ändern, und stattdessen uns selbst darin trainieren sollten, System 2 dazu zu veranlassen, dass es aktiviert wird, wenn wir es brauchen.

3. Kultivieren Sie den Skeptizismus, aber nicht den Zynismus

In *Annals of Gullibility: Why we get duped and how to avoid it* schlägt Stephen Greenspan vor, dass wir unseren Skeptizismus kultivieren sollten, aber nicht den Zynismus – weil es gefährlich ist, zu nahe an einem der beiden Enden des Spektrums zu sein [10]. Der Weg, den wir gehen müssen, ist ein schwieriger, aber er ist ein lebenswichtiger Weg.

Wir haben immer wieder gesehen, dass eine der grundlegenden Herausforderungen beim Aufbau einer akkuraten Weltsicht unser tiefes Bedürfnis ist, kognitive Dissonanz zu vermeiden und etwas, woran wir bereits glauben, so zu belassen. Dies führt zu allen möglichen Maroten der Bestätigungsverzerrung, des richtungsabhängig motivierten Schlussfolgerns und der asymmetrischen Aktualisierung, die es uns erlaubt, zuwiderlaufende Informationen abzutun und nur Argumente zu akzeptieren, die unsere eigene Auffassung stützen.

Eine gewisse Skepsis ist jedoch nützlich, und Einstellungen sollten eine bestimmte Trägheit aufweisen – ansonsten würden wir wankelmütig werden und stets an das glauben, was wir zuletzt gehört haben [11]. Der Zynismus erlaubt es uns, zuwiderlaufende Informationen einfach abzutun; aber wenn wir zu offen werden, ist es leicht möglich, dass man uns überlistet. Die Welt der Medien ist voller Extreme, gegen die wir uns absichern müssen. Es geht nicht nur um die Blutspur, die dem journalistischen Klischee „Wenn es blutet, kommt es in die Schlagzeile" zugrunde liegt. Evan Davis, der Journalist von BBC, erzählt in seinem Buch über das Postfaktische von einem anderen Slogan in den Medien: „Zuerst vereinfachen, dann übertreiben". So, wie er es beschreibt, müssen diejenigen, die selbst in den Medien arbeiten, ihre Programme an Redakteure und das Publikum verkaufen. Und das bedeutet manchmal, dass sie versuchen müssen, etwas großartig klingen zu lassen, auch wenn das Material es nicht hergibt.

Davis stellt kurz dar, wie eine Tatsache berichtet wird und wie sie mit einer seriösen Interpretation versehen wird – aber dann wird sie „zu einer Größe aufgebauscht, die jenseits von allem liegt, was angemessen wäre". Man gerät dadurch entschieden einfacher in diese viel stärker verbreitete Falle als durch alles, was mit „Fake News" zusammenhängt [12].

James Pennebaker ist ein US-amerikanischer Sozialpsychologe, der vor allem durch seine Experimente bekannt geworden ist, durch die Folgendes nachgewiesen wurde: Es kann sich positiv auf unsere Gesundheit auswirken, wenn wir einfach nur über unsere Emotionen schreiben. Er weist auch auf eine aktivere Art und Weise hin, mit den Medien zu interagieren, und rät uns, dass wir die Methode ändern sollten, wie wir Nachrichten konsumieren: weg von einer passiven Empfänglichkeit und hin zum aktiven Nachdenken über die Informationen und hin zum Versuch, sie mit Sinn zu erfüllen. In unserer Online-Welt ähnelt dies den Lesestrategien mit Seitenblick, die von Faktenüberprüfern genutzt werden, indem sie beim Lesen Fakten verifizieren. Es mag zu anstrengend sein, dies die ganze Zeit über zu machen; doch wenn wir das etwas häufiger täten, könnte es hilfreich sein [13].

4. Andere Menschen sind nicht so, wie wir sie uns vorstellen

Wenn es um uns herum so viele verwirrende und offensichtlich widersprüchliche Informationen gibt, ist es verständlich, dass wir eine natürliche Tendenz haben, auf unsere unmittelbare Erfahrung zurückzufallen und folgende Annahme zu machen: Einige der größten Fehler, die wir bei unseren Einschätzungen beobachten können, können darauf zurückgeführt werden, dass wir meinen, wir und unser Freundeskreis seien völlig typisch. Das ist ein Problem, nicht nur weil wir oft nicht so typisch sind, wie wir meinen (wie bei den Indern, die online sind), sondern auch weil wir oft ziemlich unrecht haben im Hinblick auf unsere eigenen charakteristischen Merkmale (wenn wir beispielsweise unser eigenes Gewicht oder unseren Zuckerkonsum unterschätzen). Eine Beurteilung dessen, wie anders andere Menschen sind und wie irregeleitet wir im Hinblick auf uns selbst sein können, ist wichtig, wenn wir eine treffsichere Sicht der Welt entwickeln wollen. (Ich hoffe doch, wenn ich schon sonst nichts erreiche, dass dann zumindest die faktenbezogenen Daten über die Welt, die ich in diesem Buch präsentiert habe, Argumente für meine Auffassung liefern.)

5. Unser Fokus auf Extrembeispielen führt uns ebenfalls in die Irre

Andererseits gibt es auch viele Beispiele, in denen wir Stereotype über andere aufbauen und oft das Schlimmste annehmen. Wir müssen bedenken, wie sehr unsere Ansichten darüber durch diese eine lebhafte Anekdote beeinflusst werden, an die wir uns erinnern. Wir fühlen uns auf natürliche Weise zu Extrembeispielen hingezogen; dies bedeutet, dass wahre, aber ausgesprochen seltene Ereignisse oder Bevölkerungsgruppen mehr von unserer geistigen Kapazität in Anspruch nehmen, als es ihnen zusteht. Wir denken an mittellose Asylsuchende, wenn man uns zur Immigration befragt; wir denken an die eine lebhafte Geschichte über Mütter im Teenageralter, und wir werden abgelenkt vom Grauen des schrecklichsten terroristischen Vorfalls. Aber all das ist nicht repräsentativ – die meisten Dinge sind nicht so bemerkenswert. Das Durchschnittliche ist gewöhnlich langweiliger als ein Bild, das wir im Kopf haben.

Wenn man dies bekämpfen will, dann geht es teilweise nur darum, zu wissen, wo in der Gesellschaft man seinen Platz hat, ihre Diversität wertzuschätzen, aber auch darum, sich selbst für unterschiedliche Perspektiven zu öffnen.

6. Sehen wir unsere Welt ungefiltert

In unserer Existenz, die sich in zunehmendem Maße online abspielt, bedeutet die Öffnung unserer Perspektive, dass wir versuchen, unsere Filterblasen platzen zu lassen und aus unserer Echokammer auszubrechen. Wir sind kurz auf die Anstrengung eingegangen, die die gesamte Gesellschaft erfassen sollte und die nötig sein wird, um dies in einem gewissen Maße zu erreichen. Es gibt keine einfachen Antworten, aber es gibt Antworten, die alle benötigen (die Regierungen, die Technologieunternehmen, die Lehrer und die Forscher), damit sie sich damit beschäftigen. Angesichts der Entwicklung rund um den Facebook/Cambridge-Analytica-Skandal ist es wahrscheinlich, dass der Druck dahingehend zunimmt, zumindest etwas mehr Maßnahmen gegen so etwas zu ergreifen.

In der Zwischenzeit gibt es im persönlichen Bereich einige sehr praktische Schritte, die wir unternehmen können; dabei können wir die Werkzeuge nutzen, die in zunehmendem Maße verfügbar sind und die uns dabei helfen auszubrechen. Flipfeed beispielsweise erlaubt es Ihnen, in zufälliger Weise den Twitter-Feed von jemandem zusammen mit einer Ihnen diametral entgegengesetzten Ansicht zu sehen. Die App „Read Across The Aisle" positioniert sich selbst als heilsamer Beistand für unsere Bestätigungsverzerrung: „Diese App wird bemerken, wenn Sie es sich in Ihrer Filterblasen etwas zu bequem gemacht haben – und sie wird Sie daran erinnern, sich anzusehen, was andere Personen gerade lesen." [14].

Verkaufskanäle der etablierten Medien versuchen sich an ähnlichen Ansätzen. Das *Wall Street Journal* hat „Blue Feed, Red Feed" entwickelt, um über die unterschiedliche politische Verzerrung des Inhalts nachzudenken. „Outside Your Bubble" von BuzzFeed bezieht Meinungen vom gesamten Spektrum der Ansichten mit ein, und die wöchentliche Kolumne „Burst Your Bubble" im britischen *Guardian* kommentiert für die eher nach links neigende Leserschaft der Zeitung „fünf konservative Artikel, die lesenswert sind" [15].

7. Kritisches Denken, statistische Kompetenz und Kompetenz beim Lesen von Nachrichten sind schwer zu ändern, aber da lässt sich noch einiges machen

Ich hatte einmal eine spannende Diskussion mit einem Statistiker der Regierung und einem Wissenschaftler, der über Fehlwahrnehmungen arbeitete. Wir sprachen darüber, wie sehr die Menschen häufig bei Fragen über die Welt unrecht haben und dass dies für Statistiker schon lange ein Thema ist. Als wir in der Diskussion darauf kamen, was wir tun könnten, gelangten wir schnell zu statistischer Kompetenz und kritischem Denken und der Notwendigkeit, überall im Bildungssystem damit zu beginnen, dies schon früh zu entwickeln. Denn zum Zeitpunkt, wenn die Personen erwachsen sind, sei es zu spät. Wir argumentierten, dass wir Lehrveranstaltungen in statistischer Kompetenz und in der Kompetenz beim Lesen von Nachrichten sowie im kritischen Denken bräuchten. Sie sollten die Kinder dazu anregen, das, was man ihnen sagt, infrage zu stellen. Der Statistiker nickte traurig und sagte:

> Als ich mir die falsche Darstellung der Statistik ansah und bemerkte, wie dies Wahrnehmungen beeinflusst, dachte ich, dass es drei Wege gibt, um eine Veränderung zu bewirken: indem man den Lehrplan der Schulen verändert, indem man Politiker dazu bringt, Statistiken besser zu nutzen, oder

indem man sich auf die Medien konzentriert. Als Erstes entschied ich mich dafür, zu versuchen, die Politiker und die Medien zu verändern. Das vermittelt Ihnen vielleicht eine Vorstellung davon, wie schwer es ist, Einfluss auf den schulischen Lehrplan zu nehmen.

Das mag vielleicht defätistisch klingen, aber es ist zutiefst frustrierend, zu erkennen, wie abstrakt es sein kann, Statistik zu lehren. Es erzeugt bei den Kindern eine negative Einstellung gegenüber dem statistischen und dem kritischen Denken. Das ist tragisch, wo es doch eine große Anzahl von hervorragenden Beispielen aus der realen Welt gibt, die wir nutzen könnten, um ihr Interesse daran zu wecken.

Ich glaube jedoch, dass die zunehmende Konzentration auf die Lesekompetenz im Hinblick auf Nachrichten diese Blockierung lösen kann: Die neuen Fertigkeiten, die wir brauchen, um mit dem stark veränderten Informationsfluss umzugehen, stehen im Fokus unserer Anstrengungen, und es hat bereits bedeutsame Schritte gegeben, um dies in Ländern wie Italien in den zentralen Bereich des Lehrplans einzubauen. Es ist wahrhaftig zur sozialen, kulturellen und politischen Herausforderung unserer Zeit geworden, und diese Maßnahmen sind eine wichtige Antwort darauf.

Natürlich sollten wir nicht zu viel erwarten. Wir können nicht das ändern, was wir von Natur aus sind. Die Vorstellung von der Verbesserung unserer Fertigkeiten ist lediglich ein Patentrezept: Wir werden nicht in der Lage sein, unseren Kindern das Menschliche auszutreiben, und kritisches Denken ist kein universeller Schutz gegen Fehlwahrnehmungen. Aber die Schaffung „mobiler Enzyklopädien" ist nicht das Ziel; es geht vielmehr darum, die Menschen mit Werkzeugen zu versorgen, die einen immer zentraleren Stellenwert für eine effektive Bürgergesellschaft bekommen; und dazu gehört auch, dass wir unsere uns innewohnenden Verzerrungen erkennen.

8. Fakten zählen noch, und die Überprüfung der Fakten ist wichtig

Die wissenschaftliche Literatur über die Nutzung von Fakten, um Fehlwahrnehmungen zu korrigieren, erbrachte recht unterschiedliche Ergebnisse. Manchmal funktioniert es, manchmal funktioniert es in begrenzter Weise, und manchmal funktioniert es überhaupt nicht. Die Effekte scheinen manchmal über einen längeren Zeitraum erhalten zu bleiben und manchmal nicht. Es hängt sehr stark von dem Thema ab, um das es geht, und davon, wie es gemacht wird und welche Veränderungen wir erwarten; das reicht vom Faktenwissen über die Vorlieben in der Politik bis zu den Überzeugungen.

Wenn wir uns an die Theorie der kognitiven Dissonanz erinnern und berücksichtigen, was wir über die Art und Weise wissen, wie wir denken, ergibt dies durchaus einen Sinn. Wir suchen natürlich nach Informationen, die etwas bestätigen, und tun Informationen ab, die etwas widerlegen. Wenn die wissenschaftlichen Befunde den Punkt erreichen, an dem unsere Überzeugungen ins Wanken geraten, und genügend gegen unsere momentane Ansicht spricht, ändern wir unsere Meinung. Die Dissonanz ist emotional unangenehm, und obwohl wir an unseren momentanen Meinungen hängen, wird es weniger unangenehm sein, die Meinung zu ändern, als sich an sie zu klammern.

Die Botschaft lautet, dass wir Fehlwahrnehmungen nicht immer lediglich durch mehr Fakten abbauen können. Aber wir sollten es uns bestimmt nicht völlig abgewöhnen, auf Fakten zu vertrauen. Die Menschen weisen eine wunderbare Vielfalt auf, und unterschiedliche Ansätze sind bei unterschiedlichen Personen in unterschiedlichen Situationen erfolgreich.

Unabhängig von der Frage, wie effektiv die Korrektur von Menschen oder Informationen ist, gibt es da noch ethische Überlegungen. Es ist einfach falsch, Fakten missbräuchlich zu verwenden, und es sollte Verantwortung übernommen werden, vor allem wenn die Desinformation so bedeutsame Konsequenzen hat wie bei der Verabreichung eines Impfstoffes. Es ist einfach, aber nicht richtig, zu der Schlussfolgerung zu kommen, dass Menschen schlicht dumm sind, wenn sie in Wirklichkeit ausgebeutet oder von jenen im Stich gelassen werden, die die Informationen erzeugen und kontrollieren.

Ohne Abschreckungsmittel und ohne die Drohung, dass Meldungen aufgegriffen und korrigiert werden, wäre das Ausmaß der Desinformation viel schlimmer. Die Überprüfung der Fakten kann ein leichtes Abschreckungsmittel für diejenigen sein, denen wirklich alles egal ist, aber einige sind nicht so gleichgültig – und dass man eventuell zur Verantwortung gezogen wird, kann das Verhalten bereits ändern. Beispielsweise hat sich der Leiter einer großen Statistikabteilung in der britischen Regierung gewohnheitsmäßig folgendes Ziel gesetzt: Es sollte nicht möglich sein, dass er von Full Fact, einem britischen Faktenüberprüfer, kritisiert wird [16].

Natürlich geht es bei der Faktenüberprüfung um mehr als nur darum, Desinformationen zu korrigieren, die bereits auf der Welt sind, oder bei denjenigen ein Schamgefühl hervorzurufen, die sie erzeugen oder propagieren. Es geht immer stärker darum, als Erster dabei zu sein, die Faktenüberprüfung ins System einzubauen und die Desinformation zu stoppen, bevor sie beginnt. Wir müssen Engagement und Einfallsreichtum bei diesen Ansätzen aufbringen, etwas, was zumindest dem Niveau derjenigen gleichkommt, die Werkzeuge und Inhalte entwickeln, um Desinformationen zu verbreiten.

9. Wir müssen auch eine Geschichte erzählen

Obwohl Fakten wichtig sind, reichen sie angesichts der Art und Weise, wie unser Gehirn funktioniert, nicht aus. Wir müssen wissen, wie Menschen Fakten hören und sie nutzen, wie sie sie in Geschichten verwandeln, die vielleicht nicht immer zu den richtigen Schlussfolgerungen führen. Dies kommt zum Ausdruck in der Sorge des Psychologen Robert Cialdini über die Gefahren der Nutzung deskriptiver Normen (das ist das, was die Mehrheit denkt oder macht); und diese Normen sollen dann veranschaulichen, wie schwerwiegend ein Thema ist. Den Menschen zu sagen, dass die meisten Personen übergewichtig oder fettleibig sind, ist eine nützliche Tatsache, um uns einen Anstoß zu geben und uns aus unserer Selbstgefälligkeit zu holen. Aber wenn Menschen hören, dass Fettleibigkeit ein großes Problem ist, so ist dies zugleich auch mit dem echten Risiko verbunden, dass die Menschen heraushören, es sei normal. Wie wir wissen, folgen wir wie Schafe der Herde: Wenn wir hören, dass andere Menschen etwas machen, sind wir eher geneigt, es auch zu tun – auch wenn es schlecht für uns ist.

Das ist der Grund dafür, dass die Planer von Kampagnen zu umstrittenen Themen es gelernt haben, sich eher auf eine Geschichte zu konzentrieren als auf Statistiken. Wenn es darum geht, beispielsweise die Vorstellung der Menschen über den typischen Immigranten zu verändern, dann ist es sinnlos, die eigene Sache nur mit Zahlen zu vertreten. Wenn man das stereotype Bild ändern will, das die Menschen im Kopf haben, sollte der Fokus stattdessen darauf liegen, nur echte Beispiele mit echten Individuen zu präsentieren, die zufällig Immigranten sind.

Michael Shermer, ein Autor, der über naturwissenschaftliche Themen schreibt und Gründer der Skeptics Society ist, hebt die Maßnahmen hervor, die man ergreifen kann, um die Menschen davon zu überzeugen, welche Fehler in ihren Überzeugungen stecken. Dazu gehört auch Folgendes: die Bedeutung des Diskutierens, nicht des Angreifens. Dies geschieht, indem man anerkennt, dass man versteht, was einer Meinung zugrunde liegt, und versucht, zu zeigen, dass die Veränderung unseres Verständnisses der Fakten nicht notwendigerweise bedeuten muss, unsere gesamte Sicht der Welt verändern zu müssen [17].

Es gibt keinen Widerspruch zwischen Fakten und Geschichten; man muss sich nicht für eines von beiden entscheiden, um sein Argument anzubringen. Die Wirkkraft der Geschichten auf uns bedeutet, dass wir die Menschen dazu bringen müssen, sich auf beides einzulassen.

10. Sich besser und tief gehender auf etwas einzulassen, ist möglich

Die Verfechter der Auffassung vom „rationalen Unwissen" in der Schule des Skeptizismus argumentieren, dass wir das unverarbeitete Wissen zu Fragen der Politik und der Gesellschaft eigentlich nicht so richtig verändern können – es handelte sich um ein so lange bestehendes und derartig konsistentes Muster, dass es schwierig ist, zu verstehen, warum es sich ändern sollte. Aber die Verfechter der Auffassung vom rationalen Unwissen weisen auch auf das Potenzial einer informierten Bedächtigkeit hin. Die US-amerikanischen Politikwissenschaftler Bruce Ackerman und James Fishkin legten im Jahr 2012 eine ziemlich radikale Idee der landesweiten Bedächtigkeitstage vor, bei denen die Bürger aufgefordert werden, sich in aller Öffentlichkeit an Diskussionen über die Gemeinschaft zu beteiligen [18]. Vor jeder Wahl würde es einen landesweiten Feiertag geben, und die Menschen würden in Gruppen von 500 oder mehr zusammenkommen, um sich Präsentationen anzuhören und Experten oder Abgeordneten Fragen zu stellen. Es würden Anreize für die Anwesenheit bei solchen Ereignissen geschaffen, und es gäbe Strafen für Arbeitgeber, die ihre Mitarbeiter zwingen zu arbeiten. Es wäre eindeutig kein kostenneutraler Ansatz, aber es handelte sich möglicherweise um gut verwendetes Geld.

Damit gehen natürlich eine Reihe von Herausforderungen einher: die Zweckmäßigkeit und die Kosten; die Anfälligkeit für Manipulation und für subjektiv wahrgenommene Manipulation; die riesige Vielfalt von Dingen, die die Menschen wissen müssten – würde ein Tag, eine Woche oder gar ein Jahr dafür ausreichen?

Ich habe das Potenzial für ähnliche Ideen aus eigener Erfahrung direkt miterleben können. Wir haben für die Regierung und andere unsere eigenen Beratungsversammlungen veranstaltet, für einen Tag, ein Wochenende oder manchmal länger. Hier ging es um einige extrem komplexe Themen, um die Zukunft der Städte, um die Zukunft der sozialen Versorgung, um die Akzeptanz genetisch veränderter Nahrungsmittel, um unsere Sorgen im Zusammenhang mit der künstlichen Intelligenz – und sogar um unglaublich langweilige Themen, so etwa, wie man die Menschen am Gesetzgebungsverfahren der

Regierung beteiligen kann. Unweigerlich kann man beobachten, wie sich die Meinungen der Menschen verändern, wenn sie mehr darüber hören und wenn sie ihre eigene Denkweise und die anderer infrage stellen. Menschen sind offener für Belege, eher bereit zuzuhören und, ja, sie verändern in solchen Zusammenhängen sogar ihre Meinung. Sie stellen, wenn überhaupt, ihre Ansicht über die Welt nur selten vollständig auf den Kopf, doch das ist ja auch nicht das Ziel. Wie schnell das alles natürlich außerhalb der künstlichen Umgebung des Bedächtigkeitstags oder eines öffentlichen Dialogereignisses wieder abnimmt, ist nicht ganz klar. Die Gesamtwirkung des Ansatzes ist noch nicht erfasst worden, weil er noch nie vollständig umgesetzt worden ist.

Das Potenzial ist jedoch vorhanden und nimmt wohl in dem Maße zu, in dem neue Technologien virtuelle Ansätze im Hinblick auf diese Techniken realisierbarer und stabiler machen. Es gibt zahlreiche aufregende Ansätze bezüglich des digitalen Dialogs und des Engagements, die sich im Anfangsstadium befinden und in allen möglichen Umgebungen ausprobiert werden. Es ist heute viel eher möglich, Menschen mit einer viel breiteren Vielfalt von Ideen, einem Gespräch und wissenschaftlichen Befunden in Kontakt zu bringen, als dies früher der Fall war. Hier handelt es sich eher um Ergänzungen als um einen Ersatz für die demokratische Verantwortung – die meisten Menschen haben weder die Fertigkeiten noch die Zeit noch die Neigung, aktiv eine Regierung zu unterstützen – aber sie können immer noch insofern eine wichtige Rolle spielen, als sie sich informieren und sich engagieren [19].

*

Es gibt keine Zauberformel dafür, wie wir mit unseren Fehlwahrnehmungen umgehen sollen: Sie sind so weit verbreitet und bestehen schon so lange, weil sie fest mit der Art und Weise verbunden sind, wie wir denken. Aber es gibt wirklich praktische Dinge, die wir machen können. Wir müssen nicht von Fakten Abstand nehmen, um zuzugestehen, dass Emotionen wichtig sind. Tatsächlich handelt es sich um eine falsche Unterscheidung, weil beides unauflösbar miteinander verbunden ist [20]. Wir sind weit davon entfernt, perfekt informiert oder rationale Lebewesen zu sein, wie es in diesem Buch immer wieder betont wird. Wir sind aber auch keine Automaten, blind gegenüber Belegen, unveränderlich in unseren Ansichten oder allein dadurch gesteuert, dass wir uns schützend vor eine einzelne feste Identität stellen.

Ich hoffe, dieses Buch hat Ihr Augenmerk darauf gerichtet, dass die Dinge nicht so schlecht sind, wie sie manchmal dargestellt werden – und dies auf zwei Arten. Erstens: Obwohl die Welt von fantastischer (und manchmal von weniger fantastischer) Vielfalt ist, ist sie häufig überhaupt nicht so schlecht, wie wir meinen. Zweitens: Obwohl wir vielleicht Fehler machen, sind wir nicht so dumm, halsstarrig und engstirnig, wie wir uns das vorstellen. Wir ändern tatsächlich unsere Meinung, auch wenn das nicht leichthin geschieht. Ein besseres Verständnis unserer Marotten bedeutet nicht, dass wir ihnen sklavisch ergeben sein müssen oder dass wir vollständig vorhersagbar sind. Ich müsste eigentlich nicht eine solche Abwehrhaltung einnehmen wie junge Leute in meinen Psychologieseminaren.

Ebenso wie wir unsere Fehlwahrnehmungen nicht völlig verlernen können, sollten wir sie nicht ignorieren. Sie sind für sich genommen wertvoll in Bezug auf das, was sie uns darüber sagen, wie wir denken, worum wir uns Sorgen machen, wie wir uns im Verhältnis zu anderen sehen, was unserer Meinung nach die Norm ist und daher wie wir wahrscheinlich selbst handeln werden. Wir können sehr viel dadurch lernen, dass wir verstehen, warum wir so oft unrecht haben.

Literatur

1. Bell, C. (2017). Fake News: Five French Election Stories Debunked. Abgerufen am 29. April 2020 von http://www.bbc.co.uk/news/world-europe-39265777
2. d'Ancona, M. (2017). *Post-Truth: The New War on Truth and How to Fight Back.* Ebury Press.
3. European Commission (ohne Jahresangabe). Public Opinion – Eurobarometer Interactive. Abgerufen am 29. April 2020 von http://ec.europa.eu/COMMFrontOffice/publicopinion/index.cfm
4. Mance, H. (2016). Britain Has Had Enough of Experts, Says Gove. Abgerufen am 29. April 2020 von https://www.ft.com/content/3be49734-29cb-11e6-83e4-abc22d5d108c
5. LSE Public Lectures and Events (2012). In Conversation with Daniel Kahneman [mp3]. Abgerufen am 29. April 2020 von https://richmedia.lse.ac.uk/publiclecturesandevents/20120601_1300_inConversationWithDanielKahneman.mp3
6. Ebenda
7. Tversky, A. & Kahneman, D. (1974). Judgement under Uncertainty: Heuristics and Biases. *Science, 185*(4157), 1124–1131. Abgerufen am 29. April 2020 von https://doi.org/10.1126/science.185.4157.1124
8. Dobelli, R. (2014). *The Art of Thinking Clearly: Better Thinking, Better Decisions.* HarperCollins.
9. Marshall, A. G. (2015). *Wake Up and Change Your Life: How to Survive a Crisis and be Stronger, Wiser and Happier.* Marshall Method Publishing.

10. Greenspan, S. (2009). *Annals of Gullibility: Why We Get Duped and How to Avoid It.* Praeger.
11. Taber, C. S. & Lodge, M. (2006). Motivated Skepticism in the Evaluation of Political Beliefs. *American Journal of Political Science, 50*(3), 755–769.
12. Davis, E. (2017). *Post-Truth: Why We Have Reached Peak Bullshit and What We Can Do about It.* Little, Brown.
13. Pennebaker, J.W. & Evans, J.F. (2014). *Expressive Writing: Words that Heal.* Idyll Arbor.
14. Read Across the Aisle (ohne Jahresangabe). A Fitbit For Your Filter Bubble. Abgerufen am 29. April 2020 von http://www.readacrosstheaisle.com/
15. Wardle, C. & Derakhshan, H. (2017). Information Disorder: Toward an Interdisciplinary Framework for Research and Policy Making. Abgerufen am 29. April 2020 von https://rm.coe.int/information-disorder-toward-an-interdisciplinary-framework-for-research/168076277c
16. Sippit, A. (2017). Interview Conducted by Bobby Duffy with Amy Sippit at FullFact. London.
17. Shermer, M. (2016). When Facts Backfire. *Scientific American, 316*(1), 69. https://doi.org/10.1038/scientificamerican0117-69
18. Ackerman, B. & Fishkin, J. S. (2008). *Deliberation Day. In Debating Deliberative Democracy* (S. 7–30). Yale University Press. https://doi.org/10.1002/9780470690734.ch1
19. Mulgan, G. (2015). Designing Digital Democracy: A Short Guide. Abgerufen am 29. April 2020 von https://www.nesta.org.uk/blog/designing-digital-democracy-short-guide
20. Lakoff, G. (2010). Why „Rational Reason" Doesn't Work in Contemporary Politics. Abgerufen am 29. April 2020 von http://www.truth-out.org/buzzflash/commentary/george-lakoff-why-rational-reason-doesnt-work-in-contemporary-politics/8893-george-lakoff-why-rational-reason-doesnt-work-in-contemporary-politics

Anmerkungen

Alle Daten zu den Tücken der Wahrnehmung lassen sich unter https://perils.ipsos.com/ finden, und ein vollständiges Archiv aller Arbeiten zu den Tücken der Wahrnehmung gibt es unter: https://perils.ipsos.com/archive/index.html (abgerufen am 4. Mai 2020)

Duffy, B. & Stannard, J. (2017). The Perils of Perception 2017. Abgerufen am 4. Mai 2020 von https://www.ipsos.com/ipsos-mori/en-uk/perils-perception-2017

Duffy, B. (2016). The Perils of Perception 2016. Abgerufen am 4. Mai 2020 von https://www.ipsos.com/en/perils-perception-2016

Duffy, B. & Stannard, J. (2015). The Perils of Perception 2015. Abgerufen am 4. Mai 2020 von https://www.ipsos.com/ipsos-mori/en-uk/perils-perception-2015

Duffy, B. (2014). Perceptions Are Not Reality: Things the World Gets Wrong. Abgerufen am 4. Mai 2020 von https://www.ipsos.com/ipsos-mori/en-uk/perceptions-are-not-reality-things-world-gets-wrong

Stichwortverzeichnis

ABC 124
Abhängigkeit 39
Absicherung XX, 212
Abstumpfung 187
Abtreibung 79
Ackerman, Bruce 224
Adams, Franklin Pierce 184
Aderlass 19
Adipositas 4
African National Congress (ANC) 121
Aktualisierung, asymmetrische 17, 217
Alaska (USA) 118
Alexa 30
Algorithmen 157, 170, 173
Alkohol 47, 115
Allmendeklemme X
Alternative für Deutschland (AfD) 73
Altersversorgung 60, 63, 64
    Kanada 61
American Society for the Prevention of Cruelty to Animals 40
Andersen, Kurt 146
Ankereffekt 89
Annals of Gullibility (Greenspan) 217
Ansteckung, emotionale 188

Anzahl der Immigranten 74
Arbeitslosigkeit 125, 126
Arbeitswelt, digitale 59
Arendt, Hannah 160
Argentinien
    Anzahl der Immigranten 74
Ariely, Dan 89, 214
Aristoteles 119
Armstrong, Neil XII
Armut 2, 180–182, 186, 187
Asch, Solomon 10, 214
Asthma 110
Asylsuchende 76, 219
Atlantic 146
Aufklärung jetzt (Pinker) 111
Ausbalanciertheit 17
Ausdrucksfähigkeit, emotionale 200
Auslandshilfe 179
Australien
    Altersversorgung 61, 63
    Anzahl der Sexualpartner 32, 34
    Höhlenmenschen und Dinosaurier XIII
    Informationskrieg 159
    Lebenserwartung 59
    sexuelle Aktivität 36

Sport 6
Straftaten 104
Verlangen nach einem starken Führer 202
Zuckerkonsum 6
Autism's False Prophets (Offit) 14
Autismus 14–17
Autofahren, Fähigkeit zum 21

Bacon, Francis 42
Bananen 138
Banks, Arron 142
Basketball 106
Beckwé, Mieke 103
Bedächtigkeitstage 224, 225
Bedrohung, kulturelle 74
Behavioural Insights Team 9
Belgien
    Bevölkerungsanteil der Muslime 85
    Gefängnispopulation 85
    Immigration 84
    Muslime, Bevölkerungsanteil der 86
    negative Einstellung 186
Benartzi, Shlomo 61
Berichterstattung, ausgewogene 17
Besser-als-der-Durchschnitt-Effekt 23, 48
Bestätigungsverzerrung 40, 127, 161
Bestenverzeichnis der Fehlwahrnehmungen 196
Bevölkerung, alternde XIII
Bevölkerungsanteil der Muslime 86, 90
Bewegung des neuen Optimismus 191
Bier 47, 114
Bildungsniveau
    Rangliste in Bezug auf Fehlwahrnehmungen 198, 201
Black Mirror XXII
BlackLivesMatter 215
Blair, Antony ,Tony' 100
Blinder, Scott 76

Blue Feed, Red Feed 220
Bluthunde 41
Bode, Leticia 171
Body-Mass-Index (BMI) 3, 6
Bosnien
    Krieg (1992–5) 150
Bower, Eleanor XX
Bowie, David 186
Brand, Russell IX
Brasilien
    Anzahl der Immigranten 74
    Diabetes 11
    Gleichstellung der Geschlechter 122
    Immigrationszahlen 93
    Mordrate 101
    Ungleichheit in Bezug auf Reichtum 68
Brasseye 144
Brexit (2016–) XXIII, 107, 134, 136, 138, 139, 142, 210
British Broadcasting Corporation (BBC) 139, 174, 217
British Petroleum (BP) 156
Bush, George Walker 145
Buzzfeed 143, 159

Cacioppo 91
Cage, Nicolas 170, 198
Cambridge Analytica XXII, 158, 159, 166, 170, 219
Cameron, David 19, 113
Campbell, Angus 78
Carey, James 161
Casey, Louise 100
China XII
    Altersversorgung 61
    Große Mauer XI, XII
    Internetzugang 164
    Investition im Vereinigten Königreich 136
    Mordrate 102

Übergewicht 3
und Facebook 168
und US-Präsidentschaftswahlen
    (2016) 148, 149
Ungleichheit in Bezug auf Reichtum
    69
Choramine 144
Christakis, Nicholas 6
Christentum 101, 209
Cialdini, Robert 10, 223
Clinton, Hillary 148, 150
Clinton, William, Bill 31, 150
Colbert, Stephen 145
Colorado (USA) 40
covfefe XXIII
Cramer, Katie 126, 127
Culture Map, The (Meyer) 200

d'Ancona, Matthew 133
Daily Mail XXI, 82, 85
Daily Mash, The 157
Dänemark
    Homosexualität 48
    Selbstsicherheit 205
    Straftaten 104
Dartmouth College XVI
Darwin, Charles 44
Davis, Evan 217
Day Today, The 144
Delaware (USA) 118
Denken, kritisches 136, 169, 174, 212,
    220, 221
Denver Post 40
Depression 2, 19, 156
Deroost, Natacha 103
Desinformation 160, 169, 170, 173,
    174, 209, 215, 222, 223
Deutschland
    Alternative für Deutschland (AfD)
        73
    Altersversorgung 63

Anzahl der Immigranten 74
Beitrag zum Etat der EU 134
Bevölkerung, alternde XIII
Gleichstellung der Geschlechter 122
Immigration 84
Rangliste in Bezug auf Fehlwahr-
    nehmungen 196
Schwangerschaft von Teenagern 39
sexuelle Aktivität 36
Sport 6
Ungleichheit in Bezug auf Reichtum
    65
Vertrauen in die Regierung 210
Zuckerkonsum 6
Diabetes 11, 13, 204
Die Ökonomische Theorie der Demo-
    kratie
    Downs, Anthony 116
„Die Weisheit der Vielen" 147
digital astroturfing 160
Dissonanz, kognitive 43, 222
Dobelli, Rolf 44, 214
Dobermänner 41
double entendre (Mehrdeutigkeit) 144
Downs, Anthony 116
Drogenkonsum 24
Duke University 89
Dunning, David 204
Dunning-Kruger-Effekt 204, 205

Echokammer XXII, 157, 219
Effekt des falschen Konsenses 165
Eindrucksmanagement 24, 162
Einstellung
    negative 180, 182, 184, 185, 187,
        190, 221
    positive 190, 191
    und Motivation 70
Eisenhower, Dwight 14
El Puente 144
Elektrifizierung 186

Elemente und Ursprünge totaler Herrschaft (Hannah Ahrendt) 160
Eltern, Leben bei den 57
Emissionen
    Kohlendioxid 186
Entdecken von Fake News 174
Entwicklung, internationaler 179
Entwicklungshilfe 179
Entwicklungszusammenarbeit 179
Erasmus Universität 101
Erde ist eine Scheibe XIII
Ernährung 1, 3, 4, 6, 62, 64
Erwünschtheit, soziale 162
Erziehung
    Sexualaufklärung 30
Ethylquecksilber 14
EU-Referendum 119
Europa
    Ungleichheit in Bezug auf Reichtum 66
Europäische Union 134, 136, 138, 142
    Bananen 137
    Brexit (2016) 107, 134, 136, 138, 139, 142, 210
    Brexit XXIII
    Etat 134, 140, 209
    Immigration 81
    Investitionen im Vereinigten Königreich 136
    StratCom Task Force 159
    Übergewicht 3
    Vertrauen in die Regierung 210
Experten 224

F

Facebook XIV, XXII, 157, 158, 166, 168–171
    Mitgliedschaft bei 167
Fake News XIV, XXI, 106, 107, 133, 142, 143, 145, 159, 174, 209
Fakten
    alternative XXIII
    die gelehrt werden 117
    zur Kontrolle der Macht 117
Faktenüberprüfung 171, 172, 174, 222
Falschinformation XIV
Farage, Nigel 140
Fechner, Gustav 92
Fehlinformation 14, 30
Fehlwahrnehmungen 69, 74, 76, 77, 102, 115, 133, 137, 144, 151, 202, 214, 221
    Rangliste der Länder in Bezug auf 202
    und politische Vorlieben 202
Festinger, Leon 42, 157
Fettkonsum 1
Fettleibigkeit 204
Filterblasen XXII, 156, 170, 171, 219, 220
    Platzen der 171
Finanzkrise (2008) 126
Fishkin, James 224
Fitbit 9
Flipfeed 219
Flüchtlinge 76, 189
Fortune-500-Unternehmen 120
Fowler, James 6
Fox News XXI, 203
Fox, Vincente 150
Franciscus, Papst 143
Franklin, Mark 115, 116
Frankreich 210
    Altersversorgung 63
    Anzahl der Immigranten 74
    Beitrag zum Etat der EU 134
    Bürgerkrieg (1648–1653) XXIII
    christliche Bevölkerungsgruppe 209
    Erde ist eine Scheibe XIII
    Front Nationale 76
    Immigration 84
    Impfrate 183
    jüdische Bevölkerungsgruppe 209

La République en Marche 151
muslimische Bevölkerungsgruppe 210
muslimischer Bevölkerungsanteil 86
Präsidentschaftswahl (2017) 210
Sport 6
Suffragettenbewegung 119
Terrorismus 109
und Gefängnispopulation 84
Ungleichheit in Bezug auf Reichtum 66, 69
Verlangen nach einem starken Führer 202
Wahlbeteiligung 115
Wählen 119
Zuckerkonsum 6
Frauen, Gleichstellung von 119
Frauentag, internationaler 119
Freie Universität Brüssel 103
Front Nationale 76
Frühling, arabischer 215
Fünf-Sterne-Bewegung 15, 151

Gallup 117
Galton, Francis 147
Galtung, Johan Vincent 104
Gapminder 180, 181
Gefängnisinsassen 84, 85
Geld
    Altersversorgung 60, 61, 64
    Armut 181, 182, 186
    Eltern, Leben bei den 57
    Kinder, Gesamtkosten des Großziehens von. 56
    Rabatte 53
    Rentenplan 53
George Washington University 79
Geschichtenerzählen 197
Gesundheit
    Ernährung XXIII, 1, 3, 4, 6, 25, 62, 64
    Gewicht XVII, 4, 6, 204
    Glück 2, 19, 20, 24
    Impfung 14–17
    Rauchen 43
    Sport 1, 9, 25
    Sport treiben XVII
    Zuckerkonsum XVII
Gewalt: eine neue Geschichte der Menschheit (Pinker) 184
Gewerkschaften 130
Gewicht 4
Gleichgültigkeit 131, 187
Gleichheit ist Glück (Pickett & Wilkinson) 65
Gleichstellung 131
    der Geschlechter 121
Global Gender Gap Report 119
Globale Terrorismus-Datenbank (GTD) 108
Glück 2, 19, 20, 24, 93
Google 155, 156, 170
Gorgias (Plato) 118
Gottschall, Jonathan 37
Gove, Michael 210
Greenspan, Stephen 217
Grillo, Beppe 15
Großbritannien
    Terrorismus 109
    Wahlbeteiligung 115
Große Mauer
    China XI
Guardian 82, 220
Guay, Brian XX

Habermas, Jürgen 158
Handfeuerwaffen 135
Harcup, Tony 104, 105
Harvard University 107

Heath, Chip und Dan 42
Heffernan, Margret 156
Herdenimmunitätsschwelle 18
Heuristik 69, 157
   Redefluss 139
History of Murder, A (Spierenberg) 101
HIV 30
Höhlenbewohner 90
Höhlenmenschen XIII
Homosexualität 48–50
Horizon 17
How America Lost its Mind (Andersen) 146
Hundeattacken 40
Hundebisse 41
Huxley, Aldous 95

Identitätspolitik 127, 129, 130, 150, 215
Ilinois (USA) 42
Immigranten 76
Immigration 74, 76, 81, 83, 93–95, 203, 204
   Asylsuchende/Flüchtlinge 76, 83, 219
   Besorgnis um die 203
   Gefängnisinsassen 85, 201
   Gefängnispopulation 85
   illegale 78
   in der Vorstellung 76
   Kriminalität 83, 85
   Medien 81, 83
   Nettonutzen der 95
   und Jobs 80
   und Terrorismus 84
   Zahlen 74
Immunisierung 182
Impfinformationszentrum, nationales 17
Impfrate 183
Impfung 14, 15, 17
   gegen Masern, Mumps und Röteln 14
   Zugang zu 182
Indiana University XX, 31
Indien
   Altersversorgung 61
   Diabetes 11
   Facebook-Nutzung 168
   Geschlechterrolle 120
   Internetzugang 163, 205
   Preisverleihung für Fehlwahrnehmungen 196
   Selbstsicherheit 205
   Stimmrecht von Frauen 119
   Übergewicht 3
   Ungleichheit in Bezug auf Reichtum 69
Indonesien 48, 86
Information
   negative 91, 182, 189
      Anziehung durch 189
   positive 91
Informationsunordnung 159
Internationaler medizinischer Rat zu Impfungen 17
Internet XVII, 156
   akustische Manipulation 170
   Desinformation XXI, 159
   digital astroturfing 160
   Fake News XXI, 106, 133, 143, 159, 174
   Faktenüberprüfung 174
   Filterblasen XXII, 156
   Informationskrieg 159
   Lesefähigkeit für Nachrichten 174
   Überwachung im XXII, 156–158
   visuelle Manipulation 170
Internetzugang 162, 163, 205
   ökonomischer Wert 162
   sozialer Wert 162
iPhone 55
Irak 79
Irreführung 130, 133, 135, 139

Islam 74, 85, 89, 90, 101, 209
Islamifizierung 86
Israel
    Anzahl der Immigranten 74
    Internetzugang 164
    Ungleichheit in Bezug auf Reichtum 68
Italien
    Arbeitslosigkeit 125, 126
    Beitrag zum Etat der EU 134
    Bevölkerung, alternde XIII
    Diabetes 12
    Eltern, Leben bei den 57
    emotionale Ausdrucksfähigkeit 195
    Fünf-Sterne-Bewegung 15, 151
    Immigration 84
    Impfung 15
    Kriminalität unter Immigranten 83
    Lega Nord 76
    Lesekompetenz in Bezug auf Nachrichten 221
    Preisverleihung für die Tücken der Wahrnehmung 195
    Preisverleihung für Fehlwahrnehmungen 195
    Rangliste in Bezug auf Fehlwahrnehmungen 197
    Stimmrecht von Frauen 119
    Straftaten 104
    Verlangen nach einem starken Führer 202
    Wahlbeteiligung 115
    Wählen 119

Japan
    Altersversorgung 61
    Gleichstellung der Geschlechter 122
    PISA-Ranglisten 201
    Übergewicht 3
Johnson, Boris 113, 138–140
Judentum 101, 209

Kahan, Dan 136
Kahneman, Daniel XII, 5, 20, 56, 89, 134, 137, 212
Kanada
    Altersversorgung 63
    Geschlechterrolle 120
    Glück 21
    Mordrate 101
    PISA-Ranglisten 201
    Sport 6
    Zuckerkonsum 6
Kapital und Ideologie (Piketty) 65
Kenia
    Impfrate 183
Kennedy Jr., Robert 15
Kinder, Gesamtkosten des Großziehens von 55, 56
Klimawandel 17, 186, 190
Kohärenz, willkürliche 89
Kohlendioxid
    Emissionen 186
Kokain 24
Kompetenz
    beim Lesen von Nachrichten 199, 220
    in statistischen Fragen 199, 220
Konsens, Effekt des falschen 165
Konsonanz 39
    kognitive 157
Körperflüssigkeiten, vier 19
Korrelation 106, 197
    unechte 198
Kosovo
    Krieg (1998–9) 150
Kraftstoff, fossiler 186
Krankschreibung 8
Kriminalität 79, 83, 84, 99, 100, 102, 103, 105, 107
    Gefängnisinsassen 85
    Handfeuerwaffen 135
    Immigration 83–85
    körperliche Züchtigung 100

Medien 85, 100
    mit Schusswaffen 102
    Mord 101
    Rechenschwäche, emotionale XX
    rosige Retrospektion 103
    Terrorismus XVI, 74, 105, 107
    unter Migranten 79
Kriminalitätsrate 102
Kruger, Justin 204
Künstliche Intelligenz (KI) 224

L

La République en Marche 151
Labradore 40
Lamb, Norman 140
Landy, David XX
Laplace, Pierre-Simon XVIII
Larry King Live 17
Lebenserwartung 59, 186
Lega Nord 76
Lerner, Jennifer 107
Lesefähigkeit 174
    für Nachrichten 174
Lesen von Nachrichten
    Kompetenz beim 199
Lewinsky, Monica 31
Lewis, Stewart 144
Liberaldemokraten 76
Loewenstein, George 89
Ludwig XIV., König von Frankreich XXIII
Lügendetektor 33
Lungenkrebs 43

M

Magnetresonanztomografie (MRI) XVIII, 91
Malaysia 48
    Diabetes 11
Malediven 63, 64

Manchester Guardian 99
Masern 15, 17
    Mumps und Röteln, Impfung gegen 15, 17
Massachusetts Institute of Technology 169
Massenvernichtungswaffen 79
McCarthy, Jenny 18
Medien XXI, XXII, 83
    Abhängigkeit 39
    aktives Denken 218
    akustische Manipulation 170
    Ausbalanciertheit 17
    Desinformation XXI, 169
    digital astroturfing 160
    Fake News XXI, 106, 107, 133, 143, 170, 174, 209, 218
    Fehlwahrnehmungen 203
    Filterblasen XXII, 171
    Immigration 81, 83, 85, 204
    Islam 90
    Kompetenz beim Lesen von Nachrichten 220
    Konsonanz 39
    Kriminalität 85, 106
    Lesefähigkeit für Nachrichten 174
    Lesekompetenz in Bezug auf Nachrichten 221
    Mord 110
    Nachrichtenwert 115, 184
    Terrorismus 110, 204
    Überwachung XXII
    und Optimismus 187
    Vertrauen in die Regierung 210
    visuelle Manipulation 170
    Wählen 115
    Zuerst vereinfachen, dann übertreiben 217
MeeToo 215
Memoria praeteritorum bonorum 103
Mexiko
    Diabetes 11

Geschlechterrolle 120
Gleichstellung der Geschlechter 122
Preisverleihung für Fehlwahr-
    nehmungen 196
und die Präsidentschaftswahlen
    (2016) 150
und US-Präsidentschaftswahlen
    (2016) 148
Meyer, Erin 200
Mill, John Stuart 119, 172
Millennials 57
Minnesota (USA) 18
Mitchell, Terence 103
Montenegro 15
    Selbstsicherheit 205
Mord 101
Mordrate 101, 186
More Buck For Your Bang 198
Morris, Christopher 144
Muir, David 124
Münzwurf XVIII

Nachrichtenwert 104
Nachrichtenwürdigkeit 104
Nahrungsmittel, genetisch veränderte 224
Napoleon I., Kaiser von Frankreich 144
Narrativ 17, 37, 197
National Autistic Society 15, 18
National Sheriff's Association 106
Nationalarchiv XXIII
Nationaler Gesundheitsdienst (NHS) 140
Nativismus 73
Naughton, James 173
Nelson, Fraser 105
Netflix 57
Nettonutzen der Immigration 95
New Jersey, USA 47
New York 189

New York Times 146
Niederlande 73
    Altersversorgung 61
    Immigration 73
    Kriminalität unter Immigranten 84
    Partij voor de Vrijheid (PVV) 73
    politische Parteien 130
    Population der Gefängnisinsassen 84
Nigeria
    Impfrate 183
Nordirland 109
Normale, Ausrichtung auf das 11
Norwegen
    Eltern, Leben bei den 57
    Homosexualität 48
    und Gefängnispopulation 84
Nudge (Thaler und Sunstein) 54
Nyhan, Brendon XVI

O'Neill, Deirdre 104, 105
Oak Park 42
Obama, Barack 111, 161, 170
Obst oder Gemüse, fünfmal am Tag 64
Offit, Paul 13, 14, 18
Ohio State University 79
Olympische Spiele 106
Opiate 24
Optimismus 187
    Bewegung des neuen 187, 191
Organisation für wirtschaftliche
    Kooperation und Entwicklung
    (OECD) 19
Organisation, wohltätige 188
Outside Your Bubble 220
Oxford Dictionary XV

Pagnocelli, Nando 196
Pandabär 186

Pariser, Eli 156
Partei, politische 127, 129
   Vorlieben für 202
Parteien, politische 76
Partij voor de Vrijheid (PVV) 73
Paulhus, Delroy 144
Paxman, Jeremy 113
Penisgröße 30
Pennebaker, James 218
Peru
   Internetzugang 164, 206
   Mordrate 101
   Selbstsicherheit 206
Pew Research Center 48, 86
Philippinen
   Internetzugang 206
   Selbstsicherheit 205
Photoshop für Audio 170
Pinker, Steven 111, 184
PISA-Ranglisten
   und Rangliste in Bezug auf Fehlwahrnehmungen 201
Pitbulls 41, 42
Placebo-Fehlwahrnehmungen 144
Platon XIV, 118, 204
Polio 13
Politics of Resentment, The (Kramer) 126
Pornografie 29, 170
Porter, Ethan 79
postfaktisch XV, 133, 145, 210, 217
Präsidentschaftskampagne im Jahr 2016 30
Preisverleihung für die Tücken der Wahrnehmung 195
Prelec, Drazen 89
Princeton University 47, 115
Profile, psychografische 166
Programme for International Student Assessment (PISA) 201
Prospect 173
Prozentsätze XIX

Psychophysik XX, 93, 94, 125, 183, 212, 214

Q

Question Time 139

R

Rabatte 53
Rachepornos 170
Rahmung, negative 92
Rangliste der Länder in Bezug auf Fehlwahrnehmungen 205
Read Across The Aisle 220
Reagan, Ronald 14
Realität
   individuelle XIII, XVII, XXII
   politische XIII
   soziale XIII
Realitätsüberprüfung 174
Reality Check Roadshow 174
Rechenschwäche, emotionale XIX, 58, 68, 74, 187, 212, 215
Reichtumskonzentration 69
Reichtumspyramide 65
Reichtumsungleichheit 69
Reichtumsverteilung 66
Religion 74, 89, 90
   Christentum 101, 209
   Islam 85, 86, 89, 90, 101, 209
   Judentum 101, 210
   politische Parteien 130
   Zehn Gebote 101
Rente XVI
Rentenlücke 63
Rentenplan 53
Republikanische Partei XXI, 203
Retrospektion, rosige 103, 110, 133, 211, 216
Richtungsziele 58
Risiko 16, 53

dass die Sache nach hinten losgeht 79
Roberts, David 190
Rolling Stone 17
Rom, antikes 103
Roosevelt, Franklin 13
Roser, Max 184
Rosling-Familie 180, 181
Ross, Lee 165, 214
Roth-Test 46
Rove, Karl 146
Royal Statistical Society XIX
Ruge, Mari 104
Russland
    digital astroturfing 160
    Gleichstellung der Geschlechter 122
    Glück 20
    Informationskrieg 159, 160
    Terrorismus 109
    Übergewicht 3
    und die US-Präsidentschaftswahlen (2016) XXI, 148, 149
    und Facebook 168
    Ungleichheit in Bezug auf Reichtum 65, 66, 68

Säfte des Körpers, sogenannte 19
Saudi-Arabien 3
    Anzahl der Immigranten 74
    Übergewicht 3
Save More Tomorrow 62
Schädel, Öffnung des 19
Schamkluft 8
Schamlücke 64
Scheinkorrelationen 198
Schimpansen 181
Schlussfolgern, gerichtetes motiviertes 134, 217
Schneeräumen 120
Schnelles Denken – langsames Denken (Kahneman) 213

Schwangerschaft von Mädchen im Teenageralter 40, 201
Schweden 181
    Eltern, Leben bei den 57
    Gapminder 180, 181, 184
    Gleichstellung der Geschlechter 121
    Glück 20
    Immigration 93
    Mordrate 101
    negative Einstellung 186
    PISA-Ranglisten 201
    positive Einstellung 185
    Rangliste in Bezug auf Fehlwahrnehmungen 196
    Schneeräumen 120
    sexuelle Aktivität 36
    Verlangen nach einem starken Führer 202
    Vertrauen in die Regierung 210
Schweiz 65
    Stimmecht von Frauen 119
    Ungleichheit in Bezug auf Reichtum 66
Scientific American 198
Scottish National Party 76
Selbst
    erinnerndes 20
    erlebendes 20
Selbstsicherheit 205, 206
Senegal
    Impfrate 183
Serbien
    Selbstsicherheit 205
    und die US-Präsidentschaftswahlen (2016) 148, 149
Sex 29, 40, 41, 50
    Anzahl der Sexualpartner 32
    Definition der sexuellen Beziehung 32
    Häufigkeit des Denkens an 30
    Homosexualität 50
    Penisgröße 30
    Pornographie 29, 170

Schwangerschaft von Mädchen im
	Teenageralter XI, 37, 39, 40,
	41, 42, 201, 215
Sexualerziehung 32
und Reichtum 198
Shermer, Michael 223
Silverman, Craig 159
Simpsons 114
Siri 30
Skeptics Society 223
Slovic, Paul 187
Snapshot 57
Sokrates 204
Somalisch-stämmige Gemeinschaft in
	den USA 18
Somin, Ilya 117
Soros, George 172
Spanien
	Arbeitslosigkeit 126
	Armut 181
	Gleichstellung der Geschlechter 122
	Impfung 15
	Straftaten 104
	Verlangen nach einem starken
		Führer 202
	Vertrauen in die Regierung 210
Spectator 105
Spenden 188
Spiegelhalter, David 16, 31
Spierenburg, Pieter 101
Sport 6, 9, 25
	England 44
Stanford University 165, 174
Statistik
	Kompetenz in 199
Steuerhinterziehung 8, 64
Storytelling Animal, The (Gottschall) 37
Streatfield, Geoffrey 99, 103
Südafrika
	Anzahl der Immigranten 74
	Gleichstellung der Geschlechter 121
	Mordrate 101

und Gefängnispopulation 84
Südkorea
	Arbeitslosigkeit 125
	Gleichstellung der Geschlechter 122
	Glück 20, 23
	Impfrate 183
	Lebenserwartung 59
	PISA-Ranglisten 201
	Rangliste in Bezug auf Fehlwahr-
		nehmungen 197
	Übergewicht 3
Suizidrate 204
Sun, The 138
Sunstein, Cass 17, 54, 61
Superfoods 1
Surowiecki, James 147
Suskind, Ronald 146
System-1-Denken 213
System-2-Denken 56, 70, 213

Tagebucheintragungen, Nutzung für
	Umfragen 9
Tatenlosigkeit 187
Technology, Entertainment, Design
	TED 180
TED-Talk 180
Teenagerschwangerschaften XI, 203,
	215, 219
Terroranschlag am 11. September 2001
	XIII, 107
Terrorismus XIII, 105, 107, 108, 110,
	203, 204
Texas (USA) 30
Thaler, Richard 54
Thatcher, Margaret 134
The American Voter 78
The Onion 151
The Sun 138
Todesstrafe 186
Tornados 110

Trägheit 62, 65, 217, 218
Trivial Persuit XI
Trump, Donald XXIII, 73, 148
    Fake News XXI
    Handgröße 30
    Kriminalitätsraten 105
    Nativismus 73
    Nutzung von Twitter XXIII
    und Arbeitslosigkeit 124, 125
Truthiness 145
Türkei 86
    Terrorismus 109
    Übergewicht 3
Tversky, Amos XIX, 5, 89
Twitter XIV, XXIII, 148, 220

Übergewicht 3, 93, 223
Überlegenheitsverzerrung, trügerische 21
Überwachung im Internet 156–158
UK Independence Party (UKIP) 76, 140
Unfähigkeit, Zahlen zu verstehen 187
Ungarn
    Armut 181
    Gleichstellung der Geschlechter 122
    Lebenserwartung 60
Ungleichheit
    in Bezug auf Einkommen und Reichtum 65, 66, 68
Uninhabitable Earth, The (Wallace-Wells, David) 189
Universität Cambridge 16
University auf British Columbia 144
University of Illinois 161
University of Maryland IX, 108
University of Michigan 13
University of Oregon 187
University of Oxford 76, 184
University of Washington 103, 170

University of Wisconsin-Madison 126, 171
Unwissen, pluralistisches 46, 115
Unwissen, rationales 116, 224
Upworthy (internetseite) 156
USA
    11. September 2001 107
    Afroamerikaner 85
    Altersversorgung 61, 63
    Amtsenthebungsverfahren von Präsident Clinton (1998–9) 31
    Anzahl der Immigranten 74
    Anzahl der Sexualpartner 32, 34
    Arbeitslosigkeit 126
    Auslandshilfe 179
    Autismus 17
    Besteuerung 118
    Bevölkerungsanteil der Muslime 90
    Demokratische Partei 135
    Diabetes 11
    Fake News 145
    Fehlwahrnehmungen und politische Vorlieben 202
    Gedankenkontrolle mithilfe von Fernsehsignalen XIII
    Gefängnispopulation 85
    Handfeuerwaffen 135
    Immigration 73, 84, 85, 93
    Impfung 17
    Kinder, Gesamtkosten des Großziehens von 55
    Kriminalität 84, 85
    Kriminalität mit Schusswaffen 102
    Kriminalität unter Immigranten 83
    Lewinsky-Skandal 31
    Mordrate 102, 106
    Nationalarchiv XXIII
    PISA-Ranglisten 201
    Polio-Impfung 13
    Präsidentschaftskampagne im Jahr 2016 30
    Präsidentschaftswahlen (2012) 117

Präsidentschaftswahlen (2016) XXI, XXIII, 73, 127, 149
Rangliste in Bezug auf Fehlwahrnehmungen 197
Republikanische Partei XXI, 135, 203
Richtlinien für eine gesunde Ernährung 1
Roth gegen die USA (1957) 46
Save More Tomorrow 62
sexuelle Aktivität 36
Sport 6
Steuerhinterziehung 8
Teenagerschwangerschaften 41
Terroranschlag am 11. September 2001 XIII
Trump-Regierung (2017–) XXI, XXIII, 15, 73, 106
Übergewicht 3
Ungleichheit in Bezug auf Reichtum 65, 66, 68
Verlangen nach einem starken Führer 202
Wählen 116, 117
Zuckerkonsum 6

V

Varian, Hal 155
Vereinigtes Königreich
 Altersversorgung 61, 63, 64
 Anzahl der Sexualpartner 32, 35
 Autismus 15, 18
 Beitrag zum Etat der EU 134
 Bevölkerungsanteil der Muslime 90
 Brexit (2016–) XXIII, 73, 107, 119, 134, 136–139, 141
 Fehlwahrnehmungen und politische Vorlieben 202
 Immigration 81
 Impfung 15, 18
 Informationskrieg 159
 Kampagne *This Girl Can* 44

Kinder, Gesamtkosten des Großziehens von 55
Konservative Partei 148
Kriminalität 84, 99, 100, 106
Kriminalität mit Stichwaffen 102
Labour Party 203
Lebenserwartung 59
Liberaldemokraten 76
National Autistic Society 15, 18
Nationaler Gesundheitsdienst (NHS) 140
negative Informationen 91
positive Informationen 91
Rangliste in Bezug auf Fehlwahrnehmungen 197
Schwangerschaft von Teenagern 39
Scottish National Party 76
sexuelle Aktivität 36
Sozialministerium 63
Sport 6
Statistikbehörde 140
Straftaten 104
Terroranschlag am 11. September 2001 XIII
Übergewicht 3, 5
UK Independence Party (UKIP) 140
und Gefängnispopulation 84
Ungleichheit in Bezug auf Reichtum 65, 66, 68
Wahlen (2010) 148
Wahlen (2015) 148
Wohlbefinden 19
Zuckerkonsum 6, 9
Vereinte Nationen (UN) 19, 89
Verfügbarkeitsheuristik 5, 48
Vergleichsmenge 48
Verhaltensökonomie 54, 56
Verlangen nach einem starken Führer 202
Vermittlungrolle der Kommunikation 161
Vernetztheit 166

Verschwörungstheorien XIII, 14, 16
Verursachung 106, 197
Verzerrung
    aufgrund des Herdeninstinkts 11
    aufgrund eines Herdenverhaltens 6
    bei der Auswahl von Informationen XXII
    der sozialen Erwünschtheit 24
    durch die Konzentration auf die Gegenwart 63
Verzerrungen 212
Verzerrungen und Heuristiken XIX, 5, 53, 69, 70, 156, 157, 212, 220, 221
    Aktualisierung, asymmetrische 17, 217
    Bestätigung XIX
    Bestätigungsverzerrung 17, 40, 44, 127, 161, 217
    Dunning-Kruger-Effekt 204, 205
    Effekt der trügerischen Wahrheit 106
    Effekt des falschen Konsenses 165
    Emotion 188
    emotionale XIX, 74
    emotionale Rechenschwäche 68
    emotionsbedingte 16
    Erwünschtheit, soziale 162
    Frauen 119
    Herdendenken 223
    Herdeninstinkt 11
    rosige Retrospektion 103, 184
    soziale Erwünschtheit 23
    Status quo 142
    Überlegenheit, trügerische 48
    Unwissen, pluralistisches 46, 50, 115
    Wahrheitseffekt, trügerischer 160
    Widerlegungsverzerrung 44, 127
Vigen, Tyler 198
Vk.com 168
VoCo 170
Vraga, Emily 171

Waffenkontrolle 135
Wahlbeteiligung 115, 116
Wahlen 24, 115, 224
Wählen 24, 116–118
    mit den Füßen 118
Wahrheitseffekt, trügerischer 160
Wahrnehmung von Wahrnehmungen 46, 49
Wahrnehmungsschirm 78
Wahrscheinlichkeit XVIII, 16
Wakefield, Andrew 17, 19
Walk It Back (The National) 146
Wall Street Journal 220
Wallace-Wells, David 189
Was bleibt (Heath) 42
Washington Post 127, 190
Wells, Herbert George XVIII
Weltbank 19
Wheeler, McArthur 204
Widerlegungsverzerrung 44, 127
Wissen und Fertigkeiten 70
Wohlbefinden 19
Wood, Thomas 79
World Economic Forum 65, 119
World News Tonight 124
World Value Survey (WVS) 20, 23
Wort des Jahres XV, 145
Wunschdenken 133, 135, 136, 147, 150, 151

X-box 148
Xi Jinping 168
Xinjiang 168

Yoga 1

Z

Zehn Gebote 101
Zeitalter, postfaktisches 209
Zielgerichtetheit 166
Züchtigung, körperliche 99
   Kriminalität 99
Zuckerberg, Mark 158, 166, 168
Zuckerkonsum 1, 9, 64, 218
Zynismus 217

11. September 2001, Terroranschlag am 107
#deletefacebook, Bewegung 166
#PressforProgress 119